生体ガス計測と高感度ガスセンシング

Volatile Biomarker Analysis and Advanced Gas-sensing Instruments

監修：三林浩二
Supervisor : Kohji Mitsubayashi

シーエムシー出版

刊行にあたって

　H. Williams らは 1989 年と 2001 年に癌の探知犬について，学術雑誌 Lancet に論文発表を行っている。その後，2004 年 9 月に CBS ニュースにて "Dogs Can Smell Cancer" として報道がなされ，世界的な注目を集めた。日本においても「三大疾病の一つで死亡率の最も高い癌（悪性新生物）を探知できる犬がいる」，それも生体ガス（呼気）で可能であるとのことから，高い関心を持って報道された。生体ガスでの疾病スクリーニングの利点には「苦痛を伴わず，非侵襲にその場で評価できる」「ガス計測であることから，高度な医療機器も必要としない可能性がある」「計測技術の向上により超早期での診断も期待される」等が挙げられる。

　実は「癌（悪性腫瘍）」に限らず，リウマチや糖尿病，フェニルケトン尿症，魚臭症候群などの疾病において，また健康な状態でも代謝状態に伴い，特異的な揮発性成分が発生することが知られており，その発生メカニズムも理解されているものも少なくない。一般に臨床検査の検体としては「血液，尿，便，痰，胸水，腹水，関節液，髄液，骨髄液」等が用いられるが，呼気等の生体ガスも一部，対象検体となりつつある。例えば，近年では「NO による喘息診断」「尿素呼気試験によるピロリ検査」「アセトンによる脂肪代謝」「メチルメルカプタンによる病的な口臭診断」等と広がり，その有効性が認識されつつある。

　他方，近年ではパーソナル IoT 機器としてリストバンド型や眼鏡型，シャツ型などの「ウエアラブル機器」が関心を集め，次世代の医療・ヘルスケア機器としても期待されている。このウエアラブル機器においても「生体ガス」は計測対象として考えられ，研究開発が進んでいる。上述のように非侵襲にて簡便に計測でき，さらに皮膚ガスであれば連続的な評価が行える。すでに皮膚ガスによる有酸素運動での脂肪代謝・糖代謝の評価など，スポーツ医科学への展開が始まっている。

　生体ガス診断の実現に不可欠な技術として「高感度なガスセンシング」が挙げられる。呼気や皮膚ガスを医療・ヘルスケアに応用するには「ppb（十億分率），ppt（一兆分率），ppq（千兆分率）レベルの感度」「対象成分だけを検出できる選択性（特異的な検出）」が必要である。多様な揮発性成分を含む生体ガス計測では，高い SN 比（信号・ノイズの比率）が重要で，他の成分の影響を受けることなく，対象成分だけを低濃度まで検出・計測できる選択性が大切である。もちろん呼気などの高湿度な生体ガス計測では「湿度の影響を受けない性能」，また揮発性代謝物のように時間的な濃度変化が激しい生体ガスでは「連続計測能」，ウエアラブル計測では「小型化」「携帯性」「無拘束性」などの性能も求められる。

　本書では，生体ガスによる医療診断・ヘルスケア応用を見据え，第Ⅰ編では「呼気ならびに皮膚ガスによる疾病・代謝診断」に関して，生体ガスによる疾病診断及びスクリーニングと今後の可能性，現在の呼気・皮膚ガスによる疾病・代謝診断について，また第Ⅱ編では「生体ガス計測のための高感度ガスセンシング技術」に関して，その計測技術の研究開発の状況，そして実際に製品化を目指したメーカー各社による研究開発の動向について，本領域の第一線で活躍されて

いる研究者に，現在の研究内容とその将来展開をご紹介いただいている。本書が科学技術を通して，人の健康や将来の医療を考える方々へ有益な情報として提供できれば幸いである。

2017 年 8 月

東京医科歯科大学　生体材料工学研究所

三林浩二

執筆者一覧（執筆順）

三林　浩二　東京医科歯科大学　生体材料工学研究所　センサ医工学分野　教授
奥村　直也　中部大学　大学院生命健康科学研究科
下内　章人　中部大学　大学院生命健康科学研究科　教授
近藤　孝晴　中部大学　健康増進センター　特任教授
財津　　崇　東京医科歯科大学　大学院健康推進歯学分野　歯学部附属病院
　　　　　　息さわやか外来　助教
川口　陽子　東京医科歯科大学　大学院健康推進歯学分野　歯学部附属病院
　　　　　　息さわやか外来　教授
宮下　正夫　日本医科大学千葉北総病院　外科　教授
山田　真吏奈　日本医科大学千葉北総病院　救命救急センター　講師
佐藤　悠二　㈱セント．シュガージャパン
木村　那智　ソレイユ千種クリニック　糖尿病・内分泌内科　院長
魚住　隆行　㈱HIROTSUバイオサイエンス　研究開発部門　リーダー
広津　崇亮　九州大学大学院　理学研究院　生物科学部門　助教
梶山　美明　順天堂大学　大学院上部消化管外科学　教授
三浦　芳樹　順天堂大学　大学院研究基盤センター　生体分子研究室　講師
藤村　　務　東北医科薬科大学　臨床分析化学
樋田　豊明　愛知県がんセンター中央病院　呼吸器内科　部長
高野　浩一　大塚製薬㈱　診断事業部　企画部　製品企画課　課長
品田　佳世子　東京医科歯科大学大学院　医歯学総合研究科　医歯理工学専攻
　　　　　　口腔疾患予防学分野　教授
藤澤　隆夫　国立病院機構三重病院　アレルギーセンター　院長
荒川　貴博　東京医科歯科大学　生体材料工学研究所　センサ医工学分野　講師
當麻　浩司　東京医科歯科大学　生体材料工学研究所　センサ医工学分野　助教
大桑　哲男　名古屋工業大学　名誉教授
光野　秀文　東京大学　先端科学技術研究センター　生命知能システム　助教
櫻井　健志　東京大学　先端科学技術研究センター　生命知能システム　特任講師
神崎　亮平　東京大学　先端科学技術研究センター　所長・教授
都甲　　潔　九州大学　大学院システム情報科学研究院
　　　　　　味覚・嗅覚センサ研究開発センター　主幹教授／センター長
野崎　裕二　東京工業大学　大学院総合理工学研究科　知能システム科学専攻
中本　高道　東京工業大学　科学技術創成研究院　未来産業技術研究所　教授
今村　　岳　(国研)物質・材料研究機構（NIMS）　若手国際研究センター
　　　　　　ICYS研究員

柴　　弘太	（国研）物質・材料研究機構（NIMS） 国際ナノアーキテクトニクス研究拠点（WPI-MANA） ナノメカニカルセンサグループ　研究員	
吉川　元起	（国研）物質・材料研究機構（NIMS） 国際ナノアーキテクトニクス研究拠点（WPI-MANA） ナノメカニカルセンサグループ　グループリーダー	
林　　健司	九州大学　大学院システム情報科学研究院 情報エレクトロニクス部門　教授	
菅原　　徹	大阪大学　産業科学研究所　先端実装材料研究分野　助教	
菅沼　克昭	大阪大学　産業科学研究所　先端実装材料研究分野　教授	
鈴木　健吾	新コスモス電機㈱　インダストリ営業本部・営業開発部 技術開発本部・第二開発部	
山田　祐樹	㈱NTTドコモ　先進技術研究所	
檜山　　聡	㈱NTTドコモ　先進技術研究所　主幹研究員	
李　　丞祐	北九州市立大学　国際環境工学部　エネルギー循環化学科　教授	
花井　陽介	パナソニック㈱　オートモーティブ＆インダストリアルシステムズ社 技術本部　センシングソリューション開発センター 生体センシング開発部　開発3課	
沖　　明男	パナソニック㈱　オートモーティブ＆インダストリアルシステムズ社 技術本部　センシングソリューション開発センター 生体センシング開発部　開発2課　課長	
下野　　健	パナソニック㈱　イノベーション推進部門　先端研究本部 研究企画部　主幹	
岡　　弘章	パナソニック㈱　オートモーティブ＆インダストリアルシステムズ社 技術本部　センシングソリューション開発センター 生体センシング開発部　部長	
壷井　　修	㈱富士通研究所　デバイス＆マテリアル研究所 デバイスイノベーションプロジェクト　主管研究員	
西澤　美幸	㈱タニタ　企画開発部　主任研究員	
佐野　あゆみ	㈱タニタ　企画開発部	
佐藤　　等	㈱タニタ　体重科学研究所	
池田　四郎	㈱ガステック　技術部　開発1グループ　主任	
石井　　均	㈲アルコシステム　取締役	

目　次

【第Ⅰ編　呼気ならびに皮膚ガスによる疾病・代謝診断】

第1章　生体ガスによる疾病診断及びスクリーニングと今後の可能性

1 疾病・代謝由来ガスの酵素触媒機能に基づく高感度計測 ……三林浩二… 3
1.1 はじめに ……………………………… 3
1.2 薬物代謝酵素を用いた生化学式ガスセンサ（バイオスニファ） ……… 4
　1.2.1 魚臭症候群（遺伝疾患）の発症関連酵素を用いたトリメチルアミン用バイオスニファ ……… 4
　1.2.2 口臭成分メチルメルカプタン用の光ファイバー型バイオスニファ ……………………………… 6
1.3 脂質代謝・糖尿病のためのバイオスニファ ……………………………… 8
　1.3.1 酵素の逆反応を用いたアセトンガス用バイオスニファ ……… 8
　1.3.2 イソプロパノール用バイオスニファ ……………………………… 9
1.4 アルコール代謝の呼気計測による評価 …………………………………… 11
　1.4.1 エタノールガス用バイオスニファ ……………………………… 11
　1.4.2 アセトアルデヒドガス用バイオスニファ ……………………………… 12
　1.4.3 飲酒後の呼気中エタノール＆アセトアルデヒド計測 ………… 13
1.5 酵素触媒機能を用いた多様な生化学式ガスセンサ ………………………… 16
　1.5.1 加齢臭ノネナールのバイオセンシング ……………………………… 16
　1.5.2 酵素阻害のメカニズムを利用したニコチンセンサ ……………… 17
　1.5.3 酵素によるガス計測の特徴を生かした「デジタル無臭透かし」 ……………………………… 18
1.6 おわりに ……………………………… 19

2 呼気分析の臨床的背景，呼気診断法の現状と課題
　………奥村直也，下内章人，近藤孝晴…21
2.1 はじめに ……………………………… 21
2.2 呼気診断の歴史 ……………………… 21
2.3 呼気成分の由来 ……………………… 21
2.4 腸内発酵に伴う呼気水素 …………… 22
2.5 アセトンと脂質代謝 ………………… 23
2.6 呼気アセトンと心不全 ……………… 23
2.7 呼気採取法と保管法 ………………… 24
2.8 随時呼気採取による呼気低分子化合物の検討 ……………………………… 26
2.9 おわりに ……………………………… 27

3 口気・呼気診断による口臭治療
　………………財津　崇，川口陽子…29
3.1 はじめに ……………………………… 29
3.2 口臭の主な原因物質とその生成機序 … 29
3.3 口臭測定法 …………………………… 29
　3.3.1 口臭測定条件 …………………… 29
　3.3.2 口気と呼気の官能検査 ………… 31

3.3.3 測定機器による口臭検査 …………32
3.4 口臭症の国際分類 …………………33
　3.4.1 真性口臭症 …………………33
　3.4.2 仮性口臭症 …………………34
　3.4.3 口臭恐怖症 …………………34
3.5 診断と治療のガイドライン ………35
　3.5.1 真性口臭症の診断と治療 …36
　3.5.2 仮性口臭症の診断と治療 …36
　3.5.3 口臭恐怖症の診断と治療 …37
3.6 おわりに …………………………37
4 がん探知犬
　　………宮下正夫，山田真吏奈，佐藤悠二…38
4.1 はじめに …………………………38
4.2 がん探知犬に関する報告 …………38
4.3 研究方法と成果 ……………………39
4.4 がんが発するにおい物質 …………42
4.5 がん探知犬研究の将来 ……………42
5 糖尿病アラート犬 ……………木村那智…44
5.1 糖尿病アラート犬とは ……………44
5.2 糖尿病アラート犬の育成方法 ……45
5.3 糖尿病アラート犬の現状と問題 …46
5.4 糖尿病アラート犬の低血糖探知
　　能力に関する検証 …………………46
5.5 低血糖探知の科学的裏付け ………46
5.6 CGMとの比較 ……………………47
5.7 CGMの時代における糖尿病アラート
　　犬の意義 ……………………………47
5.8 日本における糖尿病アラート犬の
　　育成 …………………………………48
5.9 揮発性有機化合物の低血糖モニタ
　　リングへの応用 ……………………48
6 線虫嗅覚を利用したがん検査
　　………………魚住隆行，広津崇亮…49
6.1 はじめに …………………………49
6.2 がん検査の現状 …………………49
6.3 がんには特有の匂いがある ………49
6.4 嗅覚の優れた線虫 …………………50
6.5 線虫はがんの匂いを識別する ……51
6.6 線虫嗅覚を利用したがん検査
　　N-NOSE ……………………………53
6.7 N-NOSEの精度 …………………53
6.8 生物診断N-NOSEの特徴 …………54
6.9 今後の展望 …………………………55

第2章　呼気・皮膚ガスによる疾病・代謝診断

1 食道がん患者の呼気に含まれる特定物質
　　………梶山美明，三浦芳樹，藤井　務…57
1.1 はじめに …………………………57
1.2 研究の目的 ………………………57
1.3 研究の方法 ………………………58
　1.3.1 呼気の収集と吸着 …………58
　1.3.2 ガスクロマトグラフィー・マス
　　　　スペクトロメトリー（GC/MS）
　　　　……………………………58
1.4 結果 ………………………………59
1.5 考察 ………………………………60
2 呼気肺がん検査 ………………樋田豊明…63
2.1 はじめに …………………………63
2.2 呼気検査について …………………64
　2.2.1 健常者の呼気 ………………64
　2.2.2 肺がん患者と健常者での呼気
　　　　の違い …………………………64
　2.2.3 肺がんの呼気分析 …………64
　2.2.4 呼気成分解析システムによる
　　　　肺がん検出の試み ……………65

2.2.5　呼気からの遺伝子異常推定の
　　　　　試み ……………………………65
　　2.2.6　呼気凝縮液を用いた肺がんの
　　　　　遺伝子異常の検出 ……………65
　2.3　おわりに …………………………………66
3　ピロリ菌の測定：尿素呼気試験法
　　　　　　　　　　　　高野浩一　68
　3.1　はじめに …………………………………68
　3.2　*H. pylori* の特徴 …………………………68
　3.3　診断と治療 ………………………………68
　3.4　^{13}C 尿素呼気試験法 ……………………70
　3.5　測定原理 …………………………………71
　3.6　POCone の動作原理 ……………………71
　3.7　測定原理 …………………………………73
　3.8　POCone® の現状 …………………………73
4　呼気中アセトンガスの計測意義
　　　　　　　　　　　　品田佳世子…74
　4.1　はじめに …………………………………74
　4.2　呼気中にアセトンガスが生じる
　　　しくみ ……………………………………74
　4.3　病気ではなく，生活上の原因 …………75
　　4.3.1　過度なダイエット，糖質制限，
　　　　　飢餓状態 ………………………75
　　4.3.2　激しい運動 …………………………75
　4.4　病気および代謝異常による原因 ………76
　　4.4.1　糖尿病 ………………………………76
　　4.4.2　糖尿病性ケトアシドーシス ………77
　　4.4.3　高脂肪質食症，肝機能障害・
　　　　　肝硬変，高ケトン血症をきたす
　　　　　疾患・症状など ………………77
　　4.4.4　子供の周期性嘔吐症・自家
　　　　　中毒・アセトン血性嘔吐症 …77
　4.5　呼気中アセトンガスの計測意義と
　　　測定について ……………………………77
5　呼気診断による喘息管理 … **藤澤隆夫**　79

　5.1　はじめに …………………………………79
　5.2　喘息の病態と呼気診断 …………………79
　5.3　一酸化窒素：NO ………………………81
　　5.3.1　NO 産生のメカニズム ……………81
　　5.3.2　呼気 NO の測定方法 ………………82
　　5.3.3　喘息の診断における呼気 NO
　　　　　測定 ……………………………83
　　5.3.4　喘息治療管理における呼気 NO
　　　　　測定 ……………………………84
　5.4　硫化水素：H_2S …………………………85
　5.5　一酸化炭素：CO ………………………85
　5.6　おわりに …………………………………86
6　呼気アセトン用バイオスニファ（ガス
　　センサ）による脂質代謝評価
　　　　………**荒川貴博，當麻浩司，三林浩二**…89
　6.1　はじめに …………………………………89
　6.2　アセトンガス用の光ファイバ型バイ
　　　オスニファ ………………………………90
　　6.2.1　光ファイバ型バイオスニファの
　　　　　作製 ……………………………90
　　6.2.2　アセトンガス用バイオスニファ
　　　　　の特性評価 ……………………91
　6.3　運動負荷における呼気中アセトン
　　　濃度の計測 ………………………………93
　　6.3.1　バイオスニファを用いた運動
　　　　　負荷における呼気中アセトン
　　　　　濃度の計測方法 ………………93
　　6.3.2　運動負荷に伴う呼気中アセトン
　　　　　濃度の経時変化 ………………94
　6.4　まとめと今後の展望 ……………………95
7　皮膚一酸化窒素の計測 ……**大桑哲男**…97
　7.1　はじめに …………………………………97
　7.2　一酸化窒素（NO）の生理的機能 ……97
　　7.2.1　血管拡張のメカニズム ……………97
　7.3　NO 測定方法 ……………………………98

7.3.1 皮膚ガスの特徴 …………98	7.7 運動・低酸素環境と皮膚ガスNO濃度 ………………………… 100
7.4 ヒトの皮膚ガス採取方法 …………98	
7.5 ラットの皮膚ガス採取方法 ………99	7.8 おわりに …………………… 103
7.6 糖尿病・肥満と皮膚ガスNO濃度… 100	

【第Ⅱ編 生体ガス計測のための高感度ガスセンシング技術】

第1章 計測技術の開発

1 昆虫の嗅覚受容体を活用した高感度匂いセンシング技術
　　　　光野秀文，櫻井健志，神崎亮平 ……… 107
　1.1 はじめに ……………………… 107
　1.2 昆虫の嗅覚受容体の特徴 ………… 107
　1.3 「匂いセンサ細胞」によるセンシング技術 ……………………… 108
　　1.3.1 性フェロモン受容体を用いた「匂いセンサ細胞」の原理検証 …………………… 108
　　1.3.2 一般臭検出素子の開発 …… 111
　　1.3.3 細胞パターニングによる匂い識別技術 ……………… 112
　1.4 「匂いセンサ昆虫」によるセンシング技術 ……………………… 114
　1.5 おわりに ……………………… 117

2 抗原抗体反応やAIを用いたガスセンシング ………………… 都甲 潔… 119
　2.1 はじめに ……………………… 119
　2.2 超高感度匂いセンサ ………… 119
　2.3 AIを用いた匂いセンサ……… 121
　2.4 展望 …………………………… 123

3 呼気・皮膚ガスのための可視化計測システム（探嗅カメラ）
　　　　……當麻浩司，荒川貴博，三林浩二… 125
　3.1 はじめに ……………………… 125

3.2 酵素を利用した生体ガスの高感度センシング ……………………… 125
3.3 生体ガス中エタノール用の可視化計測システム「探嗅カメラ」 …… 126
　3.3.1 エタノールガス用探嗅カメラ … 126
　3.3.2 呼気・皮膚ガス中エタノールの可視化計測とアルコール代謝能の評価応用 …………… 129
3.4 おわりに ……………………… 132

4 機械学習を用いた匂い印象の予測
　　　　………………野崎裕二，中本高道… 134
　4.1 はじめに ……………………… 134
　4.2 匂いの印象予測の原理 ……… 134
　4.3 計算機実験の準備 …………… 135
　4.4 深層ニューラルネットワークによる匂い印象予測 ………………… 136
　4.5 オートエンコーダによる次元圧縮 … 137
　4.6 予測モデルの訓練 …………… 138
　4.7 次元圧縮手法の比較 ………… 139
　4.8 ニューラルネットワークの印象予測精度 ……………………… 140
　4.9 研究の今後の展望 …………… 140

5 超小型・高感度センサ素子MSSを用いた嗅覚センサシステムの総合的研究開発
　　　　……今村 岳，柴 弘太，吉川元起… 143
　5.1 はじめに ……………………… 143

5.2　膜型表面応力センサ（MSS）…… 144
　5.3　MSSを用いた呼気診断………… 145
　5.4　感応膜の開発…………………… 146
　5.5　ニオイの評価法………………… 149
　5.6　おわりに………………………… 151
6　匂いの可視化システム……林　健司… 153
　6.1　はじめに………………………… 153
　6.2　匂いの可視化センシング……… 153
　　6.2.1　匂いの質の可視化：匂いコード
　　　　　センサと匂いクラスタマップ… 153
　　6.2.2　生体由来の匂いと匂い型に基づ
　　　　　く人の識別………………… 155
　6.3　匂いの可視化とイメージセンシング
　　　………………………………… 155
　　6.3.1　匂いイメージセンサ……… 155
　　6.3.2　匂い可視化例…………… 157
　6.4　匂いセンサのハイパー化……… 158
　6.5　おわりに………………………… 159
7　ヘルスケアを目的とした揮発性有機化
　合物（VOC）を検出するナノ構造の
　ガスセンサ素子…菅原　徹, 菅沼克昭… 161
　7.1　はじめに………………………… 161
　7.2　酸化モリブデンとナノ構造の基板
　　　成長………………………………… 162
　7.3　ガスセンサ素子の作製とセンサ特性
　　　………………………………… 166
　7.4　まとめ…………………………… 170
8　口臭測定器ブレストロンⅡ－高感度VSC
　センサによる呼気中VSC検出機構と活用
　事例－…………………鈴木健吾… 172

　8.1　はじめに………………………… 172
　8.2　口臭測定器に要求される性能… 173
　8.3　ブレストロンⅡの検出メカニズム… 173
　8.4　高感度VSCセンサの構造と検出
　　　原理………………………………… 174
　8.5　高感度VSCセンサの感度特性… 175
　8.6　ブレストロンⅡを用いた性能評価
　　　（測定条件の影響）……………… 175
　8.7　ガスクロによる計測結果との相関… 177
　8.8　使用上の注意点………………… 177
　8.9　ブレストロンの活用事例……… 177
9　生体ガス計測におけるドコモの取り組み
　………………………山田祐樹, 檜山　聡… 180
　9.1　はじめに………………………… 180
　9.2　呼気計測装置の開発とセルフ健康検
　　　査への応用……………………… 180
　9.3　皮膚ガス計測装置の開発と健康管理
　　　への応用………………………… 184
　9.4　おわりに………………………… 187
10　呼気中アンモニアの即時検知を目指し
　た水晶振動子ガスセンサシステムの
　開発…………………………李　丞祐… 189
　10.1　はじめに ……………………… 189
　10.2　水晶発振子の原理および検知膜の
　　　　製膜過程の追跡 ……………… 190
　10.3　湿度およびアンモニアに対する応
　　　　答特性の評価 ………………… 192
　10.4　呼気中のアンモニアガス検知 … 194
　10.5　おわりに ……………………… 197

第2章　メーカーによる研究開発の動向

1　肺がん診断装置の開発…… 花井陽介,
　　沖　明男, 下野　健, 岡　弘章……… 198

　1.1　はじめに………………………… 198
　1.2　肺がんバイオマーカーとその測定

　　　　技術 …………………………… 199
　1.2.1　肺がんバイオマーカー ……… 199
　1.2.2　揮発性肺がんバイオマーカー … 200
　1.2.3　揮発性肺がんマーカーの測定
　　　　技術 …………………………… 200
1.3　呼気肺がん診断システムの開発 … 201
　1.3.1　呼気濃縮技術の開発 ………… 202
　1.3.2　呼気診断センサチップの開発 … 204
　1.3.3　呼気診断センサチップ測定装置
　　　　の開発 ………………………… 205
1.4　おわりに ……………………………… 206

2　アンモニア成分の測定技術と携帯型呼気
　センサーの開発 ………… **壷井　修** … 207
2.1　はじめに ……………………………… 207
2.2　呼気分析に高まる期待 ……………… 207
2.3　新しいアンモニア検知材料 CuBr … 208
2.4　高感度・高選択なセンサーデバイス
　　　……………………………………… 210
2.5　手軽で迅速な呼気センサーシステム
　　　……………………………………… 212
2.6　呼気中アンモニア濃度のサンプリン
　　　グ測定 ………………………………… 214
2.7　ガス選択性と呼気分析の新たな応用
　　　……………………………………… 215
2.8　おわりに ……………………………… 217

3　脂肪燃焼評価装置
　　　… **西澤美幸，佐野あゆみ，佐藤　等** … 219
3.1　はじめに ……………………………… 219
3.2　直接熱量測定による消費エネルギー
　　　評価 …………………………………… 219
3.3　これまで研究されてきた「脂肪燃焼
　　　評価法」 ……………………………… 220
3.4　呼気アセトン濃度分析による脂肪
　　　燃焼評価法 …………………………… 222
3.5　脂肪燃焼評価における今後の展望 … 227

3.6　おわりに ……………………………… 228

4　見えない疲労の見える化～パッシブ
　インジケータ法を用いた皮膚ガス測定～
　　　……………………… **池田四郎** … 229
4.1　働き方と疲労 ………………………… 229
4.2　パッシブインジケータの開発 …… 229
　4.2.1　パッシブインジケータ ……… 229
　4.2.2　皮膚ガスとは ………………… 230
　4.2.3　皮膚アンモニア ……………… 230
　4.2.4　皮膚アンモニアの測定法 …… 232
4.3　パッシブインジケータの仕組み … 233
　4.3.1　構造 …………………………… 233
　4.3.2　比色認識の原理 ……………… 234
　4.3.3　使い方 ………………………… 235
4.4　アプリケーション例 ……………… 238
　4.4.1　製造業における現場作業者と
　　　　デスクワーカー（日内変動）… 238
　4.4.2　介護施設における介護職従業員
　　　　（週内変動）…………………… 240
　4.4.3　公立中学校における教員（週内
　　　　変動）…………………………… 241
4.5　今後の展望 …………………………… 242

5　生体ガス分析用質量分析装置
　　　………………………… **石井　均** … 244
5.1　はじめに ……………………………… 244
5.2　生体ガス分析用質量分析装置 …… 244
　5.2.1　装置の概要と原理 …………… 244
　5.2.2　生体ガス濃度分析における
　　　　質量分析計の利点 …………… 245
5.3　ガス気量（換気量）の計測 ……… 246
5.4　生体ガス分析におけるガス濃度の
　　　意味と留意点 ………………………… 246
5.5　生体ガス気量（換気量）の表示法 … 247
5.6　酸素消費量や二酸化炭素排出量
　　　などのガス出納量の算出法 ……… 248

5.7 ガス分析と気量計測とのラグタイム補正 ………………………………… 250
5.8 ガスサンプリングの手法 ………… 250
　5.8.1 マルチサンプリング ………… 250
　5.8.2 膜透過サンプリング ………… 250
5.9 生体ガス分析の応用例 …………… 252
　5.9.1 人の呼気ガス分析 …………… 252
　5.9.2 微生物・細胞培養排ガス分析 … 252
　5.9.3 動物の呼気ガス分析 ………… 253
　5.9.4 $^{13}CO_2/^{12}CO_2$ 安定同位体ガス分析 ……………………………… 253

第Ⅰ編
呼気ならびに皮膚ガスによる疾病・代謝診断

第1章 生体ガスによる疾病診断及びスクリーニングと今後の可能性

1 疾病・代謝由来ガスの酵素触媒機能に基づく高感度計測

三林浩二*

1.1 はじめに

癌を嗅覚にて検知可能な「探知犬」が話題になっている。生体ガスを対象として，簡便かつ非侵襲にて癌患者の早期発見（診断）できるものと期待されており，癌特有の揮発性バイオマーカー（有臭，無臭）の特定や，検知する方法の研究が進んでいる。癌を生体ガスで早期診断できれば，採血どころか高度な診断装置を用いることもなく，もしかすると病院などの医療機関に行く必要もなくなる可能性もある。将来は日常生活の合間に調剤薬局などで簡単に呼気や生体ガスを自身で調べ，癌（の可能性）を早期に認知し，その結果に基づいて，医療機関での精密検査そして治療を受けるような新たなシステムになるかもしれない。生体ガス計測は，社会の求める「早期診断，早期治療」に結びつくことができる技術と期待されている。もちろん，誤診の無いように「癌とその種類に基づくバイオマーカー」を特定し，精度の高い生体ガス検査法が必要である。

実は癌に限らず，疾病や身体の代謝に基づく匂い成分（揮発性成分）が存在することは広く知られている（図1）。例えば，糖尿病患者では進行に伴い，呼気中のアセトン濃度が増加することがわかっている。健常者でも有酸素運動・空腹状態において，体内の糖が不足し，脂質代謝によるエネルギー産生が行われることでケトン体の一つであるアセトン濃度が増加する[1]。他にも，遺伝子疾患である魚臭症候群（Fish-odor syndrome）の患者では，体内の腸内細菌で産生され

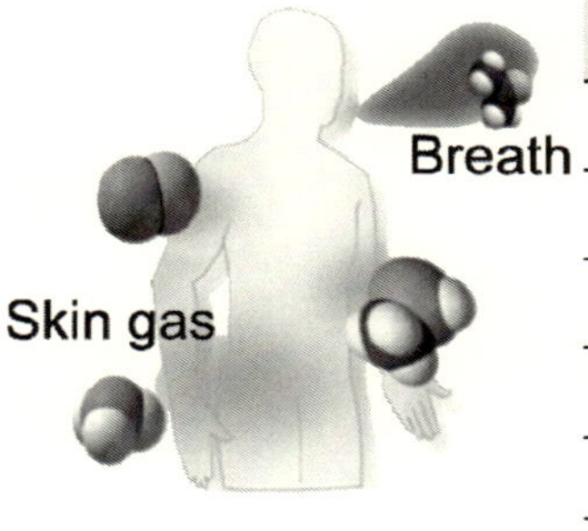

揮発性成分	関連する疾患・代謝
アセトン	糖尿病，脂質代謝
エタノール	アルコール代謝
アンモニア	肝機能障害，肝硬変
トリメチルアミン	魚臭症候群
ノネナール	加齢臭

図1　疾患・代謝に関連する生体ガス（呼気・皮膚ガス等）

---

* Kohji Mitsubayashi　東京医科歯科大学　生体材料工学研究所　センサ医工学分野　教授

た魚臭成分（トリメチルアミン）を代謝すべき酵素（薬物代謝酵素の一つFMO3）が遺伝子の欠損により生成されず代謝できないことから，呼気・皮膚ガス・尿として体内にトリメチルアミンが放出される（魚介類を食べなくとも，体内でトリメチルアミンは生成される）。このように，生体ガスには疾病や代謝に基づく揮発性成分が含まれており，その代謝メカニズムも理解されているものも少なくない。

　生体にて代謝をつかさどるタンパク質が酵素である。先に述べたように，魚臭症候群は薬物代謝酵素の一つであるFMO3の遺伝子が欠損して発症する遺伝疾患である。この酵素はまさしく体内で魚臭成分であるトリメチルアミンを認識し代謝するタンパク質であることから，このFMO3を利用することで，トリメチルアミンガスを認識し，高感度に検知可能なガスセンサをつくることができる。他の方法として，酵素の逆反応を用いることも可能である。酵素のなかにはpH等の環境に応じて，可逆的な触媒反応を行えるものがある。つまり疾病や代謝により体内で揮発性成分（匂い物質）を生成する酵素，そのものを用いて，その逆反応を行うことで，揮発性成分を選択的に検知することも可能である。つまり疾病や代謝における体内での発生メカニズムに基づいた揮発性成分の計測が可能である。もちろん嗅覚の匂い物質の受容レセプターとは関係しないことから，「嗅覚では無臭な揮発性成分の検知」や「嗅覚では検知できない低濃度の匂い成分の高感度計測」も可能である。

　本章では，体内での病気・代謝でのメカニズムの観点で，酵素を用いて開発した「生化学式ガスセンサ（バイオスニファ）」について，肝臓の「薬物代謝酵素を用いたバイオスニファ」，「糖尿病などでも脂質代謝に関するガスセンサ」，「アルコール代謝に関連するセンサと評価」，またその他として，加齢による代謝産物である「ノネナールを検出するバイオスニファ」，「酵素阻害を利用したガスセンサ」，無臭成分の酵素計測による「デジタル無臭透かし（無臭デジタルコード）」などについて紹介する。

1.2　薬物代謝酵素を用いた生化学式ガスセンサ（バイオスニファ）

　生体内では，嗅覚にて認知されない化学物質でも肝臓などの「薬物代謝酵素」で認識・代謝されている（図2）。つまり薬物代謝酵素を認識素子として用いる「生化学式ガスセンサ（バイオスニファ）」を構築することができる。魚臭症候群と呼ばれる代謝に関わる遺伝的疾患において，その遺伝的な欠損酵素である肝臓の薬物代謝酵素を逆に利用することで，魚臭成分であるトリメチルアミンを高感度に計測する生化学式ガスセンサを開発した。また同様に，他の薬物代謝酵素を使用することで，口臭成分であるメチルメルカプタンを計測するガスセンサを構築した。

1.2.1　魚臭症候群（遺伝疾患）の発症関連酵素を用いたトリメチルアミン用バイオスニファ

　魚臭症候群（Fish-odor syndrome）は，魚臭成分であるトリメチルアミン（TMA）が汗や呼気，尿として含まれ，臭気を伴う遺伝疾患である。健常人では薬物代謝により無臭の酸化型のTMAOへと代謝される。その主な薬物代謝酵素がフラビン含有モノオキシゲナーゼ（FMO）である。FMOには複数の異性体（1-5）があり，窒素化合物や硫黄化合物を酸化触媒する。その

第1章　生体ガスによる疾病診断及びスクリーニングと今後の可能性

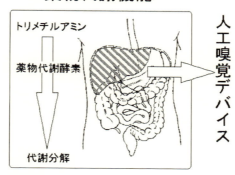

図2　薬物代謝機能を利用した人工嗅覚デバイス（バイオスニファ）の概念図（文献2より改変）

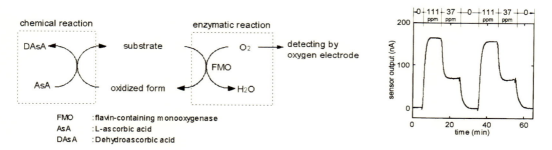

図3　FMO酵素反応と還元反応によるリサイクリング反応（左）とFMO-3固定化バイオスニファによるトリメチルアミンガスの連続計測（右）（文献2より改変）

中でもFMO3は，生体内におけるTMAの酸化触媒酵素である。魚臭症候群はこの酵素の遺伝子欠損に基づき発症する。逆に，FMO3を認識素子として用いることで，魚臭成分であるTMAの検知および計測が可能となる。なおFMO3を含む薬物代謝酵素の多くは，その酵素活性は極めて低いことから，還元剤（アスコルビン酸：AsA）による基質リサイクリング反応を組み合わせることで，センサ出力の増幅が可能である（図3）。

TMA用バイオスニファの作製では，FMO3（EC 1.14.13.8）の固定化膜を酸素電極の感応部に取り付け，FMO3固定化電極を構築し，この電極を匂い計測に可能とする隔膜気液二相セルに組み込み作製した[2]。本セルでは酵素電極の感応部を含む液相セルと対象ガスを送る気相セルが，隔膜である多孔性PTFE膜にて隔てられており，気相セル内のトリメチルアミンガスが膜を介して液相セル内に流入し，FMO3固定化電極にて検出・定量される。なお液相セルにはリン酸緩衝液が還流しており，酵素の活性維持および還元剤であるAsAの送液を行うと共に，嗅粘膜層と同様に，余剰なTMAや酵素の反応生成物を取り除くことで，電極感応部を清浄化しTMAの連続計測を可能とする。

実験では,TMAの存在下におけるFMOの酸化触媒反応に伴う溶存酸素量の減少を検出し,センサ特性を調べた。図3-右は標準TMAガスの濃度変化に伴う,FMO3固定化バイオスニファの出力変化を示したものである。この図からわかるように,TMAガスの負荷に対するセンサ出力の増加が観察され,また濃度に応じた定常値が再現性良く観察された。またガス濃度を下げることで出力値が低下し,TMAガス濃度を連続的にモニタリングすることが可能で,これは先述のリン酸緩衝液の送液による効果である。なお各濃度のTMAガスを負荷し得られた定常値をもとに,本センサの定量特性を調べたところ0.52～105 ppmの範囲でTMAの測定が可能であった[2]。複数のガス成分を用いて本センサのガス選択性を調べたところ,酵素の基質特異性に基づく高いガス選択性が得られた。本センサは高感度なTMA測定が可能で,生体臭計測による疾病の早期検出や予備診断への応用が考えられる。

1.2.2 口臭成分メチルメルカプタン用の光ファイバー型バイオスニファ

口腔衛生に対する意識が先進国を中心に高まっており,加齢や疾病にもとづく口臭が話題になっている。口腔由来の口臭の多くは揮発性硫化物であり,その中でもメチルメルカプタン(methyl mercaptan:MM)はその主要成分で,MM濃度200 ppbは病的口臭の閾値とされている。現在,歯科医療の診断では小型のクロマトグラフィー装置やフィルター付きガスセンサが用いられているが,操作性や選択性などに課題もあり,新しい口臭測定法が必要とされている。筆者らは先のトリメチルアミン用センサと同様,薬物代謝機能に着目し,メチルメルカプタン用のセンサを開発した。モノアミンオキシダーゼtypeA(MAO-A)は薬物代謝酵素の一つで,モノアミン類の窒素化合物のほか,メチルメルカプタンのような硫化物も基質とする。式1に示すように,先述のFMOと同様にMAO-Aも基質の酸化触媒反応時に酸素を要求することから,反応時の酸素濃度の変化を調べることでメチルメルカプタン濃度を定量することができる[3]。

$$R\text{-}CH_2\text{-}NH_3^+ + H_2O + O_2 \xrightarrow{MAO\text{-}A} R\text{-}CHO\text{-}NH_4^+ + H_2O_2 \tag{1}$$

口臭計測用センサでは口腔内への適用を想定し,センサの小型化・高感度化を図るため,酸素感応型光ファイバーを用いた光学式バイオスニファを開発した(図4)。本センサは,外径1.59 mmの酸素感応型光ファイバーと,ステンレス管およびT字管からなるフローセル,MAO-A固定化膜にて構築した[4]。酸素感応型光ファイバーの先端にはルテニウム有機錯体が固定化されており,酸素分子との電化移動錯体の形成による蛍光反応(励起光波長:470 nm,蛍光波長:600 nm)の消光現象により,気相および液相において酸素の検知・濃度定量が可能である。この光ファイバーをフローセルに組み込み,MAO-A固定化膜を装着し,MMガス用の光ファイバー型バイオスニファとした。MMガスの測定では,MMガスに対するMAO-Aの酸化触媒反応に伴う酸素の消費を検出することで,MMガスを定量することができる。また,本センサでは酵素膜が隔膜としても機能し,フローセル内にリン酸緩衝液を循環させることにより,酵素の失活を防ぎ,連続的な計測が可能である。

本センサでは,標準MMガスをセンサ感応部に負荷することで,MAO-A酵素の触媒反応に

第1章　生体ガスによる疾病診断及びスクリーニングと今後の可能性

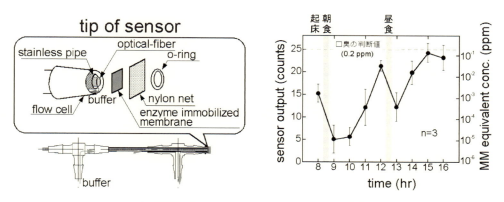

図4　メチルメルカプタン用の光ファイバー型バイオスニファの構造図（左）と口臭サンプルに対するバイオスニファの出力変化（日内変動）（右）（文献4より改変）

より生じた酸素の消費による蛍光強度の変化を調べた。本スニファの定量特性を調べたところ，MMガスを口臭閾値200 ppbを含む，0.0087-11.5 ppmの濃度範囲で定量が可能であった。なお，光ファイバーを用いることでデバイスの小型化が図れ，高い操作性が得られた。またガス選択性を市販の半導体型ガスセンサと比較したところ，半導体型ガスセンサでは全てのガス成分に応答を示すものの，MAO-Aバイオスニファでは，MMに対する出力を最大として，アミン類であるトリエチルアミンには応答を示すものの，エタノールやアセトンなどの他の化学物質にはほとんど応答を示さず，MAO-A酵素の基質特異性に基づく高い選択性が得られた。

作製した光ファイバー型バイオスニファを口臭計測に適用し，センサの有効性を調べた。一般の口臭計測と同様に，呼気をサンプルバックに採取し，呼気中に含まれるMMガス濃度を求めた。実験では複数の被験者を対象に，食事前後を含め，1時間毎にサンプリングバックに呼気を採取し，バイオスニファにてMMガス濃度を計測した。呼気サンプルを光学式バイオスニファに負荷したところ，センサ出力の増加が観察され，出力値の日内変動を調べた結果（図4-右），時間経過に伴うセンサ出力の漸次増加，および朝食と昼食による著しい出力の減少が観察された。一般に，口腔内では細菌などの働きにより，時間経過に伴い口臭が増加し，また唾液は口臭を抑制する作用がある。つまり，唾液分泌が少ない就寝後の起床時に口臭は高いレベルを示し，口腔内の洗浄にもなる飲食では，唾液の分泌も増し，顕著な口臭の低下が観察される。本スニファの出力結果は，このような口臭の日内変動を示すものである。なお，センサ出力をもとに呼気中に含まれるMMガス濃度を計算したところ，これまでに報告されている市販の口臭分析機器などで計測したMMガス濃度と同程度の値が得られ，バイオスニファによる口臭評価の有効性が確認された[4]。光ファイバー型バイオスニファは小型で簡便な計測が可能で，対象部位である口腔内にセンサ感応部を導入することにより，口臭の有無だけではなく，口臭のピンポイント計測や口臭源の確認に利用可能である（図5）。

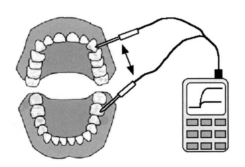

図5　内視鏡をイメージした口腔内でのピンポイント口臭計測（文献4より改変）

1.3　脂質代謝・糖尿病のためのバイオスニファ

1.3.1　酵素の逆反応を用いたアセトンガス用バイオスニファ

呼気には，肺でのガス交換にて血液中の揮発性物質が含まれており，これら成分を計測し，血中濃度を非侵襲かつ連続的に評価可能である。例えば，呼気中にはアセトンガスが含まれており，図6に示すように糖尿病患者においては健常者より高濃度で含まれることや，健常人においても空腹時・有酸素運動おいて脂質代謝でのエネルギー産生により，アセトン濃度が増加することが報告されている。

空腹時には体内の糖質のエネルギー源が不足しており，さらに運動負荷により脂肪組織から血液中に放出された遊離脂肪酸が，心筋や骨格筋にてβ酸化によりアセチルCoAとなり，クエン酸回路，呼吸鎖を経てATPが産生される。肝細胞ではアセチルCoAに分解された後にケトン体（アセトン，アセト酢酸，β-ヒドロキシ酪酸）として生成され，揮発性が高いアセトンは血液を介して呼気や尿として体外へ排泄される。つまり，アセトンなどのケトン体の濃度を測定することで，脂質代謝や運動時のケトーシス状態などを評価することができる。また糖尿病においてはインスリンが不足することで，空腹状態と同じ代謝状態となり易く，エネルギー源として脂肪酸を優先的に使用する。そのため脂質代謝の指標として呼気中アセトン濃度を測定することにより，「脂肪燃焼状況」，「糖尿病の度合の評価」が可能であると報告されている。既存のガスクロマトグラフなどの装置では試料の前処理が必要で，簡便性や連続計測に適さないなどの課題があり，選択性に優れた高感度なアセトンガス用センサが求められている。

著者らは，アセトンの生成が可能な二級アルコール脱水素酵素（secondary alcohol dehydrogenase, S-ADH）に着目し，S-ADHの逆反応によりアセトンを基質として還元し（式2），その消費される還元型ニコチンアミドアデニンジヌクレオチド（reduced nicotinamide adenine dinucleotide, NADH）を，その自家蛍光の減少を光ファイバー型の蛍光光学系にて検出することでアセトンの測定を行うこととした。

$$\text{acetone} + \text{NADH} \xrightleftharpoons{\text{S-ADH}} \text{2-propanol} + \text{NAD}^+ \qquad (2)$$

第1章　生体ガスによる疾病診断及びスクリーニングと今後の可能性

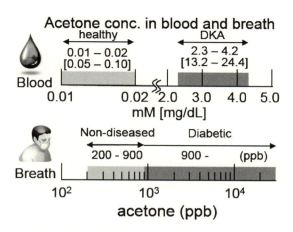

図6　血中及び呼気中のアセトン濃度（文献5より改変）

　また本光学系を気液隔膜フローセルに組み込むことで，アセトンガスの連続モニタリングが可能な気相用バイオセンサ（バイオスニファ）を作製し，その特性を評価した。さらに空腹，運動負荷状態における呼気中アセトン濃度の変化を調べ，本センサでの呼気計測（脂質代謝の評価）の可能性を考察した。詳細については，第一編の第二章第六節にて後述する。

1.3.2　イソプロパノール用バイオスニファ

　イソプロパノール（IPA）はアセトンの還元体であることから，糖尿病患者では脂質代謝でのアセトン濃度の増加に伴いIPAが産生され，血液・呼気・尿の濃度が上昇することが報告されている。また，呼気中のIPA濃度は肝疾患，慢性閉塞性肺炎，肺癌等の疾患との関連も報告されている。筆者らは先に用いたS-ADH酵素を用いて呼気計測用のIPAガスセンサを開発し，センサ特性を評価した[6,7]。

　イソプロパノール用バイオスニファは，IPAを認識・酸化触媒する二級アルコール脱水素酵素（S-ADH）にて産生される還元型ニコチンアミドアデニンジヌクレオチド（ex. 340 nm, fl. 491 nm）を蛍光検出し測定する。計測系は，S-ADH固定化膜を有するフローセル，紫外LED，光電子増倍管を用いて構築した。開発したセンサに標準IPAガスを負荷したところ，蛍光出力の増加及び濃度に応じた安定値が確認され，呼気中濃度を含む，1〜9060 ppbの範囲でIPAガスの定量が可能であった（図7-上）。またガス選択性を調べたところ，図7-下に示すように，IPA以外では2-butanolガスにのみ出力（58％）を示したものの，2-butanolは呼気中にはほとんど含まれないことから，呼気IPAの選択的な計測が可能である。

　開発したセンサを健常者（計67名）の呼気中IPA計測に供し，年齢や性別の影響等を調べた（表1）。実験の結果，呼気IPAの平均濃度は16.0±11.9 ppb（n=67）で既報値と同様な結果が得られ，開発したセンサによる呼気中IPA計測の有用性が確認された。なお呼気IPA濃度を性別（男性，女性），年齢（25歳以下，25歳以上）などの条件で比較したが，有意差は認められなかった。なお現在，本学の医学部・歯学部と糖尿病（Ⅰ型，Ⅱ型）患者を対象とし，呼気中のア

生体ガス計測と高感度ガスセンシング

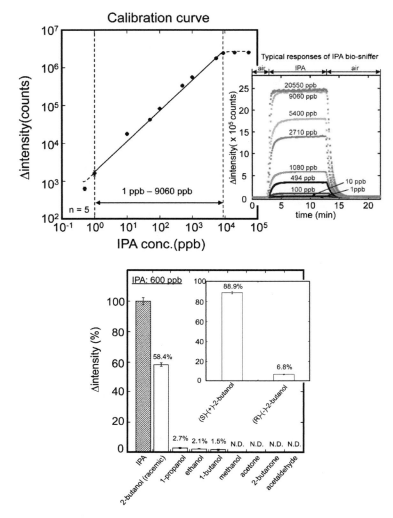

図7　S-ADH固定化バイオスニファの標準イソプロパノールガスに対する応答＆定量特性（上）と種々の揮発成分に対する応答性比較（選択性評価）（文献6より改変）

セトンおよびイソプロパノールの濃度計測に関する実験を進めている（詳細は学術雑誌にて発表予定）。開発した両センサは高感度かつ選択的な呼気計測が可能であり，被験者への負担が極めて少ないことから，簡便かつ非侵襲的な代謝評価や疾病スクリーニングへの応用が期待される。また酵素を認識材料とするバイオスニファでは連続的なバイオ計測が可能であることから，有酸素運動での脂肪代謝の状態，飲食による「脂肪代謝から糖代謝への移行」の様子をリアルタイムにモニタリングできる。

第1章　生体ガスによる疾病診断及びスクリーニングと今後の可能性

表1　S-ADHバイオスニファを用いた健常被験者の呼気IPA濃度の比較
　　　（文献6より改変）

	n[a]	measured range	mean±SD[b]
total subjects	67 (5)	2.1-54.4	16.1±11.9
male	41 (4)	2.1-42.1	15.9±11.7
female	26 (1)	4.1-54.4	16.5±12.4
until 25 years old	27 (2)	2.4-54.4	16.3±13.5
above 25 years old	40 (3)	2.1-42.6	16.0±10.8

[a]Total n (Nono detcted n).
[b]no statistical differences was found in each groups.

1.4　アルコール代謝の呼気計測による評価

　血中と呼気濃度の関係が最も研究されている揮発性成分は，飲酒に伴うエタノール（アルコール）とその代謝物であるアセトアルデヒドである。飲酒後の呼気濃度の経時変化，血中と呼気との濃度比，完全代謝分解に要する時間など，またアルデヒド脱水素酵素2（ALDH2）の3種類の遺伝子型（正常型ホモ接合体，ヘテロ接合体，変異型ホモ接合体）でのアルコール代謝能についても生理学的な研究が行われている。エタノールを触媒する酵素にはアルコール酸化酵素（AOD）とアルコール脱水素酵素（ADH）が知られている。またアセトアルデヒドの代謝酵素としてはアルデヒド脱水素酵素（ALDH）が存在する。以下に，ADHを用いたエタノールガス用と，ALDHを使ったアセトアルデヒドガス用の各バイオスニファを説明し，その応用として飲酒後の呼気濃度計測を紹介する。

1.4.1　エタノールガス用バイオスニファ

　エタノール用バイオスニファはエタノールの酸化触媒を行うアルコール脱水素酵素（ADH）を用い，その際に生成される還元型ニコチンアミドアデニンジヌクレオチド（NADH）が自家蛍光（ex. 340 nm, fl. 491 nm）を有することから，その蛍光検出し蛍光強度より濃度を測定する。図8にセンサ部そして計測系を示す。

　本センサは気液隔膜として機能するADH固定化膜を組込んだフローセルに，NADHの励起光源であるUV-LED光源と蛍光検出の光電子増倍管を二分岐にて接続した光ファイバーの感応部端面が装着されており，隔膜を介して流入するエタノール分子が酵素膜にて酸化触媒され，その際に生成されるNADHを蛍光検出する。フローセルに取り付けた酵素膜は親水性PTFE膜を支持膜とし，2-methacryloyloxyethyl phosphorylcholine（MPC）と 2-ethylhexyl methacrylate（EHMA）の共重合体（PMEH, 10 wt% in ethanol）にて酵素を包括固定化した。セルの液相部にはリン酸緩衝液が送液され，補酵素であるNAD^+の補給，酵素の活性維持，余剰基質や生成物の除去を行うことで，エタノールガスの連続計測を可能にする。

　図8-下に示すように，標準ガス発生装置より一定濃度のエタノールガスをセンサ感応部に負荷し，無脈流ポンプにて液相セルへの緩衝液の送液が行われる。蛍光計測系では，励起光源にはバンドパスフィルターが，蛍光検出側にはローパスフィルターがそれぞれ装着されており，高感

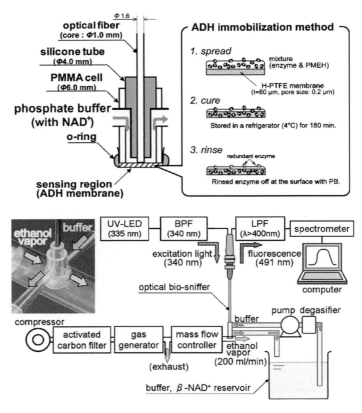

図8 ADH固定化バイオスニファの構造図(上)とエタノール
ガス計測系の模式図(下)(文献8より改変)

度な蛍光計測を可能としている。開発したセンサに標準エタノールガスを負荷したところ(図9),蛍光出力の増加及び濃度に応じた安定値が確認され,人間の嗅覚(検出下限界 0.36 ppm)でのエタノールガスの検出が可能で,飲酒後の呼気エタノールガスの定量を行うことができた(図9-上)。また開発したセンサと市販のアルコール用半導体ガスセンサについてガス選択性を比較したところ,図9-下に示すように,半導体ガスセンサでは多様な溶媒ガスに反応したのに比して,ADH酵素を用いたバイオスニファではエタノールガスにのみ出力を示し,他成分(メチルエチルケトン)を含む場合においても影響を受けることなく正値を示し,酵素の基質特異性に基づく高い選択性が確認された。

1.4.2 アセトアルデヒドガス用バイオスニファ

飲酒後のエタノールは肝臓での代謝にて酸化され,同様に揮発性を有するアセトアルデヒドとなる。先に示したように,アセトアルデヒドを代謝する酵素であるアルデヒド脱水素酵素(ALDH)を用いることで,エタノールと同様なガスセンサ(バイオスニファ)を構築することができる。上述のエタノールガス計測でのセンサ部の酵素だけをALDHに変更することで,ア

12

第1章　生体ガスによる疾病診断及びスクリーニングと今後の可能性

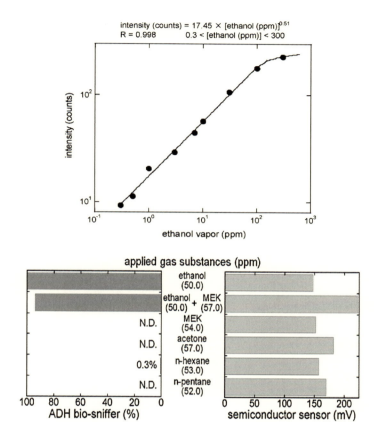

図9　ADHバイオスニファのエタノールガス定量特性（上）と半導体ガスセンサとの選択性比較（下）（文献8より改変）

セトアルデヒドガスの測定が可能となる。また標準ガス発生装置にてアセトアルデヒドガスを発生し，センサ部に負荷することでセンサのアセトアルデヒドガスに対する特性を評価した。図10に，光ファイバを用いて構築したALDH固定化バイオスニファの出力応答と定量特性を示す。この図からわかるように，アセトアルデヒドガスの負荷に伴う蛍光出力の増加と濃度に応じた安定値が確認され，アセトアルデヒドガスを100 ppb～5 ppmの濃度範囲で定量可能であった。

1.4.3　飲酒後の呼気中エタノール＆アセトアルデヒド計測

飲酒後の血中エタノールとアセトアルデヒドは揮発性を有することから，肺でのガス交換にてその一部が呼気濃度に反映する。このことから呼気を計測することで血中濃度を評価することが可能である。そこで，エタノール用とアセトアルデヒド用の両バイオスニファを飲酒後の呼気計測に適用し，有用性を調べた。日本人ではアルコール代謝に関して，活性型であるALDH2（＋）と不活性型のALDH2（－）が存在することから，それぞれの被験者（各5名）について，呼気中のエタノールおよびアセトアルデヒドの各濃度を調べ比較した。

呼気計測では，実験の趣旨を説明し理解を得た被験者にて，アルコール飲料（5.5％，350 ml）

生体ガス計測と高感度ガスセンシング

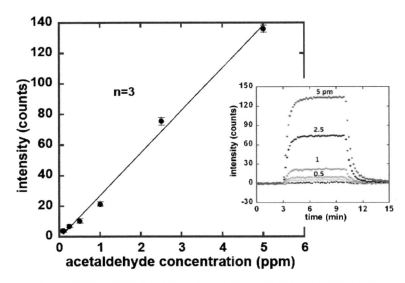

図10　ALDH 固定化バイオスニファのアセトアルデヒドガスに対する
出力応答（挿入図）と定量特性（文献9より改変）

の摂取後，一定間隔にてサンプルバックに呼気を採取し，作製したバイオスニファにて呼気中アルコールとアセトアルデヒドガスの計測を行った．なお，被験者には予めエタノールのパッチテストを実施し，ALDH2 活性型（＋）と不活性型（－）の判定を行い，飲酒後の呼気成分濃度を比較した．飲酒後の呼気計測を行ったところ，アルコールとアセトアルデヒドともに飲酒後 30 分をピークとし，その後のアルコール代謝分解に基づく出力の漸次減少が観察され，本センサにて呼気成分の簡便計測および経時モニタリングが可能であった．

さらに ALDH2（＋）活性型と（－）不活性型の被験者における飲酒後 30 分の呼気濃度を調べた（図 11）．図 11 に示すように，ALDH2（－）の被験者において呼気アルコールとアセトアルデヒドともに濃度レベルが ALDH2（＋）の被験者に比して高く，特にアセトアルデヒドにおいては 10 倍程度の濃度差が確認された．この結果は，ALDH2 の活性がアセトアルデヒドの代謝のみならず，可逆性を有するアルコールの代謝にも影響を与え，その代謝度合いが呼気へと反映しているものと考えられる．このように，作製した 2 種のバイオスニファにて，飲酒後の呼気に含まれるエタノールとアセトアルデヒドのガス濃度をそれぞれ求めることができ，さらにはアルコール代謝能を呼気にて非観血的に評価可能であった．

図 12 は飲酒後 30 分の呼気について，ALDH（＋）と（－）の両被験者の可視化結果の動画像の結果を比較したものである．図 12 よりわかるように図 11 の結果と同様に，ALDH2 不活性型（－）の被験者の呼気には不活性型（－）に比して，高い濃度のエタノールが含まれることを画像にて客観的に示すことが可能であった．このように画像化することで，実験者・被験者がより簡便に「アルコール代謝能」や「酔いの度合い」を，その場で呼気にて簡単に理解することもできる．また現在では可視化システムを高感度化することで，飲酒後に皮膚から発せられるエタ

第1章　生体ガスによる疾病診断及びスクリーニングと今後の可能性

ノールガス（図13)[11]・アセトアルデヒドガスを直接，可視化することも可能であり，将来は手をかざすだけでアルコール・アセトアルデヒドの血中濃度を評価できるものと考えられる。

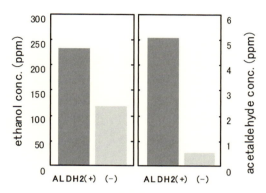

図11　ALDH2（＋）と（－）の被験者における飲酒後30分の呼気中
エタノールとアセトアルデヒドの濃度比較（各5名の平均値）

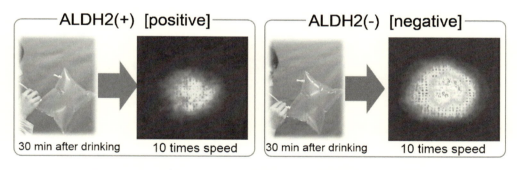

図12　ALDH2（＋）と（－）の被験者における飲酒後30分の呼気中
エタノールの可視化画像の比較（文献10より改変）

図13　飲酒30分後の手掌部皮膚からのエタノールガス
可視化像（文献11より改変）

1.5 酵素触媒機能を用いた多様な生化学式ガスセンサ

1.5.1 加齢臭ノネナールのバイオセンシング

　年齢を重ね，代謝が衰え変化することで発生する臭気成分があり，ノネナール（trans-2-nonenal）は加齢臭成分の一つと報告されている。ノネナールは青臭さと油臭さを合わせた強い臭気成分で，不飽和アルデヒド類の一種である。

　図14に示すように，ノネナールはアルデヒド類を基質とするアルデヒド脱水素酵素（aldehyde dehydrogenase, ALDH）にて，また α，β-不飽和カルボニル化合物を特異的に還元反応するエノン還元酵素（enone reductase type 1, ER1）にてそれぞれ触媒可能である。式(3)，(4)にALDHとER1による酵素反応式を示す。そこで，ALDHとER1の2種の酵素を用い，ノネナール測定可能なバイオスニファの開発を行った。なおALDHではNAD$^+$を電子受容体としてNADHを生成し，ER1はNADPHを電子供与体としてNADP$^+$を生成する。NAD（P）Hは，先に示したように自家蛍光（ex. 340 nm, fl. 490 nm）を有することから，両酵素の触媒反応でのNAD（P）Hの増減を検知し，ノネナールを測定した。

$$2\text{-nonenal} + \text{NAD}^+ \xrightarrow{\text{ALDH}} 2\text{-nonen acid} + \text{NADH} \qquad (3)$$

$$2\text{-nonenal} + \text{NADPH} \xrightarrow{\text{ER1}} 1\text{-nonenal} + \text{NADP}^+ \qquad (4)$$

　各バイオスニファは，酵素膜を取り付けた光ファイバプローブを，NAD（P）Hの蛍光用の励起光源（UV-LED）と光電子増倍管を接続し，酵素反応によるNAD（P）Hの蛍光変化を捉え，ノネナールを測定する。ガス測定の結果，ALDHバイオセンサにて，ガス負荷に伴う出力上昇と濃度に応じた安定値が観察され，加齢臭の判断値とされる2.6 ppmを含む，0.4～7.5 ppmの濃度範囲でノネナールガスを定量できた。またER1センサでは，ガスの負荷に伴う蛍光出力の減

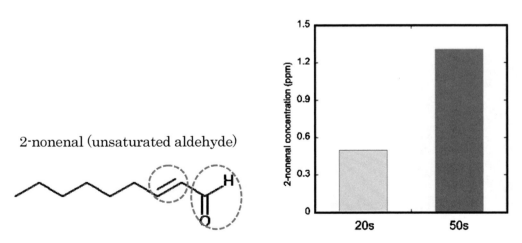

図14　ノネナールの構造式（左）と20歳代・50歳代のノネナール濃度の比較（右）（文献12より改変）

第1章　生体ガスによる疾病診断及びスクリーニングと今後の可能性

少が確認された。

次にALDH固定化バイオスニファを，20歳代と50歳代の被験者から採取した生体皮膚由来のサンプルをガス計測に供したところ，センサ出力が確認された。図14-右の比較結果からわかるように，50歳代のサンプルからは既報値と同当レベルのノネナールが計測され，20歳代に比して2倍以上の高い値を示した。ALDH固定化バイオスニファでは多様なアルデヒド物質に出力を示すことから，選択性に優れるER1固定化センサと併用することで，加齢臭の高感度な計測へと応用できる。

1.5.2　酵素阻害のメカニズムを利用したニコチンセンサ

有機リンのような神経阻害剤は神経伝達系の酵素に作用し，その酵素活性を阻害することが知られている。この酵素阻害の機構を利用することで，異なる検出メカニズムの生化学式ガスセンサを構築することができる。

ニコチンはタバコの煙に含まれる有害物質の一つで，特に副流煙には主流煙の3倍の濃度のニコチンが含まれ，作業環境における許容濃度は米国産業衛生専門家会議（ACGIH）より0.075 ppmと定められている。このニコチンは神経伝達系において，各種コリンエステラーゼなどの酵素反応を阻害することから，ブチリルコリンエステラーゼを用いたニコチン用バイオスニファを作製した。ニコチン用センサでは，市販のクラーク型酸素電極の感応部に装着したブチリルコリンエステラーゼとコリンオキシダーゼの酵素膜において，ブチリルコリンをブチリルコリンエステラーゼはコリンに，コリンオキシダーゼはさらにコリンを酸化し，酸素を消費する（図15）。この一連の反応において，ニコチンはブチリルコリンエステラーゼに作用し，その触媒活性を阻害し一連のブチリルコリンの触媒反応を低下させる。つまり，一定濃度のブチリルコリンの定量において，ニコチンを負荷することでセンサ出力の低下が生じ，その出力低下の度合いを基にニコチン濃度を定量することができる。実験では予め，規定濃度300 μmol/lのブチリルコリンにて出力を安定化させた後，気相化したニコチンを負荷したところ，ニコチン負荷にともな

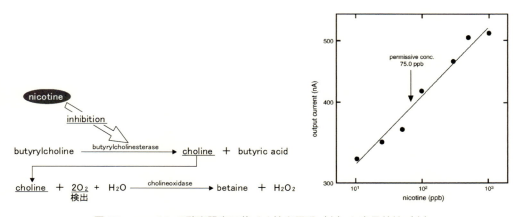

図15　ニコチンの酵素阻害に基づく検出原理（左）と定量特性（右）
　　　（文献13より改変）

う出力の減少が確認され，先述の許容濃度を含む 0.01〜1.0 ppm の範囲でニコチンの定量が可能であった（図 15-右）。酵素阻害のメカニズムを利用したバイオスニファは連続的な匂い成分の計測には適さないが，トルエンガスの計測[14]や，また有機リン・カルバミン剤などの神経系などの酵素阻害を誘発する有害な物質の検出にも応用が可能である。

1.5.3 酵素によるガス計測の特徴を生かした「デジタル無臭透かし」

酵素を用いたガスセンサ（バイオスニファ）は生体の代謝での認識機能を利用しており，嗅覚には基づかず，酵素の基質特異性により選択的にガス成分を検知できる。つまり，無臭ガス成分を選択的に検知することのできるガスセンサも構築できる。

例えば，過酸化水素は高い殺菌・漂白効果を有することから，食品添加剤としての利用や塩素系漂白剤の代替として身近に使用されているが，無色・無臭のため無意識のまま吸引する危険で，作業環境における過酸化水素ガスの許容濃度を 1 ppm と定めている。そこで，この過酸化水素ガスを検知することのできるバイオスニファをカタラーゼを用いて作製した。カタラーゼは過酸化水素を触媒し，水と酸素を生成することから，発生した酸素を酸素電極に検出することで，過酸化水素ガスを定量することができる。実験の結果，無臭の過酸化水素ガスを 1.0 ppm 以上で定量可能であった。また同様な手法にて，他の無臭ガス（乳酸，コリン）を対象とするセンサを作製した。

無臭ガス用のバイオスニファの応用として，無色無臭の「透かし」や「情報コード」などの新しい認証システムが考えられる。例えば，予め紙面などに無色無臭の成分を含ませ乾燥することで，紙面に情報を刷り込む。この情報は人の五感では検知できないが，その無臭ガス用のバイオスニファでは選択的な識別が可能となる（図 16）。実験では，3 種類（過酸化水素，乳酸，コリン）の無臭ガスを利用し，3 ビット，つまり 8 チャンネルのデジタル情報コードを刷り込んだ紙片を準備し，各無臭ガスを検知しうる 3 種類のバイオスニファを用いることで相互干渉（クロストーク）することなく，8 チャンネルのデジタル情報コードを簡単に読み取ることができた。このバ

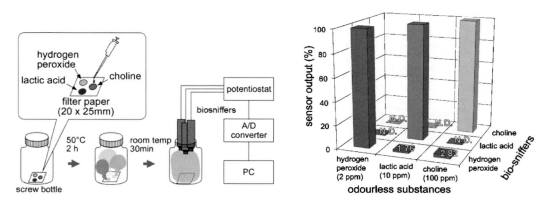

図 16　3 種の無色無臭成分を用いた無臭透かしの実験手順（左）と 3 種のガス成分に対する各バイオスニファの相互出力比較（右）（文献 15 より改変）

第1章　生体ガスによる疾病診断及びスクリーニングと今後の可能性

イオスニファを利用した，デジタルの「無臭透かし」や「情報コード」は偽造防止や新たな認証システムとしての可能性もある．なお，コードとして刷り込んだ情報成分を揮発・除去することで，情報コードを簡単に消去することができる．このように嗅覚に基づかず，代謝酵素を利用した選択性に優れたガスセンサを利用することで，無臭ガス情報を新たな非認知性のデジタル情報として扱うことも可能となる．

1.6　おわりに

疾病や身体の代謝に基づき，呼気・皮膚ガスなどの生体ガスには多様な揮発性成分が含まれており，その発生メカニズムに基づくことで多様な生化学式ガスセンサ（バイオスニファ）を開発した．本章では，肝臓の薬物代謝酵素を用いたバイオスニファ，糖尿病などでも脂質代謝に関するガスセンサ，アルコール代謝に関連するセンサと代謝評価，また他の例として，加齢による代謝産物であるノネナール用のバイオスニファ，酵素阻害を基づくガスセンサ，無臭成分の酵素計測による無臭デジタルコード（無臭透かし）などを紹介した．バイオスニファはppt・ppqレベルの高感度計測や可視化計測への展開が可能であり，今後，疾病等の診断・スクリーニングへの利用が期待される．

謝辞

本章の内容は，日本学術振興会科学研究費補助金，文部科学省特別教育研究経費，科学技術振興機構に基づく研究成果を含む成果であり，本学学生をはじめ多くの共同研究者に謝意を表します．

文　　献

1) T. Blaikie, J. Edge, G. Hancock, D. Lunn, C. Megson, R. Peverall, *et al.* Comparison of breath gases, including acetone, with blood glucose and blood ketones in children and adolescents with type 1 diabetes, *J Breath Res*, **8**, 46010 (2014)
2) K. Mitsubayashi, Y. Hashimoto, Bioelectronic Sniffer Device for Trimethylamine Vapor Using Flavin Containing Monooxygenase, *IEEE Sensors J.*, **2**, 133-139 (2002)
3) T. Minamide, K. Mitsubayashi, N. Jaffrezic-Renault, K. Hibi, H. Endod, H. Saito, Bioelectronic detector with monoamine oxidase for halitosis monitoring, *Analyst*, **130**, 1490-1494 (2005)
4) K. Mitsubayashi, T. Minamide, K. Otsuka, H. Kudo, H. Saito, Optical bio-sniffer for methyl mercaptan in halitosis, *Anal. Chim. Acta.*, **573-574**, 75-80 (2006)
5) M. Ye *et al.*, An acetone bio-sniffer (gas phase biosensor) enabling assessment of lipid metabolism from exhaled breath, *Biosens. Bioelectron.*, **73**, 208 (2015)

6) Po-Jen Chien, Takuma Suzuki, Masato Tsujii, Ming Ye, Koji Toma, Takahiro Arakawa, Yasuhiko Iwasaki, Kohji Mitsubayashi, Bio-sniffer (gas-phase biosensor) with secondary alcohol dehydrogenase (SADH) for determination of isopropanol in exhaled air as a potential volatile biomarker, *Biosens. Bioelectron.*, **91**, 341-346 (2017)

7) Po-Jen Chien, Ming Ye, Takuma Suzuki, Koji Toma, Takahiro Arakawa, Yasuhiko Iwasaki, Kohji Mitsubayashi, Optical isopropanol biosensor using NADH-dependent secondary alcohol dehydrogenase (S-ADH), *Talanta*, **159**, 418-424 (2016)

8) Hiroyuki Kudoa, Masayuki Sawaib, Yuki Suzukia, Xin Wanga, Tomoko Gesseia, c, Daishi Takahashia, Takahiro Arakawaa, Kohji Mitsubayashi, Fiber-optic bio-sniffer (biochemical gas sensor) for high-selective monitoring of ethanol vapor using 335 nm UV-LED, *Sensors and Actuators*, **B 147**, 676-680 (2010)

9) Yuki Suzuki, Ming Ye, Kumiko Miyajima, Takahiro Arakawa, Shin-ichi Sawada, Hiroyuki Kudo, Kazunari Akiyoshi, Kohji Mitsubayashi, A fluorometric biochemical gas sensor (Biosniffer) for acetaldehyde vapor based on catalytic reaction of aldehyde dehydrogenase, *Sensors and Materials*, **27** (11), 1123-1130 (2015)

10) Takahiro Arakawa, Xin Wang, Takumi Kajiro, Kumiko Miyajima, Shuhei Takeuchi, Hiroyuki Kudo, Kazuyoshi Yano, Kohji Mitsubayashi, A direct gaseous ethanol imaging system for analysis of alcohol metabolism from exhaled breath, *Sensors and Actuators*, **B 186**, 27-33 (2013)

11) Takahiro Arakawa, Toshiyuki Sato, Kenta Iitani, Koji Toma, and Kohji Mitsubayashi, Fluorometric Biosniffer Camera "Sniff-Cam" for Direct Imaging of Gaseous Ethanol in Breath and Transdermal Vapor, *Anal. Chem.*, **89** (8), 4495-4501 (2017)

12) 荒川貴博, 森英久, 叶明, 當麻浩司, 三林浩二, 加齢臭成分ノネナール計測のための気相用バイオスニファに関する研究, Chem. Sensors, **33** (A) (2017)

13) Kohji Mitsubayashi, Kazumi Nakayama, Midori Taniguchi, Hirokazu Saito, Kimio Otsuka, Hiroyuki Kudo, Bioelectronic sniffer for nicotine using enzyme inhibition, *Anal. Chim. Acta.*, **573-574**, 69-74 (2006)

14) Hirokazu Saito, Yuki Suzuki1, Tomoko Gessei1, Kumiko Miyajima1,Takahiro Arakawa1 and Kohji Mitsubayashi, Bioelectronic Sniffer (Biosniffer) Based on Enzyme Inhibition of Butyryl cholin esterase for Toluene Detection, *Sensors and Materials*, **26** (3), 121-129 (2014)

15) Hirokazu Saito, Teruyoshi Goto, Kumiko Miyajima, Munkhbayar Munkhjargal1, Takahiro Arakawa and Kohji Mitsubayashi, Odourless Watermark (Digital Chemocode) System with Biochemical Sniff Scanner, *Sensors and Materials*, **26** (3), 109-119 (2014)

2 呼気分析の臨床的背景，呼気診断法の現状と課題

奥村直也[*1]，下内章人[*2]，近藤孝晴[*3]

2.1 はじめに

　生体内では，様々な要因によりガスが産生され，多くは腸管から「おなら」として，一部は呼気に排出される。この呼気成分の測定により，種々の生体内情報が得られることがわかっている。本稿では，自験例をもとに呼気成分に含まれている水素，アセトンなどの低分子化合物を中心に，それらの生体内由来などの基礎医学的背景と呼気診断技術の現状と課題について概説した。

2.2 呼気診断の歴史

　人類が呼気で病気を診断したとされる記録は紀元前400年頃のヒポクラテスの時代にさかのぼるとされている。糖尿病性ケトアシドーシスによる昏睡患者の呼気からの「甘いにおい」や肝疾患の「かび臭い・生臭いにおい」，腎疾患の「尿のようなにおい」，肺膿腫の「腐敗した悪臭」などが知られている。さらに，動物（犬）の嗅覚によって，癌が発見されたという報告が1980年代に出始め[1]，癌患者の尿や呼気を訓練された犬に嗅がせることで癌などの疾患の早期発見に繋げようとする研究が行われている。

　最近の報告では，健康人における呼気や皮膚ガス，血液，唾液，乳汁などの種々の生体試料に含まれる揮発性有機化合物（VOCs）はのべ1840種類が存在することが報告されている[2]。種々の病態下においては種々のパターンで濃度変化が生じるものと考えられ，呼気ガス成分のうち臨床的意義がほぼ確立したと考えられている成分を表1にまとめた。

2.3 呼気成分の由来

　呼気中の水素は，従来，大腸における未消化炭酸化合物の嫌気性代謝発酵[3]によるものとされ，主に小腸通過時間，腸内異常発酵，小腸内細菌叢の存在，過敏性腸症候群などの消化器疾患の診断に用いられてきた。経口的に摂取した食物繊維をはじめとする未消化の炭水化物が大腸へ到達すると，腸内細菌による発酵をうけ，乳酸，コハク酸，酢酸，プロピオン酸，酪酸などの短鎖脂肪酸と水素ガス，メタンガスなどに代謝される。腸内で産生した水素ガスのほとんどは「放屁ガス」となって排泄されるが，一部は直ちに吸収され，血液循環を介して短時間のうちに肺から排泄される[4,5]。

　呼気中に含まれる酸素や二酸化炭素以外の大部分のガス成分はppmからsub ppb以下の低濃度で存在している。例えば，水素，メタンは腸内細菌の発酵によって，腸管で産生され，吸収さ

[*1] Naoya Okumura　中部大学　大学院生命健康科学研究科
[*2] Akito Shimouchi　中部大学　大学院生命健康科学研究科　教授
[*3] Takaharu Kondo　中部大学　健康増進センター　特任教授

表1 呼気成分と臨床的意義

化合物	主な疾患と病態
水素（H_2）	腸内嫌気性細菌の異常増殖，消化不良症候群，抗酸化作用
一酸化窒素（NO）	気管支喘息のモニター，禁煙，気道感染，肺高血圧，酸化ストレス
一酸化炭素（CO）	ガス中毒，ニコチン依存症，慢性気道炎症，性周期，酸化ストレス
エタノール（C_2H_5OH）	飲酒
アセトアルデヒド（CH_3CHO）	飲酒による代謝産物，発がん，シックハウス症候群
アセトン（CH_3COCH_3）	糖尿病，心不全，肥満，ダイエット，飢餓，脂質代謝の異常
アンモニア（NH_3）	肝性脳症，尿素回路の先天酵素異常，ピロリ菌，感染症
メタン（CH_4）	腸内嫌気性細菌の異常増殖，消化不良症候群
イソプレン（C_5H_8）	コレステロール合成中間体より生成
短鎖アルカン（CnH_{2n+2}）(エタン，プロパン，ブタン，ペンタン等)	同上，移植免疫
硫化水素（H_2S）	口臭（口腔内細菌）
メルカプタン（RSH）	口臭（口腔内細菌），肝性脳症
トリメチルアミン（C_3H_9N）	腎不全
トルエン（$C_6H_5CH_3$）	シンナー中毒

れて呼気に含まれる。一酸化炭素は酸化ストレスの結果発現するHemoxygenase（HO）により生成される。アセトンは解糖系のエネルギー産生から脂肪酸代謝に切り替わることにより増加する。イソプレンは，コレステロールの合成中間体より産生される。

2.4 腸内発酵に伴う呼気水素

従来，嫌気性腸内発酵により生成された水素は生体内では生理的機能を有しない不活性物質であり，直ちに排出されると考えられていた。しかし，外因性分子状水素（水素水，水素ガス）には活性酸素の消去作用があることが明らかとなり，安定した分子状水素が抗酸化作用をもち，種々の酸化ストレス疾患に有効であることは数100編に及ぶ報告によりほぼ確立しつつある[6]。同様に，腸内で産生された内因性水素にも活性酸素消去と抗酸化ストレス作用がある可能性がある。腸内発酵性水素を上昇させる食材として穀類や野菜，大豆などの食物繊維，難消化性多糖類（乳糖，オリゴ糖など）をはじめとして種々の食材が上昇させることが知られている。例えば，ウコン含有のカレーには腸内嫌気性による内因性水素濃度を高め[7]，牛乳摂取による呼気水素生成量が水素水飲水と比較し100倍以上高いことが報告されている[8]。しかしながら，腸内発酵性水素がもたらす効用はほとんど知られていない。他方，100歳長寿の女性で呼気水素が高く[9]，腸内発酵性水素を高めるαグルコシダーゼ阻害剤の内服[10]は心疾患イベントを抑制することから，腸内発酵に伴う内因性分子状水素も外因性のものと同様に抗酸化ストレス作用があることが示唆される。したがって，呼気水素の意義が従来の食物通過時間や腸内異常発酵などのnegative marker として取り扱われていたものが，健常人では抗酸化ストレス能が評価できる positive marker としての可能性もある。また，呼気水素レベルを通した生体内水素の抗加齢効果や健康長寿の延伸に及ぼす健康効果などについて，今後の長期にわたる疫学調査が期待される。

2.5 アセトンと脂質代謝

アセトンはグリコーゲンの枯渇によって，解糖系のエネルギー産生から脂肪酸代謝に切り替わり，脂肪酸 β 酸化過程で生成されるアセト酢酸から非酵素的に終末代謝産物として生成され，呼気中にも一部が放出される。脂肪はグリセロールと脂肪酸に分解され，グリセロールは肝でエネルギー源となり，脂肪酸はミトコンドリアで β 酸化をうけ，アセチル CoA を産生する。このアセチル CoA は肝臓内で TCA 回路によって，酸化・リン酸化され，ATP となり，エネルギー源となる。また，アセチル CoA はアセトアセチル CoA →ヒドロキシメチルグルタリル CoA を経て，最終的にはケトン体となる。ケトン体とは，アセト酢酸，β-ヒドロキシ酪酸，アセトンの3つを指している。アセト酢酸と β-ヒドロキシ酪酸は血中に入り全身に運ばれる。血中に入ったアセト酢酸からアセトンが生成される。このアセトンの5〜25％は呼気へ排泄される。呼気アセトンは脂肪酸代謝の亢進する運動[11]や空腹時[12]に上昇する。また，糖尿病患者[13]や心不全患者[14]において呼気中に ppm のオーダーの高値で検出される。さらに筆者らの若年成人を対象とした随時呼気採取では呼気アセトン濃度は BMI と正の相関[15]があった。

他方，糖尿病患者ではインシュリンが欠乏することによる糖代謝異常を生じることで脂肪酸代謝が亢進する。これにより，糖尿病性ケトアシドーシスでは血中，尿中のケトン体が高値となり，呼気中にアセトンが大量に排出され，アセトン臭が認められる。

我が国では高血圧・糖尿病といった生活習慣病が問題となっている。その主な原因とされているのが，欧米型の食生活への移行，運動不足による内臓脂肪の蓄積である。国際糖尿病連合（IDF）の発表によると，糖尿病有病者数は4億1500万人（2015年）に上り，昨年より2830万人増えた。有効な対策を施さないと，2040年までに6億4200万人に増加すると予測している。糖尿病は，インシュリンの感受性低下や分泌不全が原因となり引き起こされる代謝性の疾患である。この内臓脂肪を減らすためには運動を実施し，脂肪代謝を促すことが効果的である。フィットネスクラブでは負荷や回数による運動強度や時間で消費カロリーを計算し，運動プログラムが作られている。多くのフィットネスクラブ利用者は健康維持，ダイエット目的で訪れる。そこで，脂肪がどの程度代謝されたのかが分かればより良い運動プログラムを作れるかもしれない。峯田らによって，アセトンが運動による脂肪代謝の指標になる可能性があると報告されており[11]，呼気アセトン計測の健康市場への展開も期待できる。

2.6 呼気アセトンと心不全

心不全患者では低体重が予後不良を規定する因子であることが過去の疫学研究から報告されている。一般的に「悪液質は罹患疾患の経過中に起こる栄養失調に基づく漸進的な衰弱状態」と定

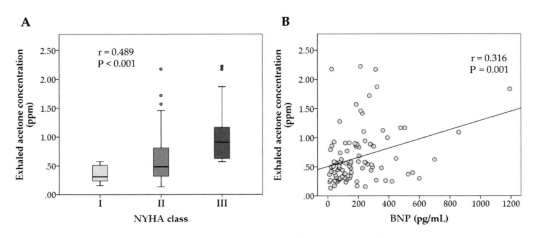

図1 心不全マーカーによる呼気アセトン濃度[14]

義されるのに対して,「心不全に伴う悪液質は,疾患の進行に伴う炎症亢進,インスリン抵抗性,筋肉におけるタンパク質同化・異化のバランス異常など多くの因子を包括した概念」として提唱されている[16]。悪液質では骨格筋の筋肉量が減少し,脂肪組織も減少する。悪液質は多元的な病態を反映しているため,現在のところ簡便なマーカーが存在しないが,呼気アセトンは心臓および骨格筋の糖代謝が心不全の進行に伴いケトン代謝に移行することが密接に関連するものと考えられる。その為,呼気ガスの経時的な反復測定により,心不全進行,特にカヘキシーの出現の有無との関連が知見として得られることが期待できる。横川らは,糖尿病合併を除く入院中の心不全患者を対象として,呼気アセトンと心不全重症度ならびにB-type natriuretic peptide (BNP) との関連を検討したところ,心不全が重症化すると呼気アセトン濃度は有意に増加し,また,BNPと有意な正相関を示すことが分かった(図1)[14]。呼気アセトン濃度はBNPと比較し心不全重症度検出の特異度と感度は劣るが,より簡便かつ迅速に心不全重症度を定量可能であることから,入院のみならず,外来や家庭内での計測により,心不全重症度を客観的な定量評価ができる可能性がある。ただし,現状では合併症や食欲低下などの存在に注意を払うことが必要になる。

2.7 呼気採取法と保管法

呼気ガスは採取が非常に簡便である。侵襲を伴わない為,患者への負担も少なく,採取量の制約もない。しかし,採取方法が定まっておらず,各研究者によって独自の方法で行っているのが現状であり,さらに呼気バッグの保管方法についても検討が必要である。歯科口腔領域を除いた呼気診断を目的とする場合は,呼気採取の基本的な原則は口腔や鼻腔などの上気道の影響を可及的に避けるため,死腔内の呼出分は採取せず,深呼吸後の息堪え法や三方活栓を用いた呼気採取回路を作り,ある程度吐き出させてから活栓を開きの終末呼気を採取する方法などがある。さらに,気流依存性のある呼気一酸化窒素 (NO) に対しては一定気流速を基準とする計測法もあり,

第1章　生体ガスによる疾病診断及びスクリーニングと今後の可能性

目的に応じて実に様々な採取方法で行われている。

　筆者らは一般的にアルミパウチと称されている多層アルミ含有バッグ A，B，単層合成樹脂バッグ，プラスチックシリンジ，パイレックスシリンジの5種類を用いて，呼気ガスや皮膚ガス中の低分子化合物の透過性を検討した[17]。対象ガスを水素，メタン，一酸化炭素に絞り，それぞれ濃度 50 ppm と 5 ppm の2群に分けた。その結果，保存容器内のガス濃度は素材を問わず，水素＞メタン＞一酸化炭素の順で抜けやすかった。特に合成樹脂バックとプラスチックシリンジはきわめて水素が抜けやすく，1日以上の保管には不適当であった。多層アルミ含有バック A と B，ガラスシリンジでは採取後数日間は十分に保管が効いた。多層アルミ含有バック A と B について同じ容器内で室温放置と冷温保存で濃度変化の有意差はなかった（図2）。他方，ガス分析のため試料容器を遠方より宅配することがある。保存の最も利くパイレックスシリンジを基準に，多層アルミ含有バック B とプラスチックシリンジを 24 時間かけて常温での宅配と冷温での宅配をしたところ，冷温保存と常温保存の違いが出るのはプラスチックシリンジのみであり，他の2つは初期濃度とほぼ変わらない結果が得られた。これらのことから，生体ガスの特に低分子化合物の分析を実施する際には，分析対象となるガス種と保管容器の材質に注意を払い，生体ガスの保管を行う必要がある。配送するのであれば，多層アルミバッグで採取し，少なくとも 24 時間程度の配送であれば，常温での輸送で十分であることが考えられる。しかし，呼気有機化合物の中でアセトンやイソプレンのように沸点が低い成分があり，呼気バッグ内に吸着してしまうことが知られている。このような場合には測定前に呼気バッグを加温する必要があるが，加熱温度に

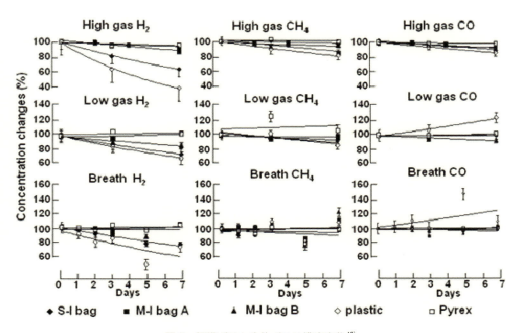

図2　標準ガスと生体ガスの濃度変化[17]

よってバック内面のコーティング層の VOC が遊離する可能性もある。これらの対策として呼気採取バッグを予め高純度ガスで洗浄することは当然であるが，対象とする成分の物理化学的特性を把握し，予めバッグ材質や保管方法，再加熱温度などを検討しておく必要がある。

2.8　随時呼気採取による呼気低分子化合物の検討

呼気診断技術は医療現場だけではなく，フィットネスクラブなどのスポーツ施設や家庭で呼気を検査し，日々の体調管理（消化器官，呼吸器，循環器の状態）や運動によるダイエット効果の評価，口臭の確認など，より身近な診断ツールとしてのポテンシャルを秘めている。しかし，その為には性差，身体データ，随時値的な呼気ガスのデータの蓄積，生活習慣（運動の有無，食習慣，喫煙の有無，排便の有無，食後経過時間など），既往歴，現病歴などの多くの交絡因子があり，呼気診断には多くの交絡因子を考慮する必要がある。しかしながら，例えば健康診断に準じた空腹時採取では，絶食自体によるアセトンの増加がみられる。そこで我々は健康成人を対象にランダムに呼気を採取し，同時にアンケート調査を行い，生活習慣と呼気の関連を検討した[15]。随時呼気成分の平均±標準偏差はそれぞれ，水素濃度 12.3±0.9 ppm，メタン 2.5±0.1 ppm，一酸化炭素 2.0±0.1 ppm，アセトン 561±24 ppb，イソプレン 300±17 ppb であった。呼気水素では男女差はなく，非運動群で高値であった。呼気メタンでは，男女差はなく，非運動群で高値であった。呼気一酸化炭素では，男女差や他の生活習慣による変動はなかった。呼気アセトンでは，男性，非排便群，食事経過 5 時間以上の群で高値であった。男性では運動群，女性では非運動群で高値であった。そして，BMI と有意な正の相関があった（図 3）。呼気イソプレンでは，男女差はなく，非運動群で高値であった。以上のように呼気低分子化合物は健康成人においても性，排

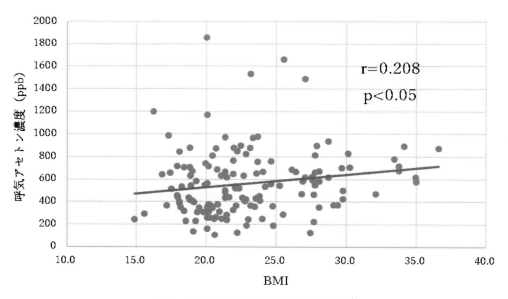

図3　呼気アセトン濃度：BMI の相関図[15]

第1章　生体ガスによる疾病診断及びスクリーニングと今後の可能性

便や運動状況，BMI などの種々の生活習慣に関連する因子が存在することが分かる。

2.9　おわりに

呼気成分は種々の生体内代謝情報を反映している。呼気採取は無資格の被験者自身の手で頻回に簡便に採取が可能である。呼気診断に対する一般市民の期待や，本書企画でみられるようにセンサ開発の技術者の関心が高まりつつある。最近では年々，ナノセンサを初めとした新規原理のセンサ開発の急増し，呼気分析への応用の試みが徐々に増加している。他方，呼気分析の臨床的意義の裏付けが遅々として進んでいない印象を免れず，医学的根拠を蓄積していく臨床系研究者の努力も必要である。また，一般臨床研究者にも使いやすいより安価で簡便な分析機器の開発も必要であり。工学系・技術者と呼気医学研究者の双方向の研究協力・医工連携が必要であると感じている。呼気診断技術はヘルスケア市場にも大規模に展開できる可能性があり，例えば呼気や皮膚アセトン分析機能に情報通信機能をもたせたスマホサイズの健康機器が報告されており，今後の展開が期待される。

文　献

1) B. de Lacy Costello et al.：A review of the volatiles from the healthy human body., *J Breath Res*, **8**, 014001 (2014)
2) Williams H, Pembroke A：Sniffer dogs in the melanoma clinic?, Lancet 1：734, 1989
3) Bond JH Jr, Levitt MD, Prentiss R：Investigation of small bowel transit time in man utilizing pulmonary hydrogen (H2) measurements. *J Lab Clin Med*, **85**：546-555 (1975)
4) 近藤孝晴，藤井悠平，野田洋平：呼気水素測定の意義，中部大学生命健康科学研究所紀要, **9**：61-64 (2013)
5) Simrèn M, Stotzer PO：Use and abuse of hydrogen breath tests. Gut, **55**：297-303 (2006)
6) Ichihara M, Sobue S et al：Beneficial biological effects and the underlying mechanisms of molecular hydrogen-comprehensive review of 321 original articles-. *Med Gas Res*, **19**：5-12 (2015)
7) Shimouchi A, Nose K, Takaoka M et al：Effect of dietary turmeric on breath hydrogen. *Dig Dis Sci*. **54**：1725-9 (2009)
8) Shimouchi A, Nose K, Yamaguchi M et al. Breath Hydrogen Produced by Ingestion of Commercial Hydrogen Water and Milk. *Biomarker Insights* **4**：27-32 (2009)
9) Aoki Y: Increased Concentrations of Breath Hydrogen Gas in Japanese Centenarians. *Anti-Aging Medicine* **10**：101-105 (2013)
10) Kaku H1, Tajiri Y, Yamada K:Anorexigenic effects of miglitol in concert with the alterations of gut hormone secretion and gastric emptying in healthy subjects. *Horm*

Metab Res. **44**(**4**)：312-8（2012）

11) 永峰康一郎，峯田大暉，石田浩司ほか：種目や強度の違いによる最大下運動時の呼気中のアセトンの変動の比較，安定同位体と生体ガス 8：32-39. 2016.

12) Naitoh K, Tsuda T, Nose K *et al.*：New measurement of hydrogen gas and acetone vapor in gases emanating from human skin. *Instrumentation Science & Technology* **30**：267-280（2002）

13) Wang Z, Wang C：Is breath acetone a biomarker of diabetes? A historical review on breath acetone measurements. *J Breath Res.* **7**：037109（2013）

14) Yokokawa T, Sugano Y, Shimouchi A *et al.*：Exhaled Acetone Concentration Is Related to Hemodynamic Severity in Patients With Non-Ischemic Chronic Heart Failure. *Circ J* **80**：1178-1186（2016）

15) 奥村直也，堀田典生，近藤孝晴ほか：呼気成分の随時値に及ぼす要因の検討，安定同位体と生体ガス，**8**：20-31（2017）

16) Evans WJ1, Morley JE, Argilés J *et al.*：Cachexia：a new definition. *Clin Nutr* **27**：793-799（2008）

17) 藤川和子，下内章人，瀬戸純子：種々のガス採取容器の低分子ガス保存能力に関する検討．呼気生化学の進歩，**7**：47-52（2005）

3 口気・呼気診断による口臭治療

財津　崇[*1], 川口陽子[*2]

3.1 はじめに

　近年，においの有無や量を簡単に検査できる医療用測定機器が開発されたことで，口臭研究は著しく進歩し，口臭臨床が大きく変化した[1~3]。口臭の発生には医科・歯科両域の疾病や異常が関与しているが，その90％以上は口腔内に原因があることが判明しており，口臭の診断や治療は，最初に歯科医師が行うことが重要であるとされている。

　口臭予防に対する人々の関心は高まっており，新聞，雑誌，テレビ，インターネット等には，口臭に関するさまざまな情報が氾濫している[4]。また，口臭予防効果を謳った口臭ケア製品も数多く市販されているが，その中には科学的根拠のないものもある。

　本稿では，口臭専門外来「息さわやか外来」での経験をもとに，臨床的立場から口臭の診断と治療について解説する。

3.2 口臭の主な原因物質とその生成機序

　口臭の主な原因物質は揮発性硫黄化合物（VSC：Volatile Sulfur Compounds）で，口腔内の細菌が新陳代謝ではがれた粘膜上皮，血液成分，細菌の死骸などのタンパク質を分解してシステインやメチオニンなどの含硫アミノ酸をもとに生成する（図1）。

　VSCの中でも硫化水素 [H_2S]，メチルメルカプタン [CH_3SH]，ジメチルサルファイド [$(CH_3)_2S$] が代表的な口臭の原因となるガス成分である。それぞれのガスに特有のにおいがあり，口臭測定機器はこれら3種類のVSCガスの濃度を総合的に，あるいは単独で測定できるように調整されており，嗅覚認知閾値も決められている（表1）。

　検出される量は少ないが，アンモニア，トリメチルアミン，インドール，スカトールなどの揮発性窒素化合物，イソ吉草酸，酪酸，プロピオン酸，カプロン酸などの低級脂肪酸，アセトン，アセトアルデヒドなどの揮発性有機物が，口臭のにおい成分に含まれることもある。しかし，すべての口臭成分をVSCと同様に定量的に測定できる医療機器は，まだ開発されていない。

3.3 口臭測定法

3.3.1 口臭測定条件

　通常，口臭は起床直後に最も高い値を示す。しかし，朝食を摂り，口腔清掃を行うと，口臭は急激に低くなる。時間が経過して空腹となる昼食前になると，再び口臭は強くなってくる。これ

[*1] Takashi Zaitsu　東京医科歯科大学　大学院健康推進歯学分野　歯学部附属病院
　　　息さわやか外来　助教

[*2] Yoko Kawaguchi　東京医科歯科大学　大学院健康推進歯学分野　歯学部附属病院
　　　息さわやか外来　教授

生体ガス計測と高感度ガスセンシング

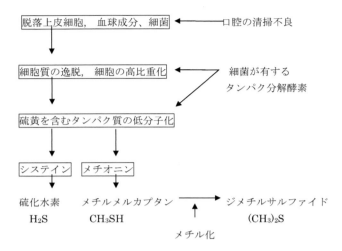

図1 揮発性硫黄化合物（VSC）の生成機序

表1 揮発性硫黄化合物（VSC）のにおいの特徴と嗅覚認知閾値

揮発性硫黄化合物（VSC）	においの特徴	嗅覚認知閾値
硫化水素　　　　　　　H_2S	卵の腐ったようなにおい	1.5 ng/10 mL
メチルメルカプタン　　CH_3SH	血生臭い、魚や野菜の腐ったようなにおい	0.5 ng/10 mL
ジメチルサルファイド $(CH_3)_2S$	生ごみのようなにおい	0.2 ng/10 mL

表2 口臭測定のための条件

検査当日
　1. 飲食の禁止
　2. 歯口清掃の禁止
　3. 禁煙（12時間前より）
　4. 洗口の禁止
　5. 口中清涼剤，ガム等の禁止
前日以前
　6. 香料入り化粧品使用の禁止（24時間前より）
　7. ニンニクなどの摂取禁止（48時間前より）
　8. 抗生剤などの服用禁止（3週間前より）

もまた食事や口腔清掃を行うことで減少する。そして，夕食前に再び口臭が強くなる。このように口臭には日内変動が大きいので，患者の治療経過をみていく際には，口臭測定の時間にも注意が必要である[4,5]。

　口臭診断を行うには，最もにおいが高い状態，すなわち，起床直後の口臭（モーニングブレス）を測定して，その人の口臭レベルがどのくらい高いか，また，どのガス成分が多いかを評価することが重要である。口臭外来では，モーニングブレスを再現するために，検査当日は，朝から何も飲んだり食べたりせず，歯磨きやうがいもしない状態で患者に来院してもらっている（表2）。

第1章　生体ガスによる疾病診断及びスクリーニングと今後の可能性

口臭測定は，原則として口腔内診査の前に行う。歯周組織検査のプロービングによる歯肉出血や唾液量の測定によって，口臭の強さに影響が出ることを避けるためである。

口臭測定は，口臭官能検査と機器を使用した検査の2種類で行われる。いずれも，患者に1〜3分間閉口させた後に，口臭測定を行う。

3.3.2　口気と呼気の官能検査

口臭官能検査は人の嗅覚で口臭を判定する方法である。測定機器を使用すると口臭レベルが数値として示されるので，客観的に口臭を評価できると考える人が多い。しかし，現在の口臭測定機器はVSC以外のにおい成分はほとんど検出できない。したがって，すべてのにおいを敏感に嗅ぎ分ける嗅覚による官能検査は，臨床では必ず実施しなくてはならない。

例えば，トリメチルアミン尿症の患者では特有の魚臭が口臭として出現するが，このにおいは官能検査でなくては診断できない。糖尿病患者特有のアセトン臭も，通常の口臭測定機器では検出できない。また，口臭だけでなくアルコールや香料などに反応して，数値が高く出てしまう機器もある。歯磨き前後で口臭を測定すると，歯磨き剤の香料に反応して，歯磨き後の方が高い値がでてしまうこともある。したがって，どのようなにおいも総合的に判定できる人の鼻は，優れた口臭測定機器といえる。

実際の官能検査では，ディスポーザブルの約10cmのチューブの一端を患者にくわえてもらい，口や肺の空気を静かに吐いてもらう。そして，チューブからでてくるにおいを嗅いで判定する。プライバシーを保護するために，患者と検査者との間にはスクリーンを置く。

官能検査では，3分間口を閉じた後に口気と呼気の2種類の空気を検査する。口気検査では口の中の息を短く「はっ」と吐いてもらうが，歯科的問題がある場合にはにおいが強く感じられる。呼気検査では，肺，気道からの深い息を「ふーっ」と長く吐いてもらう。全身疾患が原因で発生する口臭の場合には，口気より呼気のにおいが強く感じられる。しかし，初診時に呼気のにおいを官能検査で判定することは難しい。口腔と全身の両方に疾病や異常があって口臭が発生している症例では，最初に口腔の問題を改善することが必要である。例えば，歯周病と糖尿病が口臭の発生原因として関与している症例では，最初に口腔清掃を丁寧に行って口腔内を清潔にし，また，歯周治療を行って歯周組織の健康が改善していくと，口気のにおいがほとんど感じられなくなる。その時に初めて，呼気の官能検査で糖尿病特有のアセトン臭が判定できるようになる。

官能検査での口臭判定はスコア0から5までの6段階で行い，スコア2以上を口臭ありと判定

表3　口臭官能検査の判定基準

口臭の有無	スコア	判定基準（強さと質）
口臭なし	0：臭いなし	嗅覚閾値以上の臭いを感知しない
↑	1：非常に軽度	嗅覚値以上の臭いを感知するが，悪臭と認識できない
↓	2：軽度	かろうじて悪臭と認識できる
口臭あり	3：中等度	悪臭と容易に判定できる
	4：強度	我慢できる強い悪臭
	5：非常に強い	我慢できない強烈な悪臭

する（表3）。官能検査は約 10 cm の至近距離で行うので，ごくわずかな口臭も判定できる。官能検査を行う者は，検査前ににおいの強い食品を飲食したり，喫煙することは禁忌である。また，事前に基準臭を用いた嗅覚検査を実施し，嗅覚異常がないかのカリブレーションを行うことが必要である。

3.3.3 測定機器による口臭検査

口臭の有無を診断するには，官能検査だけで十分である。しかし，臨床では口臭測定機器も同時に使用する。機器で測定したガス分析の結果は数字で表されるので，患者が信頼し安心できるという利点がある。しかし，口臭のすべてのガス成分は測定できていないことを，認識しておかなければならない。

口臭測定機器は大きく分けて，ガスクロマトグラフィーと半導体ガスセンサーを用いた機器の2種類があり，主として口気を採取してVSCを測定する（表4）。

(1) **口臭測定用ガスクロマトグラフィー**

ガスクロマトグラフィーは，口臭原因物質のVSCのうち，硫化水素，メチルメルカプタン，ジメチルサルファイドの濃度を正確に測定することができる。測定する際，直接，口の中の空気を吸引して測定する方法と，一度エアバックに息を吐き出して，それを測定する方法がある。それぞれのガスの嗅覚認知閾値が決められており，その値より高い場合に「口臭あり」と判定する（表2）。

(2) **オーラルクロマ（エフアイエス㈱）**

VSCを硫化水素，メチルメルカプタン，ジメチルサルファイドの3つのガスに分け，それぞれの濃度を測定できるポータブルの高品質ガスセンサーである。測定には付属のプラスチックシリンジを用い，口の中の息を直接採取する。これを機器に注入して測定する。コンピューターと接続して測定結果をグラフで見ることができる。また，患者のデータを保存したり，印刷することもできる。

(3) **ブレストロン（㈱ヨシダ）**

VSCの総量を測定する簡便な口臭測定機器である。VSCを検知するための高感度半導体センサーに加え，他のにおいの影響を取り除くためにマウスピースにもフィルタが入っている。測定

表4　口臭測定機器で測定できるVSCガスの種類

口臭測定機器		総VSC	H_2S	CH_3SH	$(CH_3)_2S$
ガスクロマトグラフィー	直接，口の中の空気を吸引する方法 エアバックに息を吐き出す方法	○	○	○	○
半導体ガスセンサー	オーラルクロマ® （エフアイエス株式会社）	○	○	○	○
	ブレストロン® （株式会社ヨシダ）	○	×	×	×
	ハリメーター® （株式会社タイヨウ）	○	×	×	×

は使い捨てのマウスピースを口にくわえて行う。測定時間は 30〜45 秒間で，VSC 濃度がデジタルディスプレイに表示され，同時に内蔵プリンタで印刷できる。数値により，口臭の強さを 4 段階に分けている。

(4) ハリメーター（㈱タイヨウ）

VSC の総量を測定する。測定は専用のマウスピースをくわえて行い，内臓されているポンプにより口の中の息が自動的に吸い込まれ，VSC 濃度が測定される。通常，測定は 3 回続けて行われ，その平均値が表示される。

3.4 口臭症の国際分類

臨床では，口臭症の国際分類（表 5）をもとに，真性口臭症，仮性口臭症，口臭恐怖症の 3 つに大きく分類して，口臭の診断や治療方針の決定を行っている。

3.4.1 真性口臭症

実際に口臭の存在を客観的に確認できる症例を真性口臭症と呼び，口臭が認められない仮性口臭症や口臭恐怖症と区別する。その基準は，社会的容認限度を超える明らかな口臭があるか否かである。においの強い食品（にら，ネギ，ニンニク等）や嗜好品（タバコやお酒）を摂取したあとに認められる口臭は，時間の経過と共に減少していく。このように一時的に認められる口臭は治療が必要ではないので，この分類には含まれていない。

(1) **生理的口臭**

生理的口臭は，器質的変化や原因疾患がない口臭である。起床直後，空腹時，緊張時等の口臭は，生理的口臭に分類される。

口腔内の細菌の腐敗作用により発生する口臭で，主に舌背の後方部の腐敗物に由来する口臭で

表 5 口臭症の国際分類

分類	定義
1. 真性口臭症 Genuine Halitosis	社会的容認限度を超える明らかな口臭が認められるもの
1) 生理的口臭 Physiologic Halitosis	医科・歯科的な器質的変化，原因疾患がないもの （ニンニク摂取など一過性のものは除く）
2) 病的口臭 Pathologic Halitosis	治療すべき医科・歯科的な原因があるもの
(1) 口腔由来の病的口臭 Oral Pathologic Halitosis	口腔内の原疾患，器質的変化，機能低下などによる口臭 （舌苔，歯垢などを含む）
(2) 全身由来の病的口臭 Extraoral Pathologic Halitosis	鼻咽喉系，呼吸器系疾患など
2. 仮性口臭症 Pseudo-Halitosis	患者は口臭を訴えるが，社会的容認限度を超える口臭は認められず，検査結果などの説明（カウンセリング）により訴えの改善が期待できるもの
2. 口臭恐怖症 Halitophobia	真性口臭症，仮性口臭症に対する治療では訴えの改善が期待できないもの

食品・嗜好品による口臭は上記のカテゴリーに含まない。

ある．すなわち，生理的に舌苔が付着しやすい部位から産生される口臭である．舌苔は，細菌，剥離した粘膜上皮細胞，血球成分などから構成されている．もちろん唾液中や，その他の口腔粘膜上でも，腐敗作用は常時進行し口臭が発生する．至適pHは中性からアルカリ性で，酸性下では唾液ペプチドの酵素活性が抑制されて口臭は産生されない．

(2) 病的口臭

病的口臭は，治療あるいは改善すべき器質的変化や原因疾患がある口臭で，全身由来の病的口臭と口腔由来の病的口臭とに分類される．

① 口腔由来の病的口臭

口腔内の器質的変化，原因疾患，機能低下等が原因で発生する口臭である．具体的には，歯周病，多量の舌苔付着，唾液分泌低下（口腔乾燥症），う蝕，口腔粘膜疾患，口腔癌等が原因疾患となる．歯周病が原因となって口臭が発生する症例が最も多く，歯垢や歯石の除去，歯周治療等によって口臭は改善する．

舌苔の付着は正常の人でも認められる．しかし，何らかの疾患や機能的変化が舌苔付着を亢進させる原因となる場合，あるいは慢性の歯周病等明らかに舌苔の性状を変化させる疾患がある場合の舌苔は病的舌苔と考え，病的口臭として分類する．

唾液の分泌が低下すると口腔内は不潔になり，口臭が強くなる．薬剤の副作用として，唾液分泌低下による口渇が生じる場合もあるので，患者の服用薬を聴取することは大切である．シェーグレン症候群や放射線治療等による口腔乾燥症の既往にも注意が必要である．また，通常はう蝕は口臭に影響しないが，う蝕が進行して歯髄壊疽を起こしたり，多数の未処置歯がある場合には，口臭が発生する可能性がある．

なお，抗生薬による治療中の症例では，一時的に口腔内細菌層が変化している可能性があるので，口臭診断は抗生薬使用終了後の3週目以降に行う．

② 全身由来の病的口臭

耳鼻咽喉系，呼吸器系，消化器系疾患，その他の全身疾患が原因で発生する口臭が，全身由来の病的口臭である．副鼻腔炎，慢性鼻炎，慢性扁桃腺炎などの耳鼻咽喉系の疾患が，口臭の原因として口腔領域の次に多いとされている．糖尿病，尿毒症，腎不全，慢性肝炎，肺膿瘍，肺癌などが原因で口臭が発生することもある．

3.4.2 仮性口臭症

患者は口臭を訴えるが，社会的容認限度を超える口臭は認められず，検査結果などの説明（カウンセリング）により，訴えの改善が期待できるものが仮性口臭症である．したがって，初診時に仮性口臭症でないかと疑うことはできるが，歯科治療やカウンセリングを実施していき，その結果，患者の訴えや症状が快方に向かった時，すなわち治療終了後に確定診断が下される．

3.4.3 口臭恐怖症

口臭恐怖症は，社会容認限度を超える口臭が認められず，真性口臭症，仮性口臭症に対する治療法では症状の改善が期待できないものと定義される．精神科，心療内科，歯科心身外来等での

第1章　生体ガスによる疾病診断及びスクリーニングと今後の可能性

治療が必要となる。

3.5　診断と治療のガイドライン

　口臭検査を行うとともに，質問票，医療面接，口腔内診査等の結果を基に，最初に歯科的な診断・治療を行う。歯や口腔の問題を除外診断した後に，医科の面から口臭発生の原因を探って治療を行い，また，心理的な面からの支援を行う（図2）。

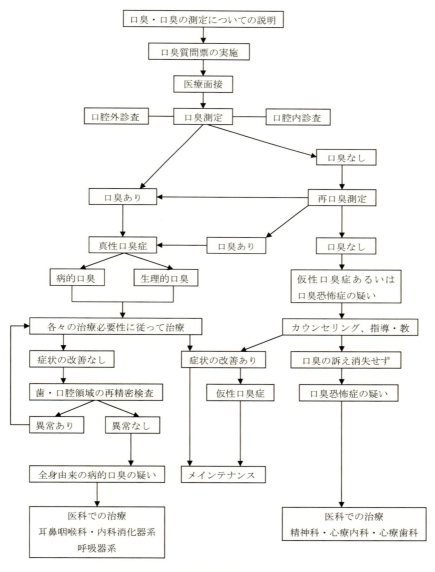

図2　口臭の診断と治療のガイドライン

3.5.1 真性口臭症の診断と治療

真性口臭症の症例では，一般的には硫化水素とメチルメルカプタンの占める割合が80％以上である。特に舌苔が口臭発生の主原因の場合は，VSCの3種類のガス濃度をみると硫化水素の比率がメチルメルカプタンより高い。一方，歯周病が口臭発生の主原因となっている場合はメチルメルカプタンが硫化水素より多くなることが多い。歯周病の重症度にともない，メチルメルカプタン／硫化水素の比率が高くなると報告されている[1]。

また，硫化水素やメチルメルカプタンの値が低く，ジメチルサルファイドのみが高値を示す場合には，肝臓・腎臓障害等の全身疾患が関与している可能性もある。なお，薬剤の中には，分解されてジメチルサルファイドを発現するものもあり，注意が必要である。一般的には，口気・呼気のガス分析の数値だけで正確な口臭診断を行うことは難しく，臨床所見等と合わせて口臭の診断を行う。

真性口臭症のうち生理的口臭は，舌清掃による舌苔除去でほとんどが改善する。口腔由来の病的口臭の症例では，舌清掃指導の他に，ブラッシング指導，専門的機械歯面清掃（PMTC），スケーリング等を合わせて行う。また，歯周病が口臭発生の原因と判明した場合には，歯周治療を行うことが必要となる。

唾液分泌量が低下して口腔乾燥がみられる場合には，専門家による徹底した口腔清掃や舌体操，唾液腺マッサージの指導を行う。しかし，唾液分泌機能に問題のある患者の場合，口臭を社会的容認限度以下に落とすのは容易ではない。

最初に口腔内の問題に対する対応（口腔清掃・治療）を行い，口気のにおいが改善してくると，呼気の官能検査による診断が行いやすくなる。全身由来の病的口臭の場合には，測定機器でVSCが基準以下とされても，官能検査によって異常を発見できる場合もある。歯科の除外診断後に，医科で検査を行ったところ，糖尿病や初期の胃がんが発見された症例もある。全身由来の病的口臭と診断されても，口腔内の状態が悪く，それが口臭発生に影響していると考えられる場合には，歯科治療を併行して行う。

3.5.2 仮性口臭症の診断と治療

初回の口臭測定で口臭が検知されなくても，期間をあけて再度検査し，口臭がないことを確認する必要がある。再測定で口臭が認められる場合は真性口臭症として治療を行う。再測定をしても口臭が認められない場合は，仮性口臭症あるいは口臭恐怖症が疑われる。仮性口臭症や口臭恐怖症では，患者の口腔清掃状態が極めて良好で，歯周組織の状態にも問題がない場合が多い。このような症例では，測定した口臭の数値を提示してカウンセリング等を行うことで，患者の不安が軽減し，症状が改善されれば仮性口臭症と診断される。

カウンセリング時には，患者の話をよく聴くことが大切である。患者が訴えるような社会的容認限度を超える口臭は存在していなくても，初めから患者の訴えを否定したり，こちらからの一方的な説明を行ってはいけない。口臭で悩んでいる患者の苦しみを理解してあげると，「この先生は私の話しを真剣に聴いてくれる」と信頼してくれる。そこで，数値による科学的データを示

第1章　生体ガスによる疾病診断及びスクリーニングと今後の可能性

しながら，口臭と関連する過去の出来事，現在の生活環境，口臭の日内変動などについて説明していくことが重要である。口臭に対する不安が解消されることで，安心する患者は多い。

3.5.3　口臭恐怖症の診断と治療

仮性口臭症の症例においても気持ちが落ち込んでうつ症状を示す場合があるが，一般的には人との接触が全くないという状況はほとんどみられない。普通の日常生活を送り，「人と交流したい」という願望を有している。しかし，口臭恐怖症が疑われる患者で，「うつ病」が口臭の背景にあると，人間に対する関心が直接的にも間接的にも薄れ，人との接触を回避し，テレビや新聞などにも興味を示さなくなる。うつ病の特徴としては，睡眠障害（早朝覚醒），日内変動（起床時から午前中にかけて気分が重く，夕方には楽になる），食欲不振，体重減少等があるので，これらの有無を確認することも重要である。

統合失調症の場合，幻覚（幻臭）が現れた場合でも患者には病識がみられないことが多い。異常な生活行動をとる場合も多く，患者の生活について家族に質問してみることが必要となる。また，カウンセリングの中で患者と話し合って決めた簡単な課題を実施していくことや，質問調査票の記入や報告ができない場合には，患者の治療意欲の有無と合わせて鑑別診断の基準となる。不安，緊張，抑うつ，強迫状態などの神経症症状を強く訴える場合には，これらの症状の日常生活への障害の程度について情報を得ることが重要となる。

このような口臭恐怖症が疑われる患者に対しては，精神科，心療内科，歯科心身外来などの専門医と連携して口臭治療を行うことが望ましい。

3.6　おわりに

においを認識する嗅覚は主観的なもので，同じ人間が同じにおいを嗅いでも，体調や精神状態によって受け止め方が異なる場合がある。さらに，同じにおいを長時間嗅いでいると，においに慣れて反応しなくなる「順応反応」がある。したがって口臭の有無を自分で判定するのは難しく，「自分に口臭があるのでは」と不安になり病院を受診する人は多い。口臭患者に対しては，実際に口臭検査を行って，適切な口臭診断を行い，原因を究明し，適切な治療や予防を行うことが必要である。

文　　献

1) 八重垣健ほか，臨床家のための口臭治療のガイドライン，クインテッセンス出版（2000）
2) 宮崎秀夫編，口臭診療マニュアル　EBMに基づく診断と治療，第一歯科出版（2006）
3) 植野正之ほか，「息さわやか外来」における口臭治療の実際，東京都歯科医師会雑誌，**59**(**10**)，523-534（2011）
4) 川口陽子編，「息さわやか」の科学，明治書院（2009）

4 がん探知犬

宮下正夫[*1]，山田真吏奈[*2]，佐藤悠二[*3]

4.1 はじめに

　がん探知犬とは，犬がもつ特別な嗅覚を利用して，がんが発するにおい物質を嗅ぎ分ける訓練をされた犬のことで，がんの早期発見への利用が期待されている。最近，がん探知犬はがん患者の呼気あるいは尿を嗅ぎ分ける報道がなされ注目を集めている。そもそも現代社会においては，特殊な訓練を受けた犬として盲導犬，麻薬探知犬，警察犬などが広く認知されており，われわれの生活において重要な役割を担っている。最近では介助犬，セラピー犬など，特殊な訓練を受けた犬の活躍の場も広がっている。多くの動物の中で犬が用いられる理由は，人間とおそらく15,000年以上も前から共存してきたという長い歴史があるからであろう。人への忠誠心などはほかの動物とは比較にならない。

　元来，動物は自然界で生き抜いていくために多くの鋭敏な感覚器を働かせている。その感覚器の中でも，嗅覚は敵の存在や餌のありかなどを察知するなど，生命活動に不可欠な役割を果たす。犬の場合も嗅覚がとくに重要である。人の嗅覚細胞が500万個であるのに対し，犬の嗅覚細胞は約3億個あるといわれている。感度に関しては，犬はヒトの100万倍以上であるともいわれている。物質により感度は異なるが，酸のにおいに対してはヒトの1億倍ともいわれ，おそらくPPT（parts per trillion, 1兆分の1）のレベルであるとされている。嗅覚が優れているのは哺乳類ばかりではない。生まれた川を遡上する鮭や鱒なども嗅覚に頼っているが，そのにおい物質の本体はアミノ酸であるといわれている。一方，犬が嗅ぎわけるにおい物質の本体は脂肪酸とされている。がん探知犬には忠誠心，性格の穏やかさ，嗅覚の鋭さ，集中力などの要素が必要とされる。多くの犬種の中で，これらの特徴を兼ね備えているラブラドール・レトリバーががん探知犬として用いられることが多い。

　最近，このがん探知犬を利用したがん診断に関する研究成果が報告されている。本稿では，これらを解説するとともに，我々の新たな研究成果の一部を紹介し今後の展望を述べる。

4.2 がん探知犬に関する報告

　がん探知犬の歴史は1989年に英国の医学雑誌 The Lancet に掲載されたロンドンの皮膚科医の症例報告にさかのぼる[1]。ある女性の飼い犬が，たびたび女性の痣（あざ）に近づき，嗅ぐ行動を繰り返し，まとわり続けた。皮膚科専門医を受診し，最終的にその痣の病理検査で悪性黒色腫と診断された。さいわい，その悪性黒色腫は早期であったため，治癒したとのことである。

　その後，海外でがん探知犬を用いたいくつかの研究成果が報告された。2004年には，膀胱が

---

*1　Masao Miyashita　日本医科大学千葉北総病院　外科　教授
*2　Marina Yamada　日本医科大学千葉北総病院　救命救急センター　講師
*3　Yuji Sato　㈱セント．シュガージャパン

第 1 章　生体ガスによる疾病診断及びスクリーニングと今後の可能性

ん患者の尿サンプルを用いたがん探知犬の感度が 41％であると報告された[2]。その感度は決して高いのもではないが，膀胱がんに関するにおい物質の存在を示唆した。2006 年には，McCulloch らが呼気を用いて，肺がんおよび乳がん患者の呼気を用いた二重盲検試験でがん探知犬の成績を報告している[3]。その中で，肺がんでは，感度 99％，特異度 99％，また，乳がんでは，感度 88％，特異度 98％といずれも極めてすぐれた成績を示した。その 2 年後，2008 年には Horvath らが卵巣がん患者を対象として同様の研究を行い，感度と特異度がそれぞれ 100％，97.5％であったと報告した[4]。2012 年，Ehmann らはやはり肺がん患者の呼気を用いて感度，特異度がそれぞれ 71％，93％であることを追試し，これらの結果が喫煙と食物と無関係であることを示した[5]。Taverna らは 362 人の前立腺癌患者と 540 人の対照群の尿検体で 2 頭の犬を用いて検査を行い，2 頭とも感度，特異度はそれぞれ 100％，98％以上と良好な成績を報告している[6]。また，最近になって子宮頸がんの組織標本を用いた犬の嗅覚検査で高い判別結果が報告された[7]。一方，訓練次第では探知結果が異なるとの報告もある。Hackner らは犬そのものの能力あるいはトレーナーの問題などを指摘している[8,9]。犬の嗅覚能力に関しては，嗅覚細胞受容体の遺伝子多型が関与するとの興味深い報告もある[10]。

　一方，我が国においては，㈱セント．シュガージャパンで展開しているがん探知犬が唯一のものである。2005 年に前身のセントシュガーがん探知犬育成センターでマリーンという名の雌のラブラドール・レトリバーががん探知犬として育成された。このがん探知犬を用いた研究は，大腸がん患者を対象に呼気 33 検体，便汁 37 検体で行われた。呼気検体での感度，特異度はそれぞれ 91％，99％であった。さらに，便汁の検体での感度，特異度もそれぞれ 97％，99％と極めて高い数値を示した[11]。

4.3　研究方法と成果

　がん探知犬の探知成績が極めて高いことから，その真偽のほどがしばしば議論される。そこで，我々も慎重に予備実験を何度も繰り返し行うことで確信を得た後，あらためて系統的な研究に着手した。がん探知犬の探知実験は次のように行われる。検体は尿を用いた。1 回に使用する検体は，がん患者 1 名とがんを有していない対照者 4 名，合計 5 検体。尿 1 ml をそれぞれの滅菌試験管内に入れ，スクリューキャップでしっかりとふたを閉める（図 1）。約 1 m 間隔においた 5 個の箱の中に第三者が作成した順番に従って 1 本ずつ入れる。トレーナーが別のがん患者から採取した呼気 1 ml を呼気バッグから注射器にとり，がん探知犬に嗅がせ，ただちに 5 個の箱の前を歩かせる。がん患者の尿検体が入っていると探知した場合，がん探知犬はその箱の前にしゃがみこんで知らせる（図 2）。解答用紙を確認し，その箱にがん患者の検体が入っていたかどうかを照合し，正確に探知できたかどうかを確認する。第三者が解答用紙をトレーナーなど実験実施者には解答がわからないように準備する。具体的には，がん患者の検体をおく箱の番号の横に○を記入したあと，1 から 5 全部の番号の横に同様にシールを貼っておき，がん探知犬が知らせた箱の番号のシールのみを実験実施者がはがす（図 3）。本試験は実験実施者もがん探知犬も共に

生体ガス計測と高感度ガスセンシング

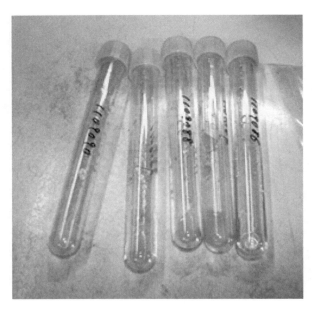

図1
1 ml の尿検体を試験管に入れふたを閉じた状態で検査する

図2
がん探知犬はがん患者の尿検体の入った箱の前でしゃがむ

正解が分からない状態で実験を行う二重盲検法で実施された。この手法では，実施者の行動あるいは心理状態などが，がん探知犬の判断に影響を及ぼすことはない。

このようにして，子宮がん，卵巣がん，乳がん，胃がん，食道がんなど多くの種類のがんについて尿を用いた実験を行った。その結果，がん探知犬は，50例以上の子宮がん患者の尿検体に

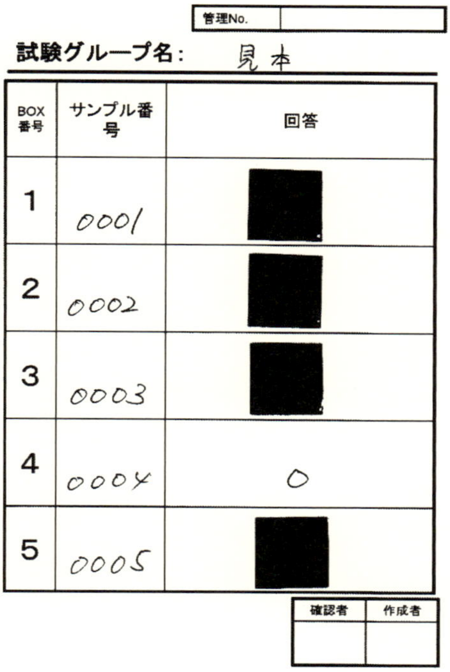

第1章 生体ガスによる疾病診断及びスクリーニングと今後の可能性

図3
第三者によって解答用紙が用意される。犬が4番目の箱の前でしゃがんだ場合，シールをはがす。〇印の場合はがん患者の尿検体が4番目の箱に入れられていることを示し，正解であることを知る。

ついて，全て嗅ぎ当て，100%の感度を示した。この尿検体のなかには，ごく初期の子宮がん患者も含まれていたことから，進行度とは関係なく，子宮がん患者の尿中にはがんに特異的な揮発性物質が含まれていることが示唆された。同様の結果は，卵巣がん，乳がん，胃がん，食道がんにおいてもみとめられた。とくに，子宮頸がんでは円錐切除にて治癒可能な高度異型性，上皮内癌などでも反応し，また，胃がん症例では内視鏡的粘膜下層切開剥離術などの内視鏡的治療が可能な粘膜がんにおいても同様に反応したことから，がん探知犬の検査は低侵襲な治療法で治癒するような早期のがん病変であっても探知できることに大きな意義がある。

一方で，がん探知犬は子宮筋腫や胃粘膜腫瘍などの良性疾患患者の尿検体には反応しない。我々の研究において，健常人を対照群とした特異度は100%近い結果を得られた。しかしながら，対照群とした健常人のすべてにがんがないことを全身検索して証明することは困難である。したがって，特異度に関しては今後さらに多くの研究成果を待たねば正確な結果を得ることはできない。

4.4 がんが発するにおい物質

がん探知犬が嗅いでいると考えられているのは揮発性の有機物質 (volatile organic compounds：VOCs) で，これらはがん細胞の特有な細胞代謝によって生じると考えられ，人間では分からないがんに特異的な VOCs を犬は嗅ぎ分けることが出来ると考えられる。Filipiak らによれば，GCMS を用いると多くの VOCs がヒト肺がん細胞株 CALU-1 の培養液中から検出される[12]。さらに，この培養液中には 2,3,3-trimethylpentane, 2,3,5-trimethylhexane などが増加し，逆に acetaldehyde, 3-methylbutanal, butyl acetate などが減少していると報告されている。また別の肺がん細胞株 NCI-H2087 の培養液中には，2-ethyl-1-hexanol, 2-methylpentane が増加し，2-methylpropanal, 3-methylbutanal, 2-methylbutanal, butyl acetate などが減少している[13]。Schroeder は細胞の活性に関与する揮発性の S-nitrosothiols ががん探知犬のがん探知に関与している可能性を示唆している[14]。がん細胞の増殖に関わる特異的な代謝によって，これらの VOCs が一方では産生され，また他方では消費されてこのような変化をもたらすものと推察される。

4.5 がん探知犬研究の将来

がん探知犬を用いた研究成果において，感度と特異度はともにきわめて高く，早期がんでも診断可能であることから，将来のがん検診に寄与する可能性は多大であると考えられる。おそらく，他のがんスクリーニング検査の及ぶところではないであろう。検体が尿または呼気であることから非侵襲性の検査であり，侵襲性の不要な検査を省けることなどを考えると医療安全上の効果さらには医療経済上の効果も甚大となり得る。しかしながら，個々の犬による嗅覚の潜在能力の差，トレーナーの訓練の質の違いによって検査結果が左右される点に慎重であらねばならない。そのため，がん探知犬の育成は特殊な訓練施設の充実なくしては実現しない。全国に約 120 頭いるといわれる麻薬探知犬，あるいは十分な訓練施設を有する警察犬などと同等に数多くのがん探知犬が活躍する将来も夢ではない。今後さらなる研究成果の蓄積も社会の認識を得るには不可欠であろう。一方で，医学，動物生理学，機械工学など多くの専門知識を結集してがん探知犬の研究を進めながら，がん特異的 VOCs の測定が将来に可能となることも願っている。

文献

1) Williams H, Pembroke A, *Lancet.*, **1**, 734 (1989)
2) Willis CM, Church SM, Guest CM, *et al.*, *BMJ.*, **329**, 712 (2004)
3) McCulloch M, Jezierski T, Broffman M, *et al.*, *Integr Cancer Ther.*, **5**, 30-39 (2006)
4) Horvath G, Jarverud GA, Jarverud S, *et al.*, *Integr Cancer Ther.*, **7**, 76-80 (2008)

5) Ehmann R, Boedeker E, Friedrich U, Sagert J, Dippon J, Friedel G, Walles T. *Eur Respir J.*, **39** (3), 669-76 (2012)
6) Taverna G, Tidu L, Grizzi F, Torri V, Mandressi A, Sardella P, La Torre G, Cocciolone G, Seveso M, Giusti G, Hurle R, Santoro A, Graziotti P. *J Urol.*, **193** (4), 1382-7 (2015)
7) Guerrero-Flores H, Apresa-García T, Garay-Villar Ó, Sánchez-Pérez A, Flores-Villegas D, Bandera-Calderón A, García-Palacios R, Rojas-Sánchez T, Romero-Morelos P, Sánchez-Albor V, Mata O, Arana-Conejo V, Badillo-Romero J, Taniguchi K, Marrero-Rodríguez D, Mendoza-Rodríguez M, Rodríguez-Esquivel M, Huerta-Padilla V, Martínez-Castillo A, Hernández-Gallardo I, López-Romero R, Bandala C, Rosales-Guevara J, Salcedo M, *BMC Cancer*, **17** (1), 79 (2017)
8) Hackner K, Errhalt P, Mueller MR, Speiser M, Marzluf BA, Schulheim A, Schenk P, Bilek J, Doll T., *J Breath Res.*, **10** (4), 046003 (2016)
9) Lippi G, Cervellin G., *Clin Chem Lab Med.*, **50** (3), 435-9 (2012)
10) Lesniak A, Walczak M, Jezierski T, Sacharczuk M, Gawkowski M, Jaszczak K., *J Hered.*, **99** (5), 518-27 (2008)
11) Sonoda H, Kohnoe S, Yamazato T, *et al.*, *Gut*, **60**, 814-819 (2011)
12) Filipiak W, Sponring A, Mikoviny T, *et al.*, *Cancer Cell Int.*, **8**, 17 (2008)
13) Sponring A, Filipiak W, Mikoviny T, *et al.*, *Anticancer Res.*, **29**, 419-426 (2009)
14) Schroeder W., *J Breath Res.*, **9** (1), 016010 (2015)

5　糖尿病アラート犬

木村那智*

5.1　糖尿病アラート犬とは

　インスリン療法を行っている糖尿病患者，特に血糖変動の大きな1型糖尿病患者や，強化インスリン療法を行っている2型糖尿病患者などにおいて，低血糖は療養生活の中での大きな懸念事項の一つである。その中でも乳幼児や高齢者の多くは，低血糖を自覚しにくかったり，自覚しても，ブドウ糖補食で適切に対処したり周囲に助けを求めたりするなどの能力が乏しい。また，罹病歴が長く糖尿病性神経障害を発症している患者や，頻繁に低血糖を起こしている患者では低血糖症状を感じにくくなっていることが多い。これらのケースでは，昏睡や痙攣などを起こして医療機関での救急対応が必要となる，重症低血糖のリスクが高い。重症低血糖は，自動車運転中や機械操作中の事故の原因となったり，心血管イベントを発症したり，認知症や低血糖脳症など中枢神経系に不可逆的な障害を残したりすることがある。したがって，ハイリスク者における低血糖の予防は大きな課題であり，時に血糖コントロールを悪化させてでも優先せねばならないこともある。

　一方，欧米では古くから，家庭で買われているペット，特に飼い主と濃厚に接触して過ごす時間の長い犬が，飼い主の低血糖や高血糖に対して特定の反応をして教えてくれるという事例が逸話レベルで知られてきた。1991年のLimらの報告では，犬を飼っている1型糖尿病患者37名のうち14名が，飼い主の低血糖の際に犬が何らかの反応を示すと答えた[1]。

　また2000年にはChenらが，「糖尿病患者が低血糖を起した際に，本人が気付くよりも早く飼い犬が特定の行動をとって知らせた」という3症例を報告し，「犬は，血糖自己測定（Self Monitoring of Blood Glucose：SMBG）などの侵襲を伴う血糖測定法に替わって非侵襲的に低血糖を探知する方法の一つとなりうる」と結論付けている[2]。

　その後，北米，欧州，豪州などでは，専門的な施設で訓練することにより，低血糖のみならず高血糖も探知する犬を育てる試みがなされてきた。今日では，これらの訓練を商業的に行うサービスが，欧米で普及しつつある。

　多くの訓練施設は，「低血糖および高血糖を検出して飼い主に知らせるよう訓練する」と主張しているが，その有効性が科学的，客観的に証明されているのは，低血糖の検出のみである。現在のところ，高血糖の探知に関して科学的に検証した報告は見当たらない。また，糖尿病患者の生活において，速やかに発見し対応を要するのは低血糖であり，高血糖の緊急性はそれほど高くない。したがって，糖尿病アラート犬に期待される仕事は圧倒的に低血糖の探知であり，「低血糖アラート犬（hypoglycemic alert dogs；HAD）」と称する場合もある。しかし，偶然でも逸話レベルでもよいので，高血糖探知の可能性へのわずかな期待も込めて「糖尿病アラート犬（diabetes alert dogs；DAD）」と称するほうが一般的である。本稿でも，後者の名称を用いるこ

---

　*　Nachi Kimura　ソレイユ千種クリニック　糖尿病・内分泌内科　院長

第1章　生体ガスによる疾病診断及びスクリーニングと今後の可能性

ととする。

5.2　糖尿病アラート犬の育成方法

　糖尿病アラート犬の能力に対す客観的な検証も行いつつ，訓練を行っている数少ない施設の一つが，米国インディア州インディアナポリスにある Medical Mutts（http://www.medicalmutts.com/）である。同施設における糖尿病アラート犬の育成手順は，およそ以下の通りである。

- 依頼者（糖尿病患者）の希望する犬種を聴取したうえで，主にシェルターで保護された犬や，盲導犬や聴導犬など他のサービスドッグとして不適格とされた犬の中から，糖尿病アラート犬としての適性があると思われる生後8歳から18歳頃までの犬をリクルートする。時に，既にペットとして飼われている犬を訓練することもある。
- 基本的に犬種は問わないが，パグのような顔面の平らな犬種は嗅覚が劣るため，能力的に不適格とされる。また，シェパードやボクサーのように周囲に威圧感や恐怖感を与えるような犬種も，社会的に望ましくない。サービスドッグといえば一般的にレトリーバーのような大型犬の印象が強いが，ヨーシャーテリアのような小型犬でも問題ない。同施設では，糖尿病アラート犬としての適性は，犬種の差よりも個体差の方が大きいと考えている。
- 長年にわたって糖尿病アラート犬としての役割を全うできそうか，獣医師が入念に健康状態をチェックし，合格した犬が糖尿病アラート犬としての訓練を始める。
- 血糖値 65 mg/dL 未満を低血糖，80～120 mg/dL を正常血糖と定義し，依頼者の額や首筋から低血糖時と正常血糖時の汗をガーゼでぬぐって採取する。ガーゼはただちに食品用密閉袋に入れられ，冷凍庫内で保存される。
- 訓練の際は，低血糖時，正常血糖時のガーゼに加え，他患者の低血糖時のガーゼを，同じ形状で見分けがつかないボトルに分けて入れ，依頼者の低血糖のガーゼを嗅ぎ分る訓練を行う。正しく選んだ時には褒美を与えるという「ポジティブ動機づけ法」で，再現性を強化する訓練を繰り返す。
- 「低血糖を嗅ぎ分ける訓練」に加えて，低血糖時に鼻でつついたり体をこすりつけたりするなどして飼い主に知らせる「アラート訓練」，隣室にいる家族を呼びに行ったり，救急車を要請するボタン押したり，血糖測定器を探し出して飼い主に届けたり，冷蔵庫からジュースなどの補食を取り出して飼い主に届けるなどの「アラート後の対応の訓練」，人間社会で周囲に迷惑をかけずに過ごすための「基本的なしつけ訓練」などを行う。
- 嗅ぎ分ける能力と再現性が高く，社会性にも優れた犬を選別する。同施設では，約4割の犬が訓練課程中に不適格と判定され，里子に出される。
- 訓練期間は平均24か月間。その後も年1回，数日間施設で預かって再訓練をすることで，能力の維持を図る。

5.3　糖尿病アラート犬の現状と問題

- 低血糖アラート後の介助や人間社会で生活するためのしつけまで含めて，十分にトレーニングされた「フルスペック糖尿病アラート犬」を育成するためには，8000-35000ドルかかるとされる。負担を減らすために，小児糖尿病研究財団（Juvenile diabetes research foundation：JDRF）などの団体が助成を行っているが，件数は限られている。

- 商業的に大きな市場が見込まれるために，今日では様々な業者が参入しており，糖尿病アラート犬の育成に医療従事者や研究者が関与している施設は少ない。そのため，糖尿病アラート犬の能力や実績に関して，科学的検証を行おうという機運は乏しい。

- 糖尿病アラート犬育成のための標準化されたプロトコルや，糖尿病アラート犬の能力に関する品質認定制度がないため，明らかに悪徳と思われる業者が不十分な訓練を行って高額な訓練料を請求する事例が少なくない。施設から依頼者へ糖尿病アラート犬が引き渡されたのちにフォローアップ訓練が全く行われず，半年から1年ほどで低血糖を探知する能力や社会生活を送る能力を失ってしまうケースも多い。なお米国インディアナ州では，Indiana Canine Assistance Network（ICAN）という組織が，糖尿病アラート犬に限らず様々な医療系のサービスドッグについて，州内での訓練プロトコルを共有したり，サービスドッグの能力の判定基準を策定したりする試みを行っている。

- 糖尿病アラート犬を所有するための絶対条件は，犬を愛している人であることである。しかし全ての人が犬を愛しているわけではなく，住宅，家庭，収入，多忙などの事情により，犬を飼えるような環境にない場合もある。また糖尿病アラート犬は，ペットのように飼い主が好きな時にだけ接していては，すぐに能力を失ってしまうとされる。そのため，原則として常に生活を共にする必要がある。したがって，職場や学校などにも一緒に連れて行けるような，社会の受け入れや法的整備が必要である。米国では，「障がいを持つアメリカ人法（American with Disabilities Act：ADA）」により障がい者の社会参加の権利が強く守られているが，日本を含め多くの国ではそのような法的サポートがない。盲導犬や聴導犬のように，糖尿病アラート犬を学校や職場，公共交通機関などに連れて入ることは，常識的に認められないであろう。

5.4　糖尿病アラート犬の低血糖探知能力に関する検証

Hardinらは，前述のMedical Muttsで訓練された6頭の糖尿病アラート犬の低血糖探知能力を，実験環境下において評価した。飼い主が低血糖を起こした際に肌をぬぐったガーゼ，正常血糖時に肌をぬぐったガーゼ，何もぬぐっていないガーゼをそれぞれ金属製の筒に入れて，低血糖時のガーゼが入った筒を選択する確率を調べた。すると，全ての犬が感度（50.0-87.5％），特異度（89.6-97.9％）とも有意差をもって高確率で低血糖ガーゼを選び出した[3]。

5.5　低血糖探知の科学的裏付け

糖尿病アラート犬は，低血糖の際に生じるどの化学物質をかぎ分けて飼い主に知らせているの

第1章　生体ガスによる疾病診断及びスクリーニングと今後の可能性

か，長らく謎のままであった。Neupane らは，8名の1型糖尿病女性においてインスリンクランプ法によって血糖値を 7.1±0.8，8.7±0.4，10.7±0.1 mmol/L と段階的に上昇させ，次いで 4.3±0.3，2.8±0.1 mmol/L と段階的に下降させた。それぞれの血糖値において 1.1 L の呼気を採取し，揮発性有機化合物（イソプレン，アセトン，メチル酢酸，エタノール，エチルベンゼン，プロパン）の測定を行った。すると，測定した揮発性有機化合物のうち，イソプレンのみが低血糖時（2.8 mmol/L）に 2-4 倍と有意に上昇していることが判明した。正常血糖から高血糖に関しては，いずれの揮発性有機化合物の変化も認めなかった[4]。

5.6　CGM との比較

　CGM（Continuous Glucose Monitoring：持続血糖モニタリング）は，皮下に微小な電極を留置することにより，5-15 分間隔で 6-14 日間にわたって皮下の組織間質液中のグルコース濃度を連続的に測定する検査法である。検査期間中に血糖値は見れずに検査終了後に医療機関でまとめてデータを読み出す「professional CGM（blind CGM）」と，患者の手元で常に血糖値が表示されている「personal CGM（real-time CGM）」とに分類される。組織間質液のグルコース濃度の変化は静脈血のグルコース濃度の変化より 15 分程度遅れることが知られており，CGM の計測値は正確には血糖値とは区別されるが，本稿では便宜上 CGM の計測値も血糖値と称することにする。

　personal CGM の登場により，異常血糖時にはいつでもアラームで知らせてくれるようになった。そこで Tucker らは 2016 年米国糖尿病学会において，1型糖尿病女性8名における，CGM と糖尿病アラート犬の低血糖探知能力の比較について報告した[5]。

　アラート動作は，正常血糖時よりも低血糖時（70 mg/dL 以下）に 3.2 倍多く見られた。すなわち正常血糖時の誤ったアラートもみられ，特異度は低いながらも低血糖を探知していることは間違いないと考えられた。調査期間中に患者が最初に体感で低血糖に気づいたのは 12%，糖尿病アラート犬が最初に低血糖を知らせたのが 19% に対し，CGM で最初に低血糖を検出できたのは 70% と，CGM が圧倒的に早く確実に低血糖を検出できた。

5.7　CGM の時代における糖尿病アラート犬の意義

　CGM は常に血糖値を「数値」で知らせて，より正確に確実に異常血糖を教えてくれる。一方，糖尿病アラート犬は時に CGM より早く低血糖を教えてくれることがあっても，伝えられるのは「低血糖である」ということだけであり，結局アラート後に SMBG などで血糖値を確認せねばならない。低血糖でないのにアラートしたり，低血糖を見逃したりすることもある。更に，高血糖を探知できるか否かについてはいまだに定まった評価は得られていない。そして，犬を飼うための費用や場所に加えて犬を世話するために一日の多くの時間がとられることにもなる。

　しかしながら，経済的困窮や保険償還，皮膚トラブル，水泳やコンタクトスポーツなどアクティブな趣味，器械を常時身に着けて生活したくないなど，様々な事情で CGM を使用できない

場合には，糖尿病アラート犬は貴重な代替手段となる．また，糖尿病アラート犬が時にCGMより早くアラートすることもあるということは，両者の併用でより速やかに確実に低血糖を探知することができることを意味する．

　そして，CGMでは決して得られない糖尿病アラート犬独自の効果として，犬と過ごすことによる幸福感や安心感があり，犬を飼うこと自体が喜びをもたらすこともある．したがって，今後もCGMが最も信頼性の高い血糖モニタリング方法であることはゆるぎないが，糖尿病アラート犬はそれを補うものとして，これからもますますその存在感が増していくものと思われる．

5.8　日本における糖尿病アラート犬の育成

　飼い主の低血糖を知らせるよう，ペットとして飼われている犬をしつけ程度にトレーニングしている事例は，これまでもSNSで散見された．しかしこれまで，専門的な訓練施設でプロの訓練士により本格的な育成を行なってる事例は国内にはなかった．2017年6月に，認定NPO法人日本IDDMネットワークと認定NPO法人ピースウィンズ・ジャパンが共同で，糖尿病アラート犬育成のための準備を開始し，数年以内に国内最初の糖尿病アラート犬が誕生することが期待される．

5.9　揮発性有機化合物の低血糖モニタリングへの応用

　糖尿病アラート犬はあくまでも動物であるため，間違いもあれば見逃しもある．また，世話もせねばならない．しかし，「犬とともに過ごす」という安心感や充足感は求めずに「低血糖の検出と警告」だけに目的を絞るならば，患者の呼気あるいは環境中のイソプレン濃度の測定により，糖尿病アラート犬の役割をとって代わることができる可能性がある．

　空気中のイソプレン濃度を，十分に小型かつ低ランニングコストな装置で常時モニタリングして，異常濃度を認めた時にアラームを発することができれば，CGMやSMBGを補助するツールとして非常に有用であることは想像に難くない．特に，乗り物の運転や機械の操作など，何重もの安全対策が望まれるような場面においては，低血糖監視・警告装置としての大きな需要が見込まれる．また，CGMのセンサー留置やSMBGの指先穿刺などの侵襲的処置を望まない患者においても，少ない負担で低血糖の不安から解放されることは，大いに魅力であろう．

文　　献

1) Lim K, *et al.*, *Diabet Med*, **9**, S3-S4 (1991)
2) Mini Chen *et al.*, *BMJ*, **321**, 20-30 (2000)
3) Hardin *et al.*, *Diabetes Ther*, **9** (4), 509-517 (2015)
4) Neupane *et al.*, *Diabetes Care*, **39**, e97-e98 (2016)
5) Miriam E. Tucker：http://www.medscape.com/viewarticle/864693 (cited 2017/06/30)

6　線虫嗅覚を利用したがん検査

魚住隆行[*1]，広津崇亮[*2]

6.1　はじめに

　がんの治療効果を最大限に発揮するには早期発見・早期治療が重要である。現在，腫瘍マーカー，PET，CT検査など様々ながん検査が利用されている。しかし，臓器によっては検査が難しかったり，そもそも自覚症状が現れにくいものもあったりと，早期発見にはまだまだ課題が残されている。近年，がんには特有の匂いがあることが報告され，研究が進められている。その中で我々の研究グループはモデル生物線虫 *Caenorhabditis elegans* ががん患者の尿の匂いに誘引されて集まる習性を発見し，この習性を利用したがん検査"N-NOSE"の研究開発を行っている。本稿では生体から発生られるガスを，生物の嗅覚をセンサーとして検出する"生物診断"についてその技術と今後の展望について紹介する。

6.2　がん検査の現状

　がんは日本人の死亡原因の第一位であり，世界的にみても患者数は増加の一途をたどっている。一方，がんは不治の病ではなくなってきており，早期に発見できるほど治療の効果が期待できる。例えば，胃がんや大腸がんではステージ0，1のいわゆる早期がんにおいて，5年生存率が約90％と非常に高い結果が報告されている。がんは早期に発見できれば高い治療の効果を望める。しかし，現状のがん検査には精度やコストなどに問題があり，早期発見が実現できず，このことが死因第一位であることの要因の一つといえる。諸外国と比べてわが国での検査の受診率の低さも課題となっている。受診率の低さの原因としては，「精度がそれほど高くない」，「費用が高い」，「痛みを伴う」などが挙げられる。そのため，高精度でかつ誰もが気軽に受けられる簡便ながん検査が求められている。

6.3　がんには特有の匂いがある

　近年，訓練によりがん患者を識別できるようになった犬，いわゆるがん探知犬を使った研究により，がんには特有の匂いがあることが明らかになってきた。がん探知犬に関する最初の報告は，1989年のWilliamsらによる犬が飼い主の悪性黒色腫を知らせたというものである[1]。その後，2004年に144名の尿サンプルに対する犬の反応を調べた研究が報告された[2]。報告によると，7カ月間のトレーニングにより，6匹の犬に膀胱がん患者の匂いを識別できるように訓練した。これらの犬を用いて，膀胱がん患者と健常者の尿をかぎ分けられるかどうかを試験したところ，有意にがん患者の尿を識別できたというものである。その後，がん探知犬の報告は続き，肺がんや乳がん，子宮がん，大腸がんを識別できることが明らかになってきた[3〜5]。このような報告によ

---

*1　Takayuki Uozumi　㈱HIROTSUバイオサイエンス　研究開発部門　リーダー
*2　Takaaki Hirotsu　九州大学大学院　理学研究院　生物科学部門　助教

り，がんには特有の匂いがあり，嗅覚を頼りに識別することができることが示唆されてきた．

6.4 嗅覚の優れた線虫

我々は，がんの匂いの識別において，より簡便に使用できる生物として線虫に注目した．線虫とは線形動物の総称で，カイチュウやマツノザイセンチュウ，ダイズシストセンチュウなど多くの種類がある．動物に寄生するタイプの線虫の中には，生体から発せられる二酸化炭素を頼りに宿主に辿り着くものもあり，生体ガスを検知する生物としてのポテンシャルを秘めていた．我々が研究に用いている線虫は Caenorhabditis elegans（C. elegans）と呼ばれる種で，モデル生物として生命現象の研究に広く使われている．がん探知犬の育成には訓練時間と費用が大きくかかるが，線虫 C. elegans は繁殖・飼育が容易な点が，検査ツールとして適している点といえる．自然界では土壌中で生活している体長1mm程度の線形動物である．研究室においては寒天培地上で大腸菌を餌として培養する．この線虫 C. elegans は，雌雄同体であるため掛け合わせの必要が無く，世代交代は約4日と増殖が非常に早いため（1匹の成虫当たり卵を100～300個産む），飼育が容易で低コストである．産まれてくる子孫は遺伝的背景が同じクローンのため，個体差がほとんどなく制御しやすい．また凍結保存により半永久的に株を保存・維持できるため，突然変異による株の変化にも対応できる．現在多くの研究者が実験動物として利用しており，線虫 C. elegans をモデル生物として確立した Sydney Brenner, H. Robert Horvitz, John E. Sulston の3氏は，器官発生とプログラム細胞死の遺伝的制御に関する研究を線虫で行い，2002年のノーベル医学生理学賞を受賞している．

線虫 C. elegans の嗅覚受容機構は哺乳類に類似しており，嗅覚研究のモデル生物として世界中で広く利用されている．嗅覚受容体様遺伝子がヒトで396個，イヌで811個であるのに対し，線虫 C. elegans は約1200個であることから[12]，より多くの匂いの識別が可能であると考えられている．一方で，ヒトには匂いを受容する嗅覚神経が500万個あるが，C. elegans には AWA, AWB, AWC, ASH, ADL 神経の5種10個（左右に1対存在する）しかないため[6]，解析が容易である点も特徴である．線虫 C. elegans の嗅覚神経には，匂い以外の刺激も感じるものがある．例えば ASH 神経は化学物質や浸透圧など忌避に関する刺激全般を受容する[6]．また，AWC 神経は温度刺激も受容している[7]．このように数少ない感覚神経が多様な働きを持っている．

匂い分子が結合する受容体は哺乳類と同様に7回膜貫通型のGタンパク質共役型受容体であり，その下流にあるグアニル酸シクラーゼ，cGMP依存性チャネル，電位依存性カルシウムチャネルとシグナルが伝わり神経が活性化する[8~11, 12, 16, 17]．嗅覚神経で受容された匂いシグナルは，下流の介在神経，運動神経を経て，匂いに対する走性行動が導き出される．線虫は好きな匂いには誘引行動を，嫌いな匂いには忌避行動を示す．よって，線虫が匂いを感じているのか，その匂いが好きなのか嫌いなのかは，匂いに集まるか逃げるかの走性行動を指標に容易に解析することができる．

このように嗅覚が優れ，盛んに研究が行われている線虫 C. elegans であるが，この生物をセン

第1章　生体ガスによる疾病診断及びスクリーニングと今後の可能性

サーとしてそのまま応用するという発想はこれまでになかった。

6.5　線虫はがんの匂いを識別する

我々は線虫 C. elegans ががんの匂いを感じることができるかどうかを調べるために，がん細胞の培養液に対する化学走性を調べた。大腸がん，乳がん，胃がんのがん細胞を培養後，細胞を取り除いた（この培養液にはがん細胞からの分泌物が含まれていると予想される）。細胞の培養液を刺激として走性行動を解析したところ，正常細胞（線維芽細胞）の培養液と比較して，がん細胞の培養液には有意に誘引行動を示すことがわかった（図1）[13]。この結果から，がん化した細胞には線虫 C. elegans が受容できる何らかの誘引物質が含まれていることが示唆された。また，線虫 C. elegans の嗅覚シグナル伝達に関わるGタンパク質αサブユニットをコードしているODR-3[8]の変異体においては，がん細胞の培養液に対する誘引行動がみられなくなった。以上の結果から線虫 C. elegans は，がん細胞で増加している（または特異的に存在している）物質の匂いを頼りに，がんを識別していることが予想された。

次にヒト由来の試料に対する線虫 C. elegans の反応を調べた。当初ヒトの血漿を試料として調べたが，がん患者と健常者の間で有意な差はみられなかった。その理由は不明であるが，血液中にはがんの匂いをマスクする成分が含まれているのかもしれないと予想している。そこで次に尿

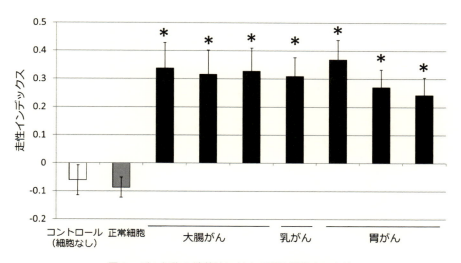

図1　がん細胞の培養液に対する野生型線虫の走性

縦軸は走性インデックス。匂いの方に寄っていった個体数（Na），反対側に逃げた個体数（Nb）を計測し，以下の式で計算する。
走性インデックス＝(Na-Nb)／全個体数
走性インデックスが正の値の場合，匂いが好きで線虫が誘引行動を示したこと，負の値の場合は匂いが嫌いで忌避行動を示したことを表す。エラーバーは標準誤差（SEM）。アスタリスクはコントロールとの有意差を表す（ダネット検定。$P < 0.05$）。文献13より改変。

生体ガス計測と高感度ガスセンシング

に注目した。尿は簡便に非侵襲的に採取できるため，被験者の負担が最も少ない試料である。しかし，尿原液を用いた実験では，がん患者の尿に対して誘引行動はみられなかった。通常，反応がみられない場合，サンプルを濃縮することを考えるのが一般的である。しかし筆者らは，「同じ匂いでも低濃度では好きな匂いと感じられるが，高濃度になると嫌いになる」という，濃度による線虫の嗜好性（好き嫌い）の変化を以前発見していた[14,15]。そこで，尿原液中に含まれる誘引物質は濃度が高いために線虫 C. elegans は忌避行動を示すのであり，薄めることで誘引行動を示すようになるのではないかと考えた。そして結果的に，10倍希釈付近に線虫が反応することを見出した。10倍希釈したがん患者の尿20検体，健常者の尿10検体について線虫の走性行動を解析したところ，がん患者の尿には誘引行動を，反対に健常者の尿には忌避行動を示した（図2）[13]。解析に用いた尿検体には，ステージ1の早期がん患者のものが含まれていたことから，がんを早期発見できる可能性も示唆された。

さらに，線虫が尿中の匂いを感じているかどうかを検証するために，線虫の嗅覚神経 AWA，AWB，AWC，ASH を破壊した時の走性行動を観察した[14,15]。すると，がん患者の尿に対する誘引行動は，好きな匂いを受容する嗅覚神経 AWC の破壊により有意に減少した。また，健常者

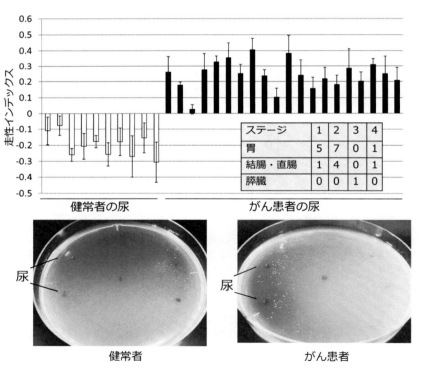

図2 （上）がん患者，健常者の尿に対する野生型線虫の走性
表はがん患者のがん種，ステージを表す。エラーバーは SEM。文献13より改変。
（下）がん患者，健常者の尿に対する野生型線虫の走性の写真。
左のプラスの2点に尿を置いている。文献13より改変。

第1章　生体ガスによる疾病診断及びスクリーニングと今後の可能性

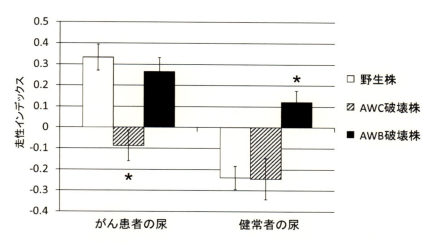

図3　感覚神経 AWC, AWB を破壊した時のがん患者,健常者の尿に対する
　　　線虫の反応
　　　エラーバーは標準誤差（SEM）。アスタリスクは野生株との有意差を
　　　表す（ダネット検定。P < 0.05）。文献13より改変。

の尿に対する忌避行動は,嫌いな匂いを受容する嗅覚神経 AWB を破壊すると観察されなくなった（図3）[13]。さらに,生きている線虫個体の嗅覚神経が尿刺激に対して発火するかどうかを観察するために,カルシウムイメージング法を用いて実験した。カルシウムインジケーターを AWC 嗅覚神経に導入して,尿サンプルによる刺激を行った。その結果,AWC 神経は,健常者の尿と比較して,がん患者の尿に有意に強く反応した。以上の結果から,線虫は尿に含まれているがん特有の匂いを感じていることが明らかになった[13]。

6.6　線虫嗅覚を利用したがん検査 N-NOSE

がん細胞の培養液やがん患者の尿に対する走性行動解析から,線虫 *C. elegans* はがん特有の匂いを感知して誘引行動を示すことがわかってきた。我々はこの習性を利用したがん検査システムを確立し,N-NOSE（Nematode nose＝線虫の鼻）と名付けた。N-NOSE では以下の方法でがんの識別を行う。寒天シャーレの片側に最適濃度に薄めた尿サンプルを $1\mu l$ 置き,中央に線虫を50匹程度置く。30分～1時間線虫を自由に行動させた後,尿に寄っていった線虫の個体数,反対側に行った線虫の個体数の計数を行う。誘引・忌避の傾向によりがんの有無を判断する。

この検査は尿をサンプルとするため,非侵襲的にがん検査を行うことができる。また,線虫 *C. elegans* を用いることにより,原材料費が数百円程度と費用が大きく抑えられるなど従来の検査にはない特徴がある。

6.7　N-NOSE の精度

線虫嗅覚を利用したがん検査 N-NOSE の精度を調べるために,242検体（がん患者：24,健

表1 腫瘍マーカーとN-NOSEのステージごとの感度の比較

ステージ	CEA	抗p53抗体	尿中ジアセチルスペルミン	N-NOSE
0	33.3%	0.0%	0.0%	100.0%
1	0.0%	22.2%	11.1%	88.9%
2	20.0%	20.0%	0.0%	100.0%
3	25.0%	0.0%	25.0%	100.0%
4	100.0%	33.3%	66.7%	100.0%
Total	25.0%	16.7%	16.7%	95.8%

文献13より改変

常者：218）の尿を用いて検証を行った．すると，がん患者24例中23例が陽性，健常者218例中207例が陰性を示した．すなわち感度は95.8%，特異度は95.0%であった．同じ被験者について同時に調べた腫瘍マーカーと比較すると，N-NOSEは感度が圧倒的に高いことが分かった（表1）．がん患者のうち半数（12検体）はステージ0，1の早期がんであったが，N-NOSEは早期がんでも感度は変わらなかった．一方，腫瘍マーカーは早期がんに対しては感度がさらに低くなるという，従来指摘されてきた通りの結果となった（表1）．N-NOSEは高い感度と特異度を示し，早期がんでもその精度が変わらない点が大きな特長である[13]．

6.8 生物診断N-NOSEの特徴

N-NOSEは，様々な優れた点を全て併せ持った，新しいコンセプトに基づいたがん検査法である．他のがん検査法との違いは，「生物診断」であることである．従来の人工機器，人工キットによるがん診断法では，感度あるいはコスト面に問題を抱えていることが多かったが，感度が非常に高い生物の嗅覚を利用し，飼育コストが低い線虫を使うことで，両者を成り立たせている．具体的な長所は以下の通りである．

① 非侵襲：尿を用いるため非侵襲である．必要量も1滴程度と少ない．
② 高感度：感度95.8%と腫瘍マーカーと比べて圧倒的に高い．
③ 早期発見：ステージ0，1の早期がんについても高感度である．
④ 安価：材料費だけなら1検体あたり数百円程度である．
⑤ 簡便：尿の採取に食事などの特別な条件は定めておらず，定期健診などで採取した尿を使うことができる．また，線虫には訓練は必要ない．
⑥ がん種網羅的：10種類のがんについて検出可能であった．その中には早期発見が難しい膵臓がんも含まれている．
⑦ 迅速：診断結果が出るまで約1時間半である．

このN-NOSEが実用化されれば，がん検診の受診率が飛躍的に向上すると予想される．その結果，早期がん発見率が上昇し，がんの死亡者数の減少，医療費の大幅な削減が見込まれる．

一方，N-NOSEは生物そのものをセンサーとして使用しているために，周囲の環境や生体そのもののコンディションの影響を受けやすい．そのため我々は，より安定な検査システムの確立

を目指して研究開発を進めている。

6.9 今後の展望

現在我々はN-NOSEの一刻も早い実用化に向けて研究開発を進めている。解析に使用した10種類すべてのがんに線虫が反応することが分かっているが，マルチスクリーニング法として確立するには，さらにがん種を広げて解析する必要がある。

また，がん特有の匂いがどのような物質であるかが不明である。がんの匂いを突き止めることができれば，N-NOSEの精度をさらに向上させられると考えられ，線虫 C. elegans が受容するがん特有の物質の同定を進めている。

さらにN-NOSEは現在がんの有無はわかるが，がん種が特定できないという課題もある。これについては，がん種によって匂いが異なると言われていることから，がん種ごとの匂いに対応する嗅覚受容体を同定できれば，開発可能であると考えている。我々は以前，網羅的RNAiスクリーニングによって匂いに対応する嗅覚受容体を網羅的に探索する研究を行った。その結果，解析に使用した全ての匂い物質について受容体候補遺伝子を得ることに成功し，ジアセチル受容体SRI-14を新たに同定した[15]。この論文の手法に従えば，がんの匂いの受容体を同定可能であると考えられる。そこで，それぞれのがん種に対する受容体ノックダウン株を作製することにより，特定の種類のがんにだけ反応することができない線虫株を作り出す。まず野生型線虫でがんの有無の検査を行い，陽性だった場合はがん種特定検査を行う。がん種の特定検査は，胃がん，肺がん，膵臓がん…など特定のがん種について反応しない線虫株を用いて行う。もし膵臓がんに反応できない線虫株が誘引行動を示さない場合，この被験者は膵臓がんであると診断することができる。以上のことから，将来的にはN-NOSEにより，尿でがんの有無だけでなく，がん種まで特定できるようになることを目指している。N-NOSEの導入により定期検査でがん検診が簡便に受けられ，高精度にがんの恐れのある患者を特定でき，ひいてはがんの早期治療・根治につながることが期待される。

文　　献

1) H. Williams *et al.*, *Lancet*, **1**, 734 (1989)
2) C. M. Willis *et al.*, *BMJ*, **329**, 712 (2004)
3) M. McCulloch *et al.*, *Integr Cancer Ther*, **5**, 30-39 (2006)
4) G. Horvath *et al.*, *Integr Cancer Ther*, **7**, 76-80 (2008)
5) H. Sonoda *et al.*, *Gut*, **60**, 814-819 (2011)
6) C. I. Bargmann, *WormBook*, 1-29 (2006)
7) A. Kuhara *et al.*, *Science*, **320**, 803-807 (2008)

8) K. Roayaie *et al.*, *Neuron*, **20**, 55-67 (1998)
9) N. D. L'Etoile *et al.*, *Neuron*, **25**, 575-586 (2000)
10) H. Komatsu *et al.*, *Neuron*, **17**, 707-718 (1996)
11) C. M. Coburn *et al.*, *Neuron*, **17**, 695-706 (1996)
12) H. M. Robertson *et al.*, *WormBook*, 1-12 (2006)
13) T. Hirotsu *et al.*, *PLoS One*, **10**, e0118699 (2015)
14) K. Yoshida *et al.*, *Nat Commun*, **3**, 739 (2012)
15) G. Taniguchi *et al.*, *Sci Signal*, **7**, ra39 (2014)
16) T. Uozumi *et al.*, *Sci Rep*, **2**, 500 (2012)
17) T. Uozumi *et al.*, *Genes Cells*, **20**, 802-816 (2015)

第2章　呼気・皮膚ガスによる疾病・代謝診断

1　食道がん患者の呼気に含まれる特定物質

梶山美明[*1]，三浦芳樹[*2]，藤村　務[*3]

1.1　はじめに

　長年臨床の現場でがんの治療に携わっていると思いがけず発見される新たな事実がいくつかある。食道がん患者さんの呼気に特有の臭いがあるという発見もその一つである。

　20年以上前に食道周囲の気管に浸潤し切除不能な非常に進行した食道がんの患者さんが多数室（大部屋）に入院されて治療を行っていた。放射線治療や抗癌剤治療などを行い最終的に患者さんは亡くなられたが、食道がんが進行していくにつれて、患者さんの呼気中の特有の嫌な刺激臭は次第に強くなり、隣のベッドの患者さんから苦情が出るほどになった。食道がん患者さんの呼気中に特有の臭気があるのではないかという発見はこの臨床事実が端緒となった。その後食道がん患者さんと話をする際に注意してみると進行した食道がんの患者さんの呼気中には特有の臭いがあることが確信に変わっていき、食道がんの位置が口に近ければ近いほど呼気中のこの臭気は強くなることに気づいた。この臨床的事実を科学的に裏付けることができないかと思い食道がん患者さんの科学的な呼気分析が開始された。本稿では臨床外科医としての立場から食道患者さんの呼気分析による非侵襲的診断法の開発について述べたい。

1.2　研究の目的

　食道がんは消化管癌の中でも悪性度が最も高く、胃がんや大腸がんに比べリンパ節転移の頻度が高く、リンパ節転移の分布も頸部から腹部まで広範囲にわたる。食物のつかえ感などの自覚症状は食道がんが非常に進行してからでないと出現せず、食道がんの早期発見は未だ困難である。また検診などで検査を行っても胃がんに比べ食道がんの早期発見は難易度が高く、バリウムの検査で早期の食道がんを発見することはほぼ不可能である。内視鏡検査は一般の方にとってハードルが高くより簡便な検査法の一つとして呼気分析による診断法の開発を行うことが本研究の目的である。具体的にはガスクロマトグラフィー・マススペクトロメトリー（GC/MS）によって食道がん患者さんの呼気中に特異的な揮発性有機化合物を同定することである。

---

*1　Yoshiaki Kajiyama　順天堂大学　大学院上部消化管外科学　教授
*2　Yoshiki Miura　順天堂大学　大学院研究基盤センター　生体分子研究室　講師
*3　Tsutomu Fujimura　東北医科薬科大学　臨床分析化学

1.3 研究の方法

当科で食道がん治療を行った患者17名と対照として健常者9名の解析を行った。代謝に影響が否定できない放射線治療や化学療法を行った患者は除外した。食道がん患者さんの一覧を表1に示す。本研究ではすべてstage Ⅲ以上の症例が対象であった。以下に具体的方法を示す。

1.3.1 呼気の収集と吸着

呼気はN_2で予備洗浄した呼気バッグ（Supel-Inert Gas Sampling Bag）に捕集した。

ガスクロマトグラフィー・マススペクトロメトリーのためのマイクロ固相抽出ファイバー（SPMEファイバー）を呼気捕集バッグに装着し，室温で一晩放置して吸着させた。本研究で使用したSPMEファイバーはCarboxen™/PDMSでありコーティング相はCarboxen分散ポリジメチルシロキサンであり対象物としてはガス状および低分子化合物で分子量は30〜225である。

1.3.2 ガスクロマトグラフィー・マススペクトロメトリー（GC/MS）

GCの条件：TRACE GC

　　Column：CP PORA PLOT Q 0.25 mmϕ × 25 m，DF8

　　Injection Temp：250℃

　　Transfer line Temp：250℃

　　Column Temp：40℃（3 min）-10℃/min → 250℃（5 min）

　　Carrier Gas：He（1.0 ml/min）

MSの条件：TSQ Quantum GC

　　Ionization：EI

表1　患者背景

	年齢	性別	占拠部位	肉眼型	大きさ	深達度	リンパ節転移	stage
1	40	M	CeUt	2 type	50 mm	T3	N2	ⅢB
2	66	F	Lt	2 type	70 mm	T3	N2	ⅢB
3	70	M	Ce	2 type	45 mm	T3	N3	ⅢC
4	66	M	Lt	1 type	44 mm	T3	N0	Ⅳ
5	55	M	MtUt	2 type	42 mm	T4b	N2	ⅢB
6	55	M	Mt	2 type	36 mm	T3	N2	ⅢB
7	67	M	CeUt	2 type	50 mm	T3	N2	ⅢB
8	66	M	Mt	1 type	39 mm	T2	N2	ⅢB
9	81	M	MtUt	2 type	66 mm	T4b	N3	ⅢC
10	55	M	Ut	2 type	30 mm	T2	N2	ⅢB
11	62	M	LtAeG	2 type	45 mm	T3	N1	ⅢA
12	70	M	CeUt	2 type	80 mm	T3	N3	ⅢC
13	65	M	CeUt	2 type	60 mm	T4b	N3	ⅢC
14	65	F	LtMt	2 type	76 mm	T3	N3	ⅢC
15	68	M	MtLt	2 type	60 mm	T3	N2	ⅢB
16	83	F	CePh	3 type	20 mm	T4b	N2	ⅢC
17	80	F	Mt	5 type	25 mm	T3	N1	ⅢA

Ce：頸部食道，Ut：胸部上部食道，Mt：胸部中部食道，Lt：胸部下部食道

第 2 章　呼気・皮膚ガスによる疾病・代謝診断

　　Mass Range：m/z　　10–400
　　Emission Current：75 μA
　　Electron Energy：− 70 eV
　　Source Temp：250℃
以上の条件で分析を行った。
　主成分分析を行い，患者群と健常群の間で呼気成分のパターン分析を行って両群を有意に分別可能か否か検討した。差異解析ソフトは SIEVE を用いた。

1.4　結果

① 差異解析ソフト SIEVE でピークをアラインメント後，Fisher Ratio から有意なピークを抽出し主成分分析を行った結果，患者群と健常群を有意に分別可能であることが判明した（図 1）。
② 主成分分析に用いたピークは以下の物質であった。Ethane 1,1-difluoro, Methanol,

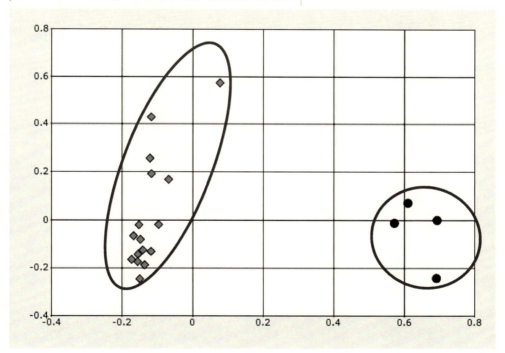

図 1　主成分分析による患者群と健常群の分別

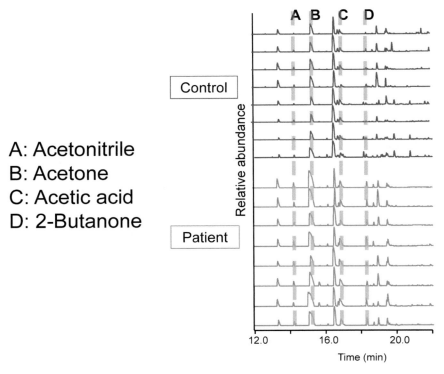

図2 GC/MS の結果

Dimethylether, Acetaldehyde, Methylformate, Butane, Ethanol, Acetonitrile, Acetone, 2-Propanol, Acetic acid methylester, n-Propanol, Acetic acid, 2-Butanone, Propionic acid, 2-propanol, 1-methoxy（図2, 3）。

③ 患者群で健常群に比して有意に高値であった物質は以下の4物質であった。Acetonitrile, Acetone, Acetic acid, 2-Butanone（図4）。さらに ROC 曲線を用い検討した結果，これら4物質の組み合わせで高い鑑別能力（感度86.5%，特異度90.2%，ROC 曲線下面積93.1%）であることが示された（図5）。

1.5 考察

従来臨床的には食道がん患者さんの呼気に特有の臭気があることに気付いていたが，呼気をガスクロマトグラフィー・マススペクトロメトリー分析することによって食道がん患者さんの呼気中には揮発性有機化合物である Acetonitrile, Acetone, Acetic acid, 2-Butanone の4物質が健常者よりも有意に高値であることが判明した。

本研究は preliminary な研究であり，いくつかの今後の課題が考えられる。

① 今回使用した SPME ファイバーが検出対象とする物質は限られておりこれ以外にも検出可能な物質があることが予測され，他の SPME ファイバーを用いた研究が必要である。

第2章 呼気・皮膚ガスによる疾病・代謝診断

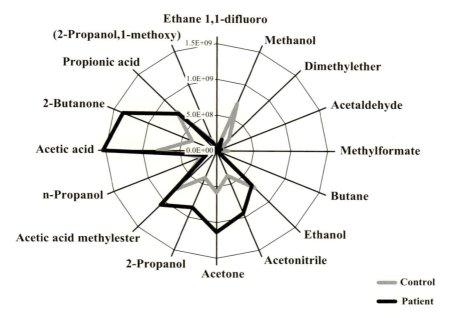

図3 GC/MSで検出された各成分のピーク面積の患者群と健常群の違い

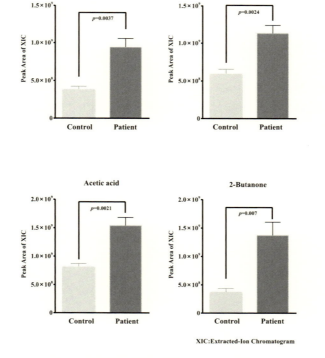

XIC:Extracted-Ion Chromatogram

図4 患者群で有意に高値であった4物質

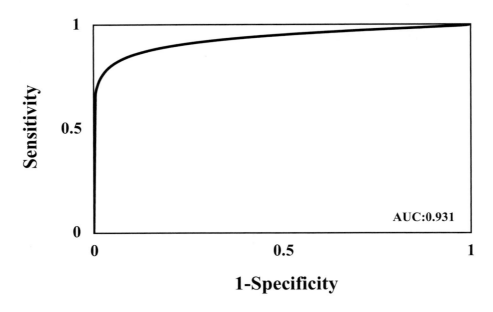

AUC : Area under the curve

図5 4物質を使用した ROC 曲線

② 今回特定された呼気に含まれる物質は食道がん自体が生成しこれが食道から発せられたものか，食道がんの代謝過程で生じたものが血中から肺胞に達した後に呼気中に排出されたものか不明である．
③ 今回対象となった患者さんは表1に示した通り全例が stage Ⅲ以上の進行食道がんの患者さんであった．今回特定された4物質は進行食道がんでしか検出されないのか早期食道がんでも検出可能か否か不明である．

現在内視鏡治療が可能な早期食道がんにも研究対象を広げて検討中である．早期食道がんにおいても特定の物質が同定されれば，早期発見が困難な食道がんの診断法として有用となることが期待される．

2　呼気肺がん検査

樋田豊明*

2.1　はじめに

　肺がんは増加の一途をたどり，日本における肺がん死亡者は7万人を越えがんによる死亡原因の第一位を占めている。肺がんは，病理診断で非小細胞肺がんと小細胞肺がんに大別され，その80％～90％を占める非小細胞肺がんは，腺がん，扁平上皮がん，大細胞がんからなっている。そのうち腺がんが多くを占めているが，約2/3の症例は進行がんとして見つかり局所治療としての外科手術適応はない。したがって，早期に肺がんを発見することが最も肝要である。一方，非小細胞肺がんの治療成績には大きな差異を認めず治療戦略に迷うことは少なかったが，近年，肺がんの治療は，発病のメカニズムが遺伝子レベルで解明されることにより遺伝子情報に基づいて治療を選択するようになった。つまり，難治性の肺がんも患者さん個人のがんの特性を調べ，治療薬を選択する個別化治療の時代に突入している。現在，肺がんの遺伝子異常にはEGFR，ALK，ROS1，RET，MET，HER2，K-Ras，BRAF，NTRKなど多数の遺伝子異常が見つかり，それぞれの遺伝子異常に対する治療薬を選択することにより高い効果が認められている（図1）。

　したがって肺がんの治療に向け，早期に肺がんを発見すること，肺がんの大部分を占める進行がんでは遺伝子異常の有無の検出を早急に行うことが必要である。しかしながら遺伝子異常の検出には，限られた量の生検検体で検査を行わなければならないため治療前の治療方針の決定には苦慮することが多いのが現状であり，侵襲性が低く，遺伝子変異検出に寄与するデバイスの開発は非常に重要な課題である。

　呼気検査は，この点，肺がん発見の侵襲性の少ないスクリーニング法としての可能性を秘めて

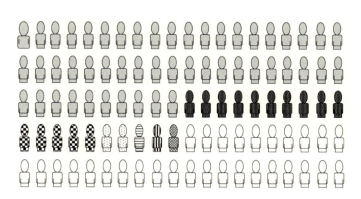

図1　肺腺がんの遺伝子異常
遺伝子を調べると腺がんの中にいろいろなタイプがある。
遺伝子異常を検索し，精密医療（個別化治療）を施行。
■ EGFR　■ K-Ras　▨ ALK　▨ HER2　▤ ROS1　▥ RET　▩ BRAF　□ その他

---

*　Toyoaki Hida　愛知県がんセンター中央病院　呼吸器内科　部長

いるだけではなく，肺がんの遺伝子変異検出のための侵襲性の少ないデバイスとして重要な位置を今後担うことも期待されている。

2.2 呼気検査について
2.2.1 健常者の呼気

人間の呼気からは2000以上の化合物が検出されると報告され[1]，揮発性有機化合物（volatile organic compounds, VOCs）が多くを占めているが，不揮発性有機化合物や揮発性無機化合物も含まれている。これらの化合物の呼気中の濃度は殆どがピコモルの濃度であるが，年齢や健康状態，性差，タバコ服用などにより変化するとされており，また病気に罹患することにより本来検出されない化合物が生成されたり濃度が変化すると報告されている[2]。殆どの正常人からもisoprene, alkanes, methylalkanesやbenzene derivativesなど20〜30種類の揮発性有機化合物は検出されるとされている[3]。これらの化合物は病気発症時のバイオマーカーになりうると考えられている。

2.2.2 肺がん患者と健常者での呼気の違い

呼気中の化合物は生体内の臓器で発生するが，食物や大気中の化合物から，さらに皮膚から吸収されるものも存在する。これらの中に肺がんと関連する化合物が報告されており，1つのVOC単独で肺がん患者と健常者を区別することは難しいが，VOC検出のプロファイル（パターン）を用いることによりある程度区別も可能になるものと考えられている。

Gordonら[4]は，3種類のVOCsを用い，肺がん患者と健常者で大きくプロファイルが異なる事を報告し，また，他のグループからも同様の報告がなされている[5,6]。一方，肺がんの診断に22種類のVOCsを用いて検討することにより71.7％の感受性と66.7％の特異性が報告され[7]，その後には大規模な検討も行われた[8,9]。

VOCの検出にはガスクロマトグラフィー－質量分析法（Gas Chromatography-Mass spectrometry, GC/MS）が用いられ，微量の化合物の検出に有用であるが，一方，高価でありまた，熟練したスキルが必要になる。

2.2.3 肺がんの呼気分析

肺がんの早期発見を目指し，肺がん患者のがん切除手術前後の呼気ガス成分を比較分析し，呼気中のVOCsから複数の肺がんマーカー物質の組み合わせを検討した。この検討結果をもとに濃度が数ppbレベルのマーカー物質を検知できる高感度の半導体VOCセンサーも開発し，ガス検知器の開発を行った。VOCを捕集しやすい吸着剤で吸着，濃縮し，濃縮したガスを分離カラムで分離，高感度の半導体式センサーで分離した低濃度のVOCを検知し，数ppbレベルの疾患マーカー物質を計測した。肺がん患者と健常者の呼気ガス成分を計測し統計解析したところ，ブタン，メチルシクロヘキサン，アセトン，酢酸，フラン，プロピオン酸，アセトイン，1-メチルスチレン，ノナナールなどのVOCsが肺がんマーカー候補となりうると考えられた[10]。

第 2 章　呼気・皮膚ガスによる疾病・代謝診断

2.2.4　呼気成分解析システムによる肺がん検出の試み

検出された呼気ガス成分を適切に取捨選択・加工することでサポートベクターマシン（SVM）による精度の高い診断を行い，肺がん患者と健常者を高精度で診断できるアルゴリズムについて検討した[11]。これらの結果をもとに，特定の肺がんマーカー物質のセットを用いることにより，高い真陽性率と真偽性率でのスクリーニングを行う事が可能と考えられた。

2.2.5　呼気からの遺伝子異常推定の試み

呼気からの遺伝子異常の推定の試みも行われ，96人の肺腺がん患者（遺伝子異常なし53人，EGFR遺伝子変異29人，K-ras遺伝子変異6人，ALK融合遺伝子6人）からの分析で，検出した58 VOCsのうち4 VOCsがALK融合遺伝子患者を他の肺がん患者から選別できる可能性について報告されている[12]。

2.2.6　呼気凝縮液を用いた肺がんの遺伝子異常の検出

2002年にEGFRチロシンキナーゼ阻害剤（EGFR-TKI）であるゲフィチニブが世界に先駆けて本邦で承認され，2004年にEGFR-TKIの効果予測因子としてEGFR遺伝子変異が同定されている。2007年には，新たな治療標的であるALK融合遺伝子が発見され，ALK特異的阻害薬により著明な治療効果が得られている。その後，多くの遺伝子異常が解明され，現在では非小細胞肺がんの診断名だけでは治療方針は決定できず，治療前に遺伝子解析を実施し，その結果に基づいての治療が必要となっている。一方，肺がんの治療経過では，分子標的治療薬に当初良好な治療効果を示した患者の多くで治療開始半年～数年前後には耐性を示すため，耐性の克服が新たな問題となっている。EGFR-TKIの耐性機序では，半数以上の症例でEGFR遺伝子に2次変異（T790M）が出現することが報告されており，耐性を克服する第3世代EGFR-TKIの使用には2次変異であるT790Mの遺伝子異常を確認する必要があり，再生検で腫瘍組織が再度採取されている。肺がんに対する再生検は，侵襲性があるうえに前治療の影響により遺伝子検査に必要な量の腫瘍組織が採取できないケースも少なくなく現在，腫瘍組織から血漿中に出てくる循環DNA（circulating tumor DNA：血漿中腫瘍DNA）を検出する検査，尿から遺伝子変異を検出する検査が試みられている。これらの試みにより生検に伴う様々なリスクを回避しつつ，治療の決定に必要となる情報が得られるようになることが期待されている。最近では，呼気凝縮液からの遺伝子変異検出も試みられている。

呼気凝縮液（exhaled breath condensates, EBC）とは安静換気時の呼気を急速冷却し得られる凝縮液のことであり，呼気によりエアロゾル化された気道被覆液が反映される。揮発性，非揮発性の両化合物が同定され，呼気凝縮液中に見出される非揮発性化合物は，呼吸器系の気道内で形成された粒子に起因している。呼気凝縮液はRtubeにより安静自発呼吸下5分間で採取される。

p53遺伝子変異の呼気凝縮液中での検出が可能であることがGessnerらにより報告され[13]，またK-ras遺伝子変異の検出も報告されている[14]。肺がんの日本人における最も頻度の高く認められる遺伝子変異であるEGFR遺伝子変異の検出もZhangらにより報告されている[15]。Smythら

は，26例の肺がん患者からRtubeを用いて呼気凝縮液を回収し，EGFR遺伝子変異症例に対するEGFR阻害薬治療中の2次変異であるT790M変異の検出についても可能であることを報告した[16]。

2.3 おわりに

本稿においては，肺がん診断・治療の現状と診断薬のニーズについて述べた。新規の分子標的治療薬の登場により，各種バイオマーカーに基づいて最適な治療薬を選択する個別化医療の流れは，ますます進むものと考えられる。一方で，バイオマーカー検索に要する時間・医療費や再生検など患者の負担増加などの問題も生じており，より安価で，より効率的，より低侵襲なバイオマーカーの診断薬の開発が望まれている。

現在，治療薬の開発とともに腫瘍組織から血漿中に出てくる循環DNAを検出する検査が行われ，尿検査からもバイオマーカー検出が試みられている。これらの試みにより生検に伴う様々なリスクを回避しつつ，治療の決定に必要となる情報が得られるようになることが期待されている。

文　献

1) Phillips M., Breath test in medicine, *Sci. Am.*, **7**, 74-9 (1992)
2) Anh Dam TV *et al.*, A hydrogen peroxide sensor for exhaled breath measurement, *Sensors Actuators*, **B 111-112**, 494-9 (2004)
3) Phillips M. *et al.* Variation in volatile organic compounds in the breath of normal humans, *J. Chromatog B. Biomed Sci. Appl.*, **729**, 75-88 (1999)
4) Gordon SM. *et al.*, Volatile organic compounds in exhaled air from patients with lung cancer, *Clin. Chem.*, **31**, 1278-1282 (1985)
5) O'Neill HJ. *et al.*, A computerized classification technique for screening for the presence of breath biomarkers in lung cancer, *Clin Chem*, **34**, 1613-1618 (1988)
6) Preti G. *et al.*, Analysis of lung air from patients with bronchogenic carcinoma and controls using gas chromatography-mass spectrometry, *J. Chromatogr*, **432**, 1-11 (1988)
7) Phillips M. *et al.*, Volatile organic compounds in breath as markers of lung cancer: a cross-sectional study, *Lancet*, **353**, 1930-1933 (1999)
8) Phillips M. *et al.*, Detection of lung cancer with volatile markers in the breath, *Chest*, **123**, 2115-2123 (2003)
9) Phillips M. *et al.*, Prediction of lung cancer using volatile biomarkers in breath, *Cancer Biomark*, **3**, 95-109 (2007)
10) Itoh T. *et al.*, Development of an Exhaled Breath Monitoring System with Semiconductive

Gas Sensors, a Gas Condenser Unit, and Gas Chromatograph Columns, *Sensors 2016*, **16**, 1891-1906 (2016)

11) Sakumura Y. *et al.*, Diagnosis by Volatile Organic Compounds in Exhaled Breath from Lung Cancer Patients Using Support Vector Machine Algorithm, *Sensors 2017*, **17**, 287 (2017)

12) Hida T. *et al.*, Unique volatolomic signatures of anaplastic lymphoma kinase gene rearrangement in lung cancer, *Am. J. Respir. Crit. Care Med.*, **191**, A6365 (2015)

13) Gessner C. *et al.*, Detection of p53 mutations in exhaled breath condensate of non small cell lung cancer patients, *Lung. Cancer*, **43**, 215-222 (2004)

14) Gessner C. Detection of mutations of the K-ras gene in condensed breath of patients with non small cell lung cancer (NSLC) as a possible non-invasive screening method, *Pneumologie*, **52**, 426-427 (1998)

15) Zhang D. *et al.*, Detection of the EGFR mutation in exhaled breath condensate from a heavy smoker with squamous cell carcinoma of the lung, *Lung cancer* (2011)

16) Smyth R. *et al.*, The novel detection of EGFR-T790M mutations in exhaled breath condensate, ASCO2017 (#9032)

3 ピロリ菌の測定：尿素呼気試験法

高野浩一*

3.1 はじめに

わが国において，2013年2月に「H. pylori 感染胃炎」の適用拡大となり年間150万人の除菌後判定検査に ^{13}C 尿素呼気試験法が選択されている。^{13}C 尿素呼気製剤（ユービット® 錠100 mg）および採取した呼気検体を測定する炭酸ガス炭素同位体比分析装置（POCone® 赤外分光分析装置）を合わせて紹介する。

3.2 H. pylori の特徴

H. pylori は，1982年 オーストラリアのバリー・マーシャルとロビン・ウォーレンによって世界で初めて分離培養に成功しマーシャル自身が自ら分離培養した菌を飲む実験を行い急性胃炎が起こることを確めたことは有名な話である。胃内では胃酸の分泌があり，強酸下では細菌は生息出来ないと言われていたが，この細菌は高いウレアーゼ活性を有しており尿素を二酸化炭素とアンモニアに分解し胃酸を中和することにより菌自身の身の回りを中性にして生息していることが知られている（図1）。

この細菌は鞭毛を有するグラム陰性桿菌で，胃内の幽門前庭部，また胃体部に生息する細菌である。感染経路は，諸説あるが，衛生状態が悪い時代には，井戸水を介して感染するとも言われていたが，上下水道が整備された現在において父母や祖父母から幼少時に感染する家族内感染が有力な感染経路と言われている。

3.3 診断と治療

H. pylori は，「胃がん」・「胃潰瘍」・「十二指腸潰瘍」など消化器系疾患の他，全身性疾患へ関与する原因菌として注目され，わが国では，保険診療の適応疾患と確定診断されれば，保険診療にて診断と治療が保険適用となる。H. pylori の除菌治療は，PPI あるいは，P-CAB（酸分泌抑

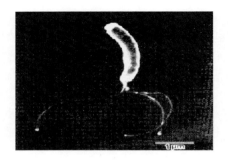

図1　H. pylori 電子顕微鏡写真

---

* Koichi Takano　大塚製薬㈱　診断事業部　企画部　製品企画課　課長

第 2 章　呼気・皮膚ガスによる疾病・代謝診断

制剤)・クラリスロマイシン(抗菌薬)・アモキシシリン(抗生剤)の 3 剤を組み合わせ 1 週間の服薬にて除菌治療を行うが,近年,クラリスロマイシン(抗菌薬)による耐性菌が増加しており,7 割程度の除菌成功率が問題視されていた。2015 年に新しい酸分泌抑制剤(P-CAB)の発売により,除菌率が飛躍的に改善し,1 次除菌療法により,ほぼ 9 割の除菌成功が得られる時代になった。1 次除菌療法で除菌治療が不成功に終わっても 2 次除菌療法まで保険診療が可能なため,2 次除菌療法で,ほぼ除菌治療が成功する。

　実臨床において H. pylori の検査は感染診断と除菌治療後判定検査で分けて考える必要がある。現在,感染検査法は 6 種類の検査法がある。大別すると内視鏡を用いる診断法(点診断)と内視鏡を必要としない診断法(面診断)である。前者は,内視鏡施行時に胃内の組織を生検し試薬の色調変化を観察する迅速ウレアーゼ試験法(RUT),組織を染色し顕微鏡下で観察する鏡顕法,菌の培養を行う培養法が挙げられる。一方,後者は,尿中あるいは血液中の抗体を調べる抗体法,糞便中の抗原を調べる抗原法,^{13}C 尿素 100 mg を服用し診断する尿素呼気試験法が該当する(図 2)。

　わが国では,2013 年 2 月「H. pylori 感染胃炎」の適用追加となったが,実地医家において,胃炎の確定診断には内視鏡検査による診断が必須条件である(胃・十二指腸潰瘍の確定診断は,バリウムか内視鏡検査のどちらかによる確定診断が必須事項)(図 3)。

　そのため,感染診断法では内視鏡検査施行時に胃内組織を生検する検査法の選択が中心になっている。除菌治療後の判定検査では,除菌治療の成功可否が重要なため,精度の高い検査法の選択が求められる。

　日本ヘリコバクター学会では,2000 年に日本ヘリコバクター学会ガイドラインを発表し,その後,2003 年,2009 年,2016 年と 3 回の改訂がなされた。2016 年改訂ガイドラインの診断法,総論の中にも「除菌後判定には尿素呼気試験およびモノクローナル抗体を用いた便中 H. pylori

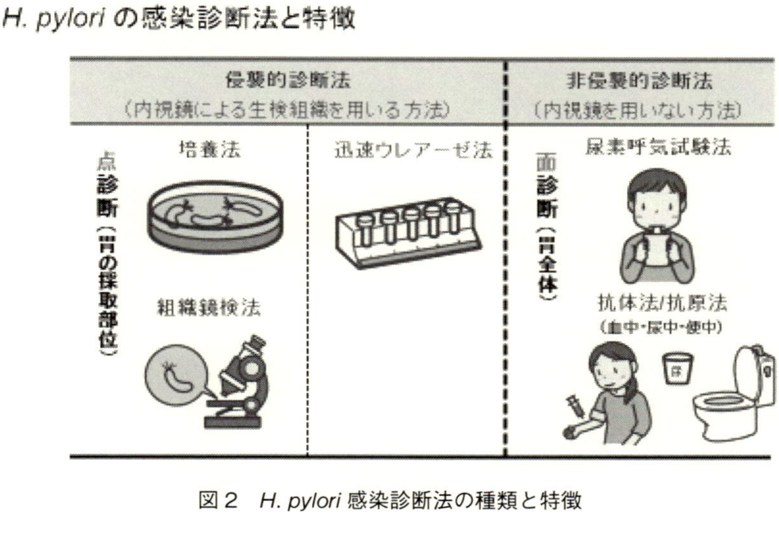

図 2　H. pylori 感染診断法の種類と特徴

生体ガス計測と高感度ガスセンシング

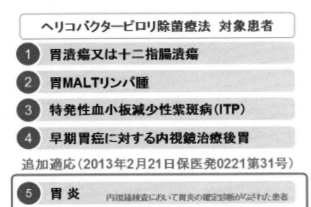

図3　2013年2月　保医発による「*H. pylori*除菌治療の適応疾患」

抗原測定が有用である」と記載され，尿素呼気試験法は精度の高い検査法として除菌治療後判定検査に推奨されている。

　冒頭，*H. pylori*はウレアーゼ活性を用いて胃内で生息していることを記述したが，そのウレアーゼ活性を用いた検査法が多く市販されている。^{13}C尿素呼気試験もウレアーゼ活性を用いた検査法に位置づけされる。

3.4　^{13}C尿素呼気試験法

　^{13}C尿素呼気試験法について解説する。現在，薬価収載された^{13}C尿素呼気試験用試薬は弊社を含め2社から販売されている。

　2000年11月　ユービット顆粒分包100 mgを発売したが，口腔内細菌による影響（偽陽性）を軽減すべくフィルムコーティング錠（ユービット®錠100 mg）を2002年12月に発売。顆粒製剤の販売を中止し，錠剤へ全面的に切り替えた。ユービット®錠100 mgは，1錠中に尿素（^{13}C）を100 mg含有したフィルムコーティング錠に製剤設計している（図4）。この検査法は，試薬服用前後の呼気を専用呼気採取バックに呼気を吹き込み検査を実施する（図5）。

　ユービット®錠100 mgの臨床成績を示す。感染診断法として，培養法，鏡顕法，迅速ウレアーゼ試験法，抗体法を組み合わせた判定により，感染の有無が確定した213例を対象に，^{13}C尿素呼気試験の判定基準を検討した。判定基準は「^{13}C尿素100 mg服用後20分値が，2.5‰以上を陽性と判定する」ことが適切と判断された。この基準によると感度98.2%　特異度97.9%　正診率98.1%の結果が得られた。

第 2 章 呼気・皮膚ガスによる疾病・代謝診断

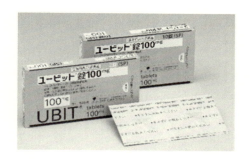

図 4 ユービット® 錠 100 mg 製品写真

図 5 ユービット® 錠 100 mg 専用呼気採取バック

3.5 測定原理

ベースラインとして専用呼気採取バックに試薬服用前の呼気を採取する。この呼気採取バックには，二酸化炭素が充填される。その後，サンプル検体採取のため感染診断試薬，^{13}C 尿素試薬を 100 ml の水で服用する。服用後，左側臥位 5 分，座位 15 分，計 20 分後に，もう 1 枚の専用呼気採取バックに検体を採取する（図 6）。

H. pylori が胃内に存在すると ^{13}C 尿素が菌の有するウレアーゼ活性により ^{13}C 二酸化炭素とアンモニアに分解する性質を利用しており分解されたアンモニアは尿中から排泄される。また ^{13}C で標識された二酸化炭素は肺から，呼気中に排出される。

^{13}C 尿素試薬 100 mg 服用前後の呼気採取バックを検体として，POCone®（赤外分光分析装置）にて測定することで感染診断が可能である。実臨床において，感染診断の測定時間は，約 2 分で判定検査を得ることが出来る測定機器である（図 7）。

3.6 POCone の動作原理

酸素や窒素は，赤外領域の波長帯では特異吸収波長を持たないが，二酸化炭素は特異吸収を示し，その吸収波長の範囲は，$^{12}CO_2$ において，約 4175〜4395 nm であり，$^{13}CO_2$ において約 4355〜4485 nm である。この特異吸収帯の差を利用し，$^{13}CO_2/^{12}CO_2$ 比を求めている。機器を用いた動作を示す。

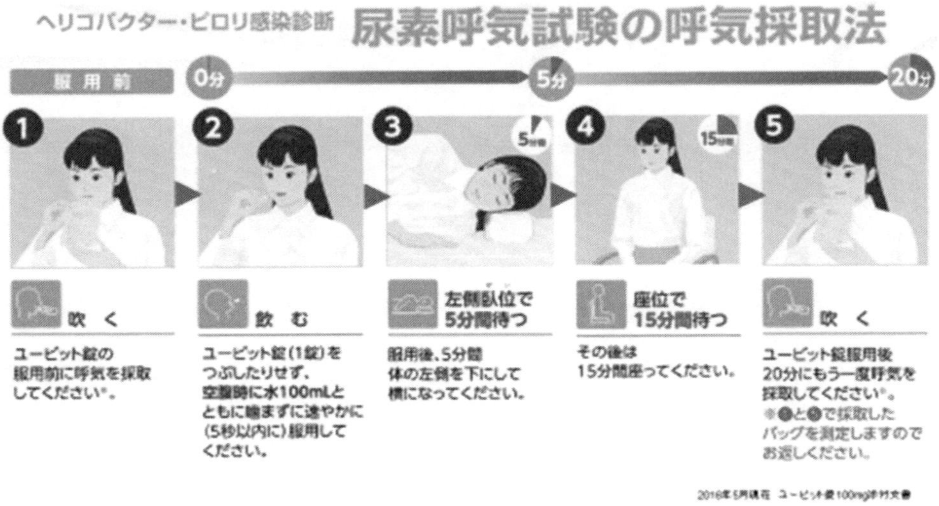

生体ガス計測と高感度ガスセンシング

図6 尿素呼気試験法の呼気採取手順

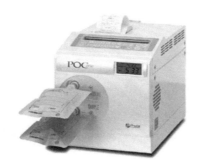

図7 赤外分光分析装置 POCone®

① 試薬服用前後の呼気採取バック2枚を機器所定のサンプルジョイントに装着する。
② 呼気ガスは，本体内のシリンジによる吸引によりガスセル内に分取，注入される。
③ セラミックヒーターから発生した赤外光は，ガスセル内で呼気ガスにより透過，吸収され，干渉フィルターにより^{12}C炭酸ガスおよび^{13}C炭酸ガスおよび^{13}C炭酸ガスに応じた赤外光として選別される。
④ 検出素子により^{12}C炭酸ガスおよび^{13}C炭酸ガスの光量が測定され，電気基板を経てそれぞれのガス濃度に変換される。
⑤ 得られた炭酸ガス濃度より，電気基板を用いて^{13}C炭酸ガス比率の変化量（Δ^{13}C）として演算処理される。

第2章　呼気・皮膚ガスによる疾病・代謝診断

3.7　測定原理

$^{12}CO_2$ と $^{13}CO_2$ は，赤外領域で，それぞれ固有の吸収波長を有している。POCone® は，その固有吸収波長の差を利用して，呼気ガスの $^{13}CO_2/^{12}CO_2$ 比を算出し，$^{13}CO_2/^{12}CO_2$ 比の差を計算することにより $\Delta^{13}CO_2$ 値（‰）の変化量を求めている。

3.8　POCone® の現状

現在，POCone® は，ガスクロマトグラフィー質量分析法（GC-MS）と同等の測定精度を有し，操作性は簡便でコンパクトな機器であり，測定結果も約2分で結果が得られることから，大学病院，開業医，検査センターなど多くの医療機関において，当測定機器を用いた検査が行われている。

H. pylori 感染診断に際して，ウレアーゼ活性を用いる検査原理の検査方法は，静菌作用を有する薬剤を検査2週間前より服薬中止する必要がある。その理由は，静菌作用により本当は陽性にも関わらず，菌の活動が抑えられ陰性判定（偽陰性）と判定される恐れがあるためである。抗体法での検査を除菌後判定検査に用いる場合，除菌治療後6ヶ月以上経過かつ，前値との定量比較で数値が半数以下に低下している事が求められる。すなわち，除菌後判定検査に抗体法（血液）を用いる場合は，除菌前検査も血液による抗体法を選択していなければ定量比較が出来ない事となる。また，抗体法の定量比較では，抗体価が低下するのに非常に長い時間経過が必要であり問題点の1つである。

糞便中抗原測定法は，検体採取時の検体採取量過多や糞便の性状（水溶性の便），検体保管温度により偽陰性を呈する可能性が高いことが報告されている。

尿素呼気試験法は，除菌治療後判定検査において，治療後4週間以上間を空けて検査を行うが，従来のPPIレジメンにおいて，一般的には，8週目（2ヶ月目）の判定検査を行う医療機関が多い。

しかしながら，近年発売されたP-CABレジメンにおける除菌後判定検査時期については，今後のデータ集積および報告を注視する必要がある。

上述の通り，種々検査法において，完全な検査は存在しないため，診断補助として2種類の検査法を同時検査行う。また，我が国の保険制度で一方の検査で陰性判定の場合，最初に選択した検査方法と違う検査方法での検査が保険請求可能なため，選択した検査方法より精度の高い検査法での再検査を視野に入れる必要もある。

以上のことから，各種検査法のメリット，デメリットを理解し検査精度を高めた利用を期待する。

最後に，現在，尿素呼気試験法による検査は，*H. pylori* の感染診断として汎用されているが，$^{13}CO_2$ を利用した臨床応用として「胃内排泄能」などの指標として研究されている施設もあり，当機器を利用した臨床応用の幅が広がる事を期待したい。

4 呼気中アセトンガスの計測意義

品田佳世子*

4.1 はじめに

　口臭の原因は，主に口腔内が原因であるが，全身の健康状態や生活習慣とも関連している。口臭症の国際分類の中で，「真性口臭症」は社会的容認限度を超える明らかな口臭が認められるもので，その中の病的口臭に，全身疾患が原因の全身由来がある。全身疾患から生じている口臭は，血中成分が関与しており，呼気から発せられる。代表的な糖尿病の場合はアセトン臭（甘酸っぱい，甘ぐさい臭い），肝硬変や肝機能低下の場合はジメチルサルファイド（ごみ溜めのような臭い）やメチルメルカプタン（野菜，玉ねぎの腐ったような臭い），腎透析など腎機能低下の場合はトリメチルアミン（魚臭，するめ臭）が知られている。

　口臭の測定方法には専用の機器を用いて測定する方法と，ヒト（評価者）の嗅覚（鼻）で判定する方法（口臭官能検査））があり，ヒトが臭いと感じるか否かの基準で，客観的に評価する。口臭を機器で測定する場合はガスクロマトグラフィーや簡易的センサーによる口臭測定機器によるが，ほとんどの機器は，口気中の硫化水素，メチルメルカプタン，ジメチルサルファイド（硫化ジメチル）の揮発性硫黄化合物（VSC）濃度を測定し，アセトンやトリメチルアミンなどの測定は行えない。そこで，口臭専門外来の多くは，医療面接の際に基礎疾患や生活習慣等を十分に聞き取り，嗅覚で判定する口臭官能検査により，VSC以外の臭いを判定し，原因となる全身疾患や生活習慣を推察する。この方法は，口臭を客観的に評価するゴールドスタンダードとされている。ヒトの嗅覚は多種多様なニオイを感知でき有用な方法であるが，個人差があり，2人以上の嗅覚が正常な者によっての評価が必要となる上に，呼気からのガスの種類と正確な量はわからない。

　口臭は健康な人でもあり，1日の中で強くなったり，弱くなったり一定のサイクルがある。起床時の口臭はモーニングブレスといわれ，空腹時の口臭も生理的口臭としてよく知られている。呼気中のアセトンガスも糖尿病などの基礎疾患があると高値になるが，健康な人でも，ダイエットで糖質制限を行っていたり，過度な運動を糖質補給が不十分な状態で行っていたりすると，アセトン臭が呼気から生じる。

　以下に，アセトンガスが呼気から生じる過程と，呼気中のアセトンガスが高くでる，健康な人の状態およびどのような病気により起こるのかについて[1]記載し，呼気中のアセトンガスの計測意義に関して検討する。

4.2 呼気中にアセトンガスが生じるしくみ

　アセトンは有機溶剤の一種で接着剤に用いられ，ツンとする刺激臭を感じる。正常でも脂肪の

---

* Kayoko Shinada　東京医科歯科大学大学院　医歯学総合研究科　医歯理工学専攻
　　　　口腔疾患予防学分野　教授

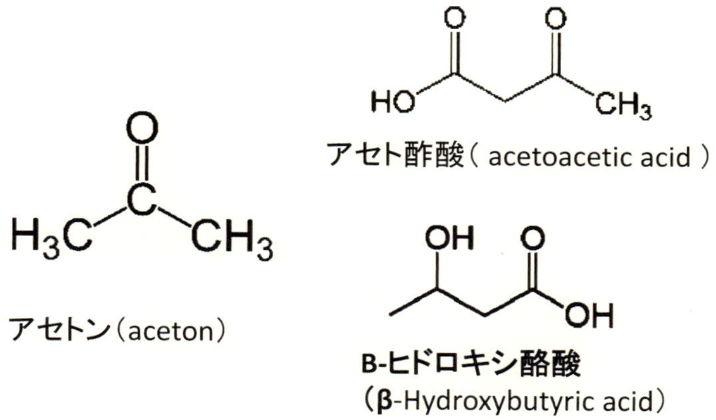

第 2 章　呼気・皮膚ガスによる疾病・代謝診断

図 1　体内のケトン体（3 種）

代謝過程で，体内で生成され，肝臓などで代謝され排出されるが，呼気中にアセトン臭を感じるほどには多くは排出されない。

体内でのアセトンはケトン体の一種で，ケトン体は脂肪代謝の際に生成される。肝臓で遊離脂肪酸の代謝回路（アセチル-CoA）に入りエネルギーを産生する。血糖値のレベルが低下して脂肪からエネルギーを得る必要が生じた場合，アセチル-CoA は脂肪代謝時に，3 種のケトン体（アセトン，アセト酢酸，β-ヒドロキシ酪酸）を産生する（図1)[2]。三種のケトン体の中でアセトンは分子量が小さく，揮発性が強いため，血液中のケトン体が多量に生じると，アセトンが肺から呼気として発せられる（アセトン臭）。呼気中のアセトン臭は，甘酸っぱいような，甘ぐさい臭いで，リンゴや柿などの果物が腐ったような臭いと表現されている。口臭の主たる原因ガスである VSC とは違った臭いである。

4.3　病気ではなく，生活上の原因
4.3.1　過度なダイエット，糖質制限，飢餓状態

近年，肥満者のみならず正常な範囲の体重であっても，ダイエットを行う者が増えている。一般的になってきたのが，ご飯などの炭水化物（糖質）を食べないまたは減らす（低炭水化物食），糖質制限ダイエットである。糖質を極端に制限すると，血糖値が下がった状態が続き，脂肪やタンパク質からエネルギーを得る代謝回路が活発となる。脂肪を減らしたい場合は効果的であるが，体内のケトン体は多くなり，アセトン臭が生じ，これは「ダイエット臭」とも呼ばれている。図 2 に示すように，正常な状態であれば 0.5〜2 ppm[3] の呼気中のアセトン量が 2〜40 ppm になり[4]，ダイエットでなくとも，食事をとらず，飢餓状態（空腹状態）が続くと同様にアセトンが増加して 2〜170 ppm になると報告されている[5]。

4.3.2　激しい運動

激しい運動の際に，糖分補給が不足すると，血糖値が下がった状態が続き，脂肪やタンパク質

生体ガス計測と高感度ガスセンシング

	低値（ppm）	高値（ppm）
健康（ベース）	0	2
過度のダイエット（大人）	2	40
アセトン血性嘔吐症（子供）	2	360
飢餓状態	2	170
糖尿病	70	1250

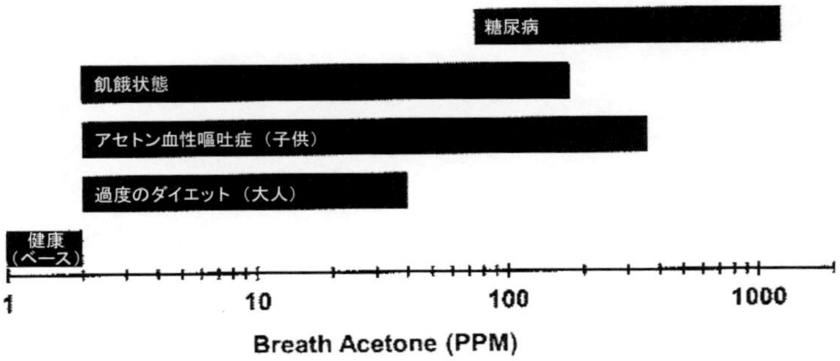

図2　呼気中アセトンガス量（ppm）の原因別範囲
Joseph C. Anderson, *Obesity*, **23**, 2327（2015）改変

からエネルギーを得る代謝回路が活発となり，体内のケトン体が多くなり，呼気中のアセトンガスが多くなる。運動前より運動後に，アセトン量は2倍ぐらいになると報告されている[6]。

4.4　病気および代謝異常による原因
4.4.1　糖尿病

　ごはんやパンなどの炭水化物，果物やお菓子などの糖分は消化吸収され，一部はブドウ糖として血液中に溶け込み（血糖），全身へ運ばれてエネルギーを供給している。脳や筋肉，内臓が動いて生命を維持している燃料は主にこのブドウ糖である。健康であれば，血糖は食事をすると増え，食後1〜2時間をピークとして減っていく。血糖の量は，食事のほか，さまざまな原因によって変動するが，インスリンというホルモンによりコントロールされ，いつも一定の幅の中で保たれている。食事によって血糖値が上がると，すい臓のβ細胞がこの動きをすばやくキャッチして，すぐにインスリンを分泌し，血糖が全身の臓器にとどくと，インスリンの働きによって臓器は血糖をとり込んでエネルギーとして利用したり，たくわえたり，さらにタンパク質の合成や細胞の増殖を促したりする。こうして，食後に増加した血糖はインスリンによって速やかに処理され一定量に保たれている。

　糖尿病になると，インスリンの量が減少し，また，分泌されても十分機能できない状態となり，血糖が一定の値を超えて高い状態が続く（高血糖）。本来，インスリンにより，血液中の糖が臓器に取り込まれて代謝され，エネルギーを産生するが，糖があってもインスリンが少ない場合は，臓器は糖を利用できなくなる。そのため，エネルギーを得るために脂肪やタンパク質を分解する。

脂肪を代謝する際にケトン体が生じ，アセトンはケトン体の一種で，血液中に大量に存在すると，呼気からアセトンガスが放出される。糖尿病患者の呼気のアセトンガス濃度は数十〜1,250 ppmにも及ぶと報告されている（図2）[7]。

4.4.2 糖尿病性ケトアシドーシス

比較的若い糖尿病患者に起こる急性合併症で，主に1型糖尿病患者に起こるとされていたが，近年，2型糖尿病患者で清涼飲料水を多量に飲むことで発症するので「ペットボトル症候群」や「清涼飲料水アシドーシス」と呼ばれている。急にインスリンが大幅に減少・欠乏し，インスリン拮抗ホルモンが増加，高ケトン血症，アシドーシスになると，喉が渇き，多飲，全身倦怠，多尿で脱水症状や意識障害に陥ることもある。特徴的なのは，呼気中のアセトンガスが急に多くなるので，甘酸っぱいアセトン臭が強くなる。

4.4.3 高脂肪質食症，肝機能障害・肝硬変，高ケトン血症をきたす疾患・症状など

過度な脂肪代謝やケトン体の増加，肝硬変など肝臓機能が低下することにより，血液中のケトン体が多量に生じると，アセトンが肺から呼気として発せられ，アセトン臭が生じる。

4.4.4 子供の周期性嘔吐症・自家中毒・アセトン血性嘔吐症

子供で，腹痛や嘔吐を繰り返し，食中毒と似た症状であるが，実は血液中のケトン体が増え，アシドーシス（酸血症）になることから生じる。精神的，肉体的な過度のストレスとストレスに抵抗性の弱い小児に起こりやすい。何度も吐くことにより一種の飢餓状態となり，血糖が低下することで，体内の脂肪代謝がおこり，ケトン体が増加し，呼気からアセトン臭を生じるのみならず，尿にケトン体が出てくることがある。子供のこのような症状を呈する場合の呼気中のアセトンガス量は360 ppmにも達することがあると報告されている[8]。

4.5 呼気中アセトンガスの計測意義と測定について

健康な人のダイエットや運動，糖尿病患者のインスリンのコントロールなど，呼気中のアセトンガス濃度との関連性は多くの研究者によって報告されている。血糖自己測定器のように直接，血液中の糖を測定することと違い，呼気中のアセトン量の測定により直接，血液中のケトン体の量を求めることは難しい。しかし，今後，比較的安価で携帯でき，呼気中のアセトン量が正確に測定できる機器が出現すれば，ダイエットや運動状態の把握，血糖値のコントロールなど幅広く利用できる可能性がある。改良され軽度ではあるが，血糖自己測定器は血液採取の際に侵襲がある。呼気であれば，低侵襲で測定できる大きなメリットがある。今後の開発が望まれる。

文　　献

1) Joseph C. Anderson, *Obesity*, **23**, 2327 (2015)
2) Kalapos MP, *Biochim Biophys Acta Gen Subj.*, **1621**, 122 (2003)
3) Anderson JC *et al.*, *J Appl Physiol.*, **100**, 880 (2006)
4) Saslow L. R. *et al.*, *PLoS One*, **9**, e91027 (2014)
5) Rooth G *et al.*, *Acta Med Scand.*, **187**, 455 (1970)
6) Sasaki H *et al.*, *Adv Exerc Sports Physiol.*, **16**, 97 (2011)
7) Jones AE *et al.*, *J Emerg Med.*, **19**, 165 (2000)
8) Musa-Veloso K *et al.*, *Nutrition*, **22**, 1 (2006)

5 呼気診断による喘息管理

藤澤隆夫*

5.1 はじめに

　気管支喘息（以下，喘息）は小児では5〜10％，成人でも5％ほどの有病率があるcommon diseaseである。治療薬の進歩で，比較的よく症状をコントロールすることができるようになったが，適切な病状評価にもとづいた治療が行わなければ，致死的ともなり得るので，注意が必要である。病状評価については，これまでは主に症状だけで行われていたが，最近は簡便に呼気診断ができる手法も開発されて，より客観的に治療・管理が可能になろうとしている。本稿では，喘息における呼気診断のいくつかの手法について概説する。

5.2 喘息の病態と呼気診断

　喘息は気管支から細気管支まで（＝下気道）の慢性アレルギー性炎症により，気道が過敏な状態となり（＝気道過敏性），様々な刺激（アレルゲンだけでなく，冷気，煙，運動，気道感染など）で気道平滑筋の収縮，気道分泌亢進，気道粘膜の浮腫が生じて，気道狭窄が起こる疾患である（図1）。この気道狭窄（図2）は自然または治療によって解除されるが（＝可逆性），これを何度も繰り返すことが重要な特徴で，診断根拠にもなる[1]。

　しかし，一つの疾患と言うよりも症候群というべきで，様々な表現型（フェノタイプ）があり（図3）[2]，それぞれの表現型の基礎にある病態（エンドタイプ）も多様と考えられている。つまり，喘息は免疫学的には，主にTh2型に偏った反応とされているが（高Th2型）[3]，非Th2型（低Th2型）の病態も存在し，両者が混在することがある。病態が異なっても，最終的な気道狭窄による症状は同じであるので，症状だけからは判別しがたい。図3に示されるように，年齢や重症度，肥満の有無，検査データなどの違いによって表現型（フェノタイプ）が分類され，臨床的な対応（プライマリケアで治療可能か，専門医に紹介するか）の道筋はある程度示されるが，望まれるのは病態（エンドタイプ）に基づいた治療である。

　すなわち，高Th2型はIL-4の過剰でIgE抗体が産生され，IL-5，IL-13などの過剰で好酸球増多と気道組織の好酸球性炎症を生ずる。これに対して，低Th2型ではIgEの上昇が乏しく，Th17型のサイトカインが関与する好中球性の炎症を特徴とする[4]。喘息の呼気診断においては，これら炎症の異なる病態で産生される様々な物質を呼気から高感度に検出して，疾患および病型の診断，治療の選択，治療反応性予測などに応用する。

　このなかで，呼気中の一酸化窒素（nitric oxide，以下NO）はTh2型炎症のマーカーに分類されるが，現在は簡易型の測定器が利用可能で，保険適応の検査ともなったので，広く臨床現場で用いられている。一方，低Th2型炎症における呼気中のバイオマーカーについてはまだ実用化されているものはない。その他には，硫化水素（Hydrogen sulfide；H_2S），一酸化炭素（Carbon

---

＊　Takao Fujisawa　国立病院機構三重病院　アレルギーセンター　院長

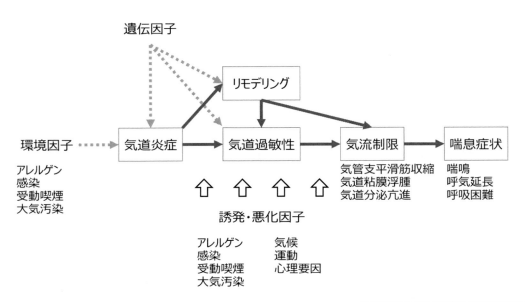

図1　喘息の病態

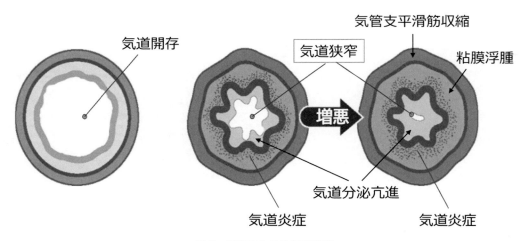

図2　喘息における気道狭窄

第2章　呼気・皮膚ガスによる疾病・代謝診断

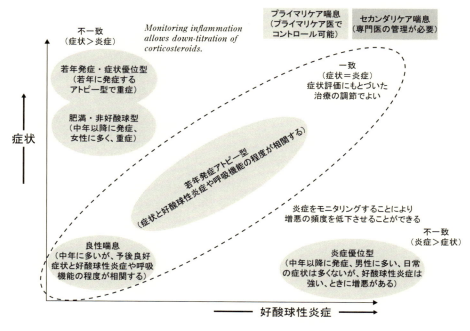

図3　喘息のフェノタイプ（文献2より引用，筆者による翻訳）

monoxide；CO）などが報告されている。

5.3　一酸化窒素：NO

喘息における呼気診断で，唯一実用化されたバイオマーカーである。

5.3.1　NO産生のメカニズム

NOはかつて大気汚染物質のひとつでしかなかったが，重要な生理活性物質であることがわかり，1992年にScience誌でThe Molecule of the Yearとしてとりあげられた[5]。NO合成酵素（Nitric oxide synthase：NOS）によりL-アルギニンから生成されるが，NOSには神経型NOS（neuronal NOS），内皮型NOS（endothelial NOS），誘導型NOS（inducible NOS；iNOS）の3つがあり，それぞれ異なる役割を果たす。すなわち，全2者は構成的に発現（constitutive NOS；cNOS）して，神経伝導や血管内皮細胞の調節など生体のホメオスターシスに関与し，気道では平滑筋の弛緩や抗炎症作用に関与するとされる。一方，iNOSは炎症などで誘導され，産生されたNOが活性酸素（O_2^-）と反応して，ペルオキシナイトライト（$ONOO^-$）を生成，細胞傷害を起こすので，生体防御や炎症の増悪に関わると考えられている。喘息では，IL-13などのTh2サイトカインの刺激で気道上皮のiNOSが誘導され[6]，呼気中NO濃度が上昇する。逆に，生理的状態ではcNOSにより炎症の制御や平滑筋トーンの調節が行われていると考えられる[7]。後述のように，肥満では呼気中のNOが低下するが，アルギニンのメチル化体である

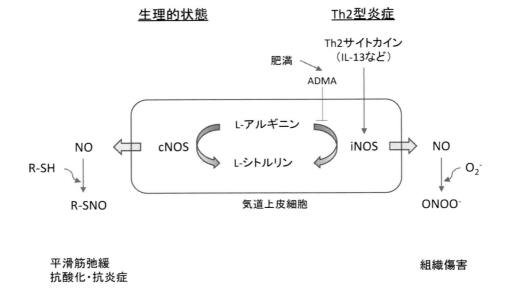

図4 喘息におけるNO産生

asymmetric dimethyl arginine；ADMA（心血管リスク因子のひとつ）が増加して[8]，NOSは抑制される（図4)[9]。

5.3.2 呼気NOの測定方法

アメリカ胸部学会（American Thoracic Society：ATS）とヨーロッパ呼吸器学会（European Respiratory Society：ERS）が推奨する方法により測定を行う[10]。もっとも標準的な方法は，NOアナライザーにマウスピースから直接呼気を吹き込んで測定するオンライン法である。NO捕集バックに呼気を採取してからNOアナライザーで測定するオフライン法もあり，機器のない場所でも採取できる利点はあるが，後述の測定条件が満たせないことがあるので注意が必要である。

測定条件としては，1) 呼気流速を一定（50 ml/s）にすること：呼気中NO濃度が呼気流速に依存するため（低流速で高く，高流速では低くなる），2) 5〜20 cm H_2O の呼気圧をかけること：下気道より5〜10倍高い鼻腔中NOの混入を防ぐため，呼気圧により軟口蓋を閉鎖させるため，が重要である。外気中のNOの影響（人が多いことやわずかな大気汚染など）を除外するため，被験者がNOフィルターを通して吸気してからアナライザーに向かって呼出することも勧められる。この条件で被験者に呼出をさせ，アナライザーが連続的に測定したNO濃度のプラトー相を下気道由来の呼気NO値として記録する。呼出の初期には死腔や鼻腔由来のNOによって高いピークがみられることがあるが，小児では約6秒，成人では約8秒以上，呼出を続けるとプラ

第2章　呼気・皮膚ガスによる疾病・代謝診断

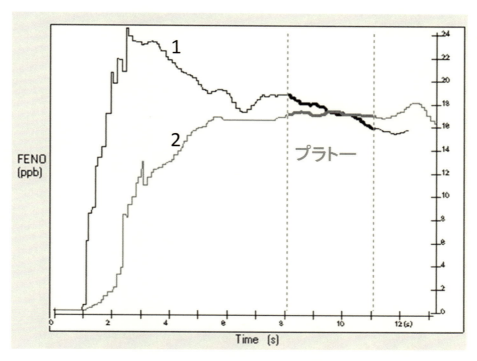

図5　オンライン法によるNO測定
一定の呼気流速で呼出されたNOを連続的に測定し，プラトーの値を
呼気NO値としてとる．2回の測定結果で，1回目は呼出初期に高値
（残っていた鼻腔のNO）をとることがあるが，プラトーでは一定となる．

トーを得ることができる（図5）．

最近，卓上タイプのNOアナライザー（ナイオックスマイノ®，ナイオックスVero®，NObreath®）が保険収載もされ，臨床現場での利用が広がっている（図6）．これらの機器は簡便ながら，ATS・ERS推奨の条件を満たしての測定が可能で，上記のプラトー値のみが表示される．

5.3.3　喘息の診断における呼気NO測定

前述のように喘息では呼気NO濃度が上昇するので，診断に用いることが可能である．とくに慢性咳嗽を呈する患者ではしばしば喘息と診断できるかどうか迷うが，呼気NOが高値である場合は比較的高い特異度で診断できる[11]．しかし，呼気NOは喘息に特異的ではなく，さまざまな因子が測定値に影響を与えるので，これらに留意しながら判定するが必要がある（表1）．喘息以外の要因としては，とくにアトピー素因（アレルギー性鼻炎やアトピー性皮膚炎の合併，ダニ感作など）があると高値の傾向をとるので，診断のカットオフ値はやや高めとなる[11]．運動[12]や喘息発作時，スパイロメトリーの手技（強制換気），喫煙，受動喫煙[13]でも低下するので，「みかけの低値」に注意が必要である．

ナイオックス マイノ
NIOX-MINO

ナイオックス VERO
NIOX VERO

（現在は右の機種に置き換えられた）

NObreath®

図6　呼気 NO 測定機器（保険収載）

　一方，肥満[14]や重症の好中球優位の喘息[15]で低値となるので，これらのサブタイプの診断には有用でないことにも留意しなければならない。

5.3.4　喘息治療管理における呼気 NO 測定

　喘息の治療は吸入ステロイド薬が中心であり，いったん治療を開始したら，症状がコントロールされたかどうかを評価しながら，基本的にはコントロール良好ならば減量・中止を，コントロール不良ならば増量を考慮するようにガイドラインでは推奨されている。その際，症状だけでなく，基礎にある炎症を評価しながら治療を調節する方がより合理的であるので，これを検証する研究が報告されている。しかし，呼気 NO 測定に基づいた喘息の管理は有用か否かについてのシステマティックレビュー（成人[16]，小児[17]）をみると，残念ながら，喘息の増悪を防ぐかどうかをエンドポイントとしたとき，いずれも呼気 NO に基づいた管理の有用性は示されなかった。喘息の増悪の定義，呼気 NO 値で治療の増減を行うアルゴリズムがそれぞれの研究で異なることが要因ではないかと考察されている。

　そこで，有意な結果が得られたいくつかの研究の治療アルゴリズムをみると，吸入ステロイドを最大量投与して完全にコントロールした後，呼気 NO 値にもとづいて，適量まで減量するデザインの研究では[18]，呼気 NO 群では症状のみで調節した群よりも喘息の悪化なく，吸入ステロイ

第 2 章　呼気・皮膚ガスによる疾病・代謝診断

表 1　呼気 NO 測定値に影響を与える因子

	喘息に関連する因子	喘息以外の因子
上昇	喘息による気道炎症 ・未治療 ・アレルゲン曝露の持続 喘息の増悪 好酸球性重症喘息 喘息コントロール不良 アドヒアランス不良	年齢（身長），男児 アトピー素因 ・アレルギー性鼻炎 ・アトピー性皮膚炎 ・ダニ感作 食事
低下	吸入ステロイドによる治療 非 Th2 型喘息 好中球性重症喘息 肥満関連の喘息	運動（EIB） 喘息発作時 スパイロメトリー 喫煙・受動喫煙 肥満

ドをより減量できていた。喘息の妊婦に対する研究では[19]，症状と呼気 NO をあわせた評価基準を設定，NO が高く，症状が悪化した場合は炎症の増悪と考えて吸入ステロイドを増量，NO が低く症状が悪化した場合は炎症の関与が少ないと考えて長時間作用型 $\beta 2$ 刺激薬を増量するというアルゴリズムで，有意に喘息増悪を低下させたとしている。さらに，実地臨床で，呼気 NO を組み合わせることにより薬剤費を少なくすることができたという報告もある[20]。今後はこれらを参考にしながら，患者背景と治療により個別化したアルゴリズムが検討されるべきであろう。

5.4　硫化水素：H_2S

H_2S は火山ガスのように高濃度であれば強い毒性があるが，生体では NO や後述の CO と同様，低濃度では生理活性物質として機能する。細胞内で，L-システインの代謝産物として生ずるが，生理的には，血管弛緩因子として，活性酸素種のスカベンジャーとして，肺の形成や呼吸中枢での呼吸周期の調節に関わるとされる[21]。喘息の動物モデルでは内因性の H_2S が低下すること[22]，合成酵素である cystathionine γ-lyase 欠損で気道過敏性が亢進すること[23]，喘息患者で呼気の H_2S 濃度が低下しており，呼吸機能の異常や喘息の悪化と関連すること[24]から，喘息ではこの分子が保護的に働いている可能性が示唆されている。

5.5　一酸化炭素：CO

CO は生理的に生体内で産生され，ヘモグロビンと結合した状態で存在する。また，煙草煙，自動車の排気ガスなどには高濃度の CO が存在するので，これら汚染した空気からの CO もヘモグロビンと結合する。呼気中にはヘモグロビンの代謝過程で放出された CO が検出されるが，これに関わるヘムオキシゲナーゼは炎症で誘導されるため，喘息などの炎症性呼吸器疾患で呼気中濃度が上昇することがわかっている[25]。呼気 CO は喘息患者で上昇，吸入ステロイド治療により低下することは示されているが，システマティックレビューでは喘息の重症度や呼吸機能，気道

過敏性などと必ずしも相関せず，バイオマーカーとしての利用はまだ難しいとされている[26]。外気中の CO 濃度の影響を受けるため，研究結果にばらつきを生じやすい。

5.6 おわりに

喘息における呼気診断について，すでに臨床で実用化されている NO を中心に概説した。NO は Th2 型炎症のマーカーとして，産生のメカニズムから疾患モニタリングでの応用まで多くの報告があるが，一義的な解釈が難しいところもあり，測定対象の背景や治療経過などによってそれぞれ至適化したアルゴリズムが開発される必要がある。その他のガスとして，H_2S や CO なども単独での解釈は困難であるので，NO を含めて，他の因子との組み合わせによる解釈基準が望まれる。

文　　献

1) 日本小児アレルギー学会．小児気管支喘息治療・管理ガイドライン 2012．東京：協和企画；2011．
2) Haldar P, Pavord ID, Shaw DE, Berry MA, Thomas M, Brightling CE, et al. Cluster analysis and clinical asthma phenotypes. *Am J Respir Crit Care Med* 2008；**178**（3）：218-224.
3) Woodruff PG, Modrek B, Choy DF, Jia G, Abbas AR, Ellwanger A, et al. T-helper type 2-driven inflammation defines major subphenotypes of asthma. *Am J Respir Crit Care Med* 2009；**180**（5）：388-395.
4) Fahy JV. Type 2 inflammation in asthma-present in most, absent in many. *Nat Rev Immunol* 2015；**15**（1）：57-65.
5) Koshland DE, Jr. The molecule of the year. *Science* 1992；**258**（5090）：1861.
6) Guo FH, Comhair SA, Zheng S, Dweik RA, Eissa NT, Thomassen MJ, et al. Molecular mechanisms of increased nitric oxide（NO）in asthma：evidence for transcriptional and post-translational regulation of NO synthesis. *J Immunol* 2000；**164**（11）：5970-5980.
7) Ricciardolo FL. Revisiting the role of exhaled nitric oxide in asthma. *Curr Opin Pulm Med* 2014；**20**（1）：53-59.
8) McLaughlin T, Stuhlinger M, Lamendola C, Abbasi F, Bialek J, Reaven GM, et al. Plasma asymmetric dimethylarginine concentrations are elevated in obese insulin-resistant women and fall with weight loss. *J Clin Endocrinol Metab* 2006；**91**（5）：1896-1900.
9) Holguin F, Comhair SA, Hazen SL, Powers RW, Khatri SS, Bleecker ER, et al. An association between L-arginine/asymmetric dimethyl arginine balance, obesity, and the age of asthma onset phenotype. *Am J Respir Crit Care Med* 2013；**187**（2）：153-159.
10) ATS/ERS Recommendations for Standardized Procedures for the Online and Offline

Measurement of Exhaled Lower Respiratory Nitric Oxide and Nasal Nitric Oxide, 2005. *Am J Respir Crit Care Med* 2005 ; **171**(**8**) : 912-930.

11) Asano T, Takemura M, Fukumitsu K, Takeda N, Ichikawa H, Hijikata H, et al. Diagnostic utility of fractional exhaled nitric oxide in prolonged and chronic cough according to atopic status. *Allergol Int* 2017 ; **66**(**2**) : 344-350.

12) Terada A, Fujisawa T, Togashi K, Miyazaki T, Katsumata H, Atsuta J, et al. Exhaled nitric oxide decreases during exercise-induced bronchoconstriction in children with asthma. *Am J Respir Crit Care Med* 2001 ; **164**(**10**) : 1879-1884.

13) Laoudi Y, Nikasinovic L, Sahraoui F, Grimfeld A, Momas I, Just J. Passive smoking is a major determinant of exhaled nitric oxide levels in allergic asthmatic children. *Allergy* 2010 ; **65**(**4**) : 491-497.

14) Berg CM, Thelle DS, Rosengren A, Lissner L, Toren K, Olin AC. Decreased fraction of exhaled nitric oxide in obese subjects with asthma symptoms : data from the population study INTERGENE/ADONIX. *Chest* 2011 ; **139**(**5**) : 1109-1116.

15) Jatakanon A, Uasuf C, Maziak W, Lim S, Chung KF, Barnes PJ. Neutrophilic inflammation in severe persistent asthma. *Am J Respir Crit Care Med* 1999 ; **160**(**5 Pt 1**) : 1532-1539.

16) Essat M, Harnan S, Gomersall T, Tappenden P, Wong R, Pavord I, et al. Fractional exhaled nitric oxide for the management of asthma in adults : a systematic review. *Eur Respir J* 2016 ; **47**(**3**) : 751-768.

17) Gomersal T, Harnan S, Essat M, Tappenden P, Wong R, Lawson R, et al. A systematic review of fractional exhaled nitric oxide in the routine management of childhood asthma. *Pediatr Pulmonol* 2016 ; **51**(**3**) : 316-328.

18) Smith AD, Cowan JO, Brassett KP, Herbison GP, Taylor DR. Use of exhaled nitric oxide measurements to guide treatment in chronic asthma. *N Engl J Med* 2005 ; **352**(**21**) : 2163-2173.

19) Powell H, Murphy VE, Taylor DR, Hensley MJ, McCaffery K, Giles W, et al. Management of asthma in pregnancy guided by measurement of fraction of exhaled nitric oxide : a double-blind, randomised controlled trial. *Lancet* 2011 ; **378**(**9795**) : 983-990.

20) Honkoop PJ, Loijmans RJ, Termeer EH, Snoeck-Stroband JB, van den Hout WB, Bakker MJ, et al. Symptom- and fraction of exhaled nitric oxide-driven strategies for asthma control : A cluster-randomized trial in primary care. *J Allergy Clin Immunol* 2015 ; **135**(3) : 682-688 e611.

21) Bazhanov N, Ansar M, Ivanciuc T, Garofalo RP, Casola A. Hydrogen Sulfide : A Novel Player in Airway Development, Pathophysiology of Respiratory Diseases and Antiviral Defenses. *Am J Respir Cell Mol Biol* 2017.

22) Chen YH, Wu R, Geng B, Qi YF, Wang PP, Yao WZ, et al. Endogenous hydrogen sulfide reduces airway inflammation and remodeling in a rat model of asthma. *Cytokine* 2009 ; **45**(**2**) : 117-123.

23) Zhang G, Wang P, Yang G, Cao Q, Wang R. The inhibitory role of hydrogen sulfide in airway hyperresponsiveness and inflammation in a mouse model of asthma. *Am J Pathol*

2013 ; **182** (**4**) : 1188-1195.
24) Zhang J, Wang X, Chen Y, Yao W. Correlation between levels of exhaled hydrogen sulfide and airway inflammatory phenotype in patients with chronic persistent asthma. *Respirology* 2014 ; **19** (**8**) : 1165-1169.
25) Ryter SW, Choi AM. Carbon monoxide in exhaled breath testing and therapeutics. *J Breath Res* 2013 ; **7** (**1**) : 017111.
26) Zhang J, Yao X, Yu R, Bai J, Sun Y, Huang M, *et al*. Exhaled carbon monoxide in asthmatics : a meta-analysis. *Respir Res* 2010 ; **11** : 50.

6 呼気アセトン用バイオスニファ（ガスセンサ）による脂質代謝評価

荒川貴博[*1], 當麻浩司[*2], 三林浩二[*3]

6.1 はじめに

近年，呼気や皮膚ガス等の生体由来のガス（生体ガス）には代謝過程で産生される成分や，疾患に特異的な成分が含まれることが報告されており，疾患スクリーニングや非侵襲計測への応用が考えられ注目を集めている[1]。特に，呼気中には肺でのガス交換に伴う，血液中の揮発性物質が含まれており，これらの成分を計測することで，非侵襲かつ連続的に身体状態を把握することが可能である[2]。例えば，呼気中のアセトンガスは，糖尿病患者では健常者より高濃度で含まれることや，肥満や空腹，運動によりその濃度が増加することが報告されている[3]。空腹時のような，体内エネルギーである糖質が不足する状態において，更にエネルギーが必要とされる運動負荷が加えることで，脂肪組織から血液中に遊離脂肪酸が放出され，β酸化によりアセチルCoAが産生される。次にアセチルCoAは肝細胞に取り込まれ，ケトン体であるアセトンやアセト酢酸，β-ヒドロキシ酪酸を産生しながら，ATP生成の経路に向かう[4,5]（図1）。アセトンは血液を介して呼気や尿として体外へ排泄されるため，その濃度を測定することで，運動時のケトーシス状態や脂質代謝などを評価することができる。また，糖尿病においてはインスリンが不足することで，空腹状態と同じ代謝状態となりやすく，エネルギー源として脂肪酸を優先的に用いる[6]。

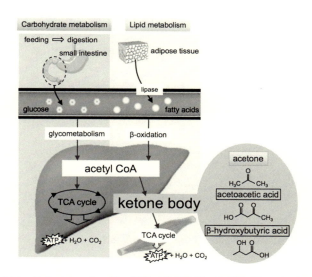

図1　体内でのエネルギー代謝（糖質代謝と脂質代謝）の概略図

---

*1　Takahiro Arakawa　東京医科歯科大学　生体材料工学研究所　センサ医工学分野　講師
*2　Koji Toma　東京医科歯科大学　生体材料工学研究所　センサ医工学分野　助教
*3　Kohji Mitsubayashi　東京医科歯科大学　生体材料工学研究所　センサ医工学分野　教授

そのため脂質代謝の指標として呼気中アセトン濃度を測定することにより，糖尿病の進行度合や脂肪燃焼状況の評価が可能であると報告されている[7]。しかし，ガスクロマトグラフなど既存装置では試料の前処理が必要で，簡便性や連続計測に適していない等の課題があり，選択性に優れた高感度なアセトンガス用センサが求められている[8~10]。

本節では，二級アルコール脱水素酵素（secondary alcohol dehydrogenase, S-ADH）の逆反応であるアセトンの還元反応に行って，その際に消費される還元型ニコチンアミドアデニンジヌクレオチド（reduced nicotinamide adenine dinucleotide, NADH）を，光ファイバ型の蛍光光学系にて蛍光検出することで，アセトンを測定した。また光学系を気液隔膜フローセルに組み込むことで，アセトンガスの連続モニタリングが可能な気相用バイオセンサ（バイオスニファ）を構築し，その特性を評価した。さらに運動負荷状態における呼気中アセトン濃度の変化を調べ，本センサでの呼気計測（脂質代謝の評価）の可能性について述べる。

6.2 アセトンガス用の光ファイバ型バイオスニファ

6.2.1 光ファイバ型バイオスニファの作製

S-ADH はイソプロパノールなどの二級アルコールを基質とする脱水素酵素で，その逆反応によりアセトンを還元することで，電子供与体である還元型 NADH は酸化され消費される（式1）。

$$\text{acetone} + \text{NADH} \xrightleftharpoons{\text{S-ADH}} \text{2-propanol} + \text{NAD}^+ \tag{1}$$

この NADH は自家蛍光（ex. 340 nm, fl. 491 nm）を有することから，その減少を検出することでアセトンを測定する。本アセトンセンサでは，図2に示すように，紫外発光ダイオード（UV-LED, λ = 339 nm, 1H33, DOWA Electronics）と光電子増倍管（PMT, C9692, Hamamatsu Photonics）からなる光ファイバ型の NADH 蛍光検出系に，S-ADH（EC：1.1.1.x, Daicel Chiral Technologies）を固定化した酵素膜を取り付けて構築した。S-ADH 酵素膜は支持膜として，親水性の多孔質 PTFE 膜（pore size：0.2 μm, t = 80 μm, Omnipore Membrane Filter, Millipore）を用い，S-ADH（E.C.1.1.1.x, 1 U/mg prot., Daicel Chiral Technologies）を 0.5 unit/cm^2 と，エタノール溶媒にて 10 wt% に希釈した 2-メタクリロイルオキシエチルホスホリルコリン（2-methacryloyloxyethyl phosphorylcholine：MPC）とメタクリル酸 2-エチルヘキシル（2-ethylhexyl methacrylate：EHMA）の共重合体（PMEH）[10] 10 μl/cm^2 をそれぞれ塗布し，冷暗所（4℃）にて 3 時間乾燥させ，酵素を包括固定化し作製した。

次に作製した酵素固定化膜をフローセルに組み込み，酵素反応の補酵素である NADH を含むリン酸緩衝液（PB）を常時供給するとともに，消費される NADH の供給，余剰基質及び反応生成物の除去を行い，アセトンの連続モニタリングを行った。ガスの流路に関しては耐薬品性，耐吸着性に優れる PTFE 製チューブ（O.D. 6.0 mm, I.D. 4.0 mm）を用いた。フローセルに関してはアクリル棒（O.D. 12 mm）への機械加工にて側面に直径 1.0 mm，プローブ端面と酵素膜とのギャップが 0.4 mm となるように作製した。フローセルを光ファイバプローブに装着し，セル端

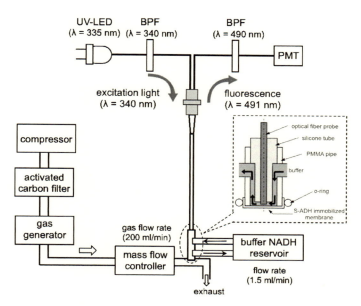

図2　S-ADH 固定化バイオスニファ
(*Biosensors & Bioelectronics*, 73, 208 (2015) より引用)

面にS-ADH固定化膜をシリコーンOリングを用いて装着し，アセトンガス測定用バイオセンサとした。

本システムを用いた特性評価では，50 μM NADHを含むリン酸緩衝液 (PB, pH 7.0, 0.1 M) をフローセルに循環させ，標準ガス発生装置を用いて作製したアセトンガスをセンサ感応部に負荷した際の蛍光出力の変化を調べた。また本センサの至適 pH，NADH 濃度，アセトンガスに対する選択性について検討した。

6.2.2 アセトンガス用バイオスニファの特性評価

S-ADH固定化バイオセンサに各濃度のアセトンガスをセンサ感応部に負荷した際の蛍光出力の変化を差分とし，その経時変化を図3示した。アセトンガスの負荷に伴う著しい蛍光出力の減少と濃度に応じた安定値及びガス供給停止に伴う初期値への回復と，その極めて良好な矩形状の応答出力が観察され，アセトンガスの連続計測が可能であった。蛍光出力の安定値をもとにアセトンガスに対する定量特性を調べたところ，式(2)により

$$\Delta \text{intensity (counts)} = 1.6 \times 10^5 / \{1 + (466/\text{acetone vapor[ppb]})^{0.97}\}^{0.86} \tag{2}$$

健常者 (200-900 ppb) 及び糖尿病患者 (>900 ppb) の呼気濃度を含む，20-5300 ppb の濃度範囲でアセトンガスを定量可能 (R=0.999) で，呼気アセトン計測に十分な定量特性を有していた (図4)。本センサの再現性 (500 ppb acetone, n=5) を調べたところ，変動係数は 2.62% (n=5) であった。次にPBのpH (pH 5.5-8.0) に対する蛍光出力の影響を調べたところ，pH 7.0 にて最も高い出力が得られた。またフローセル中を送液するPB中のNADH濃度を変化させたところ，

生体ガス計測と高感度ガスセンシング

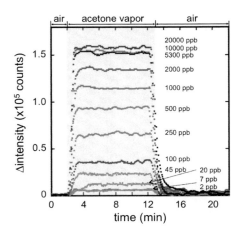

図3　アセトンガスに対するS-ADHバイオスニファの
　　　応答出力
（*Biosensors & Bioelectronics*, **73**, 208（2015）より引用）

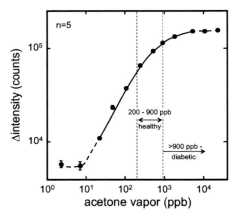

図4　S-ADH固定化バイオスニファのアセトンガスに
　　　対する定量特性
（*Biosensors & Bioelectronics*, **73**, 208（2015）より引用）

20 μM の NADH を用いた場合に低濃度（7.0 ppb）のアセトンガスの検出が可能で，100 μM の NADH では高濃度（最大10 ppm）までアセトンの定量が可能であった。これは NADH の初期濃度が低いことで，バックグラウンドの蛍光ノイズが低減し，結果的に低濃度のアセトンでの蛍光変化を捉えられたと考えられる。つまり，本センサでは PB 中の NADH 濃度を選択することで，定量範囲を調整（シフト）することが可能であった（図5）[11]。

次に本センサに呼気に含まれる各種ガスを負荷し，蛍光出力を比較した。アセトンガスの蛍光出力を100％とした時，2-butanone と 2-pentanone ガスに対して各々139％と117％であったも

第2章　呼気・皮膚ガスによる疾病・代謝診断

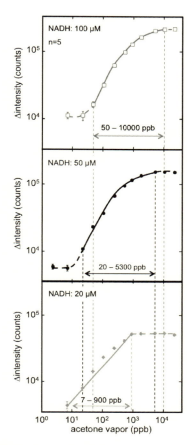

図5　補酵素 NADH 濃度（20, 50, 100 μM）のアセトン用
バイオスニファの定量範囲への影響
(*Biosensors & Bioelectronics*, 73, 208 (2015) より引用)

のの，他のガスにはほとんど出力を示さず，酵素の基質特異性を基づく選択性が得られた（図6）。健常者の呼気中には僅かに 2-pentanone（0.38 ppb）と 2-butanone（0.38 ppb）が含まれるが，アセトンと比して極めて濃度が低いことから影響は小さいと考えられる。なお 2-butanone と 2-pentanone は肺がん患者の呼気に含まれることが報告されており[12]，選択性を向上することで，将来的には肺がんスクリーニングとしての応用も考えられる。

6.3　運動負荷における呼気中アセトン濃度の計測
6.3.1　バイオスニファを用いた運動負荷における呼気中アセトン濃度の計測方法

作製した S-ADH 固定化バイオスニファを呼気中アセトンガスの計測に適用した（東京医科歯科大学・生体材料工学研究所・倫理委員会　承認番号：2014-01）。実験では，運動負荷試験に伴う呼気中アセトン濃度の変化を，開発したセンサにて調べた。予め実験の趣旨を説明し同意を得

生体ガス計測と高感度ガスセンシング

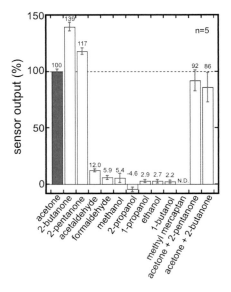

図6 S-ADH固定化バイオスニファの各種ガスに
対する応答比較
(*Biosensors & Bioelectronics*, **73**, 208 (2015) より引用)

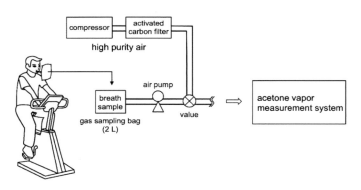

図7 運動負荷に伴う呼気中アセトン計測の実験系

た健常成人において，食物を6時間摂取しない状態で，エルゴメーターにて50 W（30分間）の運動負荷を行い，その後は安静状態とした。呼気サンプルは，運動負荷30分前より，負荷後150分までの間で適宜サンプルバックに採取し，S-ADH固定化バイオスニファにてアセトンガスの濃度測定を行った（図7）。

6.3.2 運動負荷に伴う呼気中アセトン濃度の経時変化

開発したバイオスニファを用いて，呼気中アセトンガス濃度の計測を行ったところ，標準アセトンガスと同様に，NADHの蛍光出力の減少が得られ，呼気中アセトンガス濃度を定量することが可能であった。次に運動負荷での濃度変化を調べたところ（図8），運動前には900 ppb以

第2章　呼気・皮膚ガスによる疾病・代謝診断

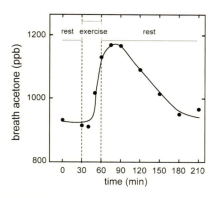

図8　運動負荷（50 W）に伴う呼気中アセトン濃度の
経時変化
(*Biosensors & Bioelectronics*, **73**, 208（2015）より引用)

下の低い値を示していたものの，運動負荷の開始後，アセトンガス濃度が徐々に上昇し，運動終了後15分から30分で最大濃度1160 ppbに達した。その後，安静状態を続けることで次第に呼気中のアセトン濃度が減少し，定常値に安定する様子が確認された。これは，空腹での運動負荷において，脂肪代謝により肝細胞でケトン体が生成され，幾分の時間遅れを以って，揮発性のアセトンが呼気として放出され，呼気濃度が上昇したと考察された[13]。なお呼気実験前後にセンサの定量特性を調べ比較したところ，性能の劣化は確認されなかった。本センサにて，有酸素運動伴う呼気中のアセトン濃度の上昇が観察され，脂質代謝評価の可能性が示唆された。今後，呼気中アセトンガスの濃度計測，その経時的な変化，そして脂肪代謝の度合いを評価できるものと考えられる。

6.4　まとめと今後の展望

　呼気中アセトンの測定を目的に，高感度なアセトンガス用バイオセンサを開発した。本センサではS-ADHの逆反応により消費されるNADHを，光ファイバを用いた蛍光光学系にて検出することで，アセトンガスの高感度測定を実現した。フローセルに送液するPB中のNADH濃度を50 μM と設定することで，20-5300 ppbの範囲でアセトンガスの定量が可能であり，その定量範囲はNADH濃度の選定により調整することができた。本センサを呼気計測に適用したところ，運動負荷による呼気アセトンガス濃度の増加が観察され，脂質代謝状況の評価の可能性が示唆された。今後，本センサを用いることで，生理的な代謝状態や糖尿病における脂質代謝を非侵襲的かつリアルタムに評価できるものと期待される。

文　　献

1) A. M. Shirasu *et al.*, The scent of disease：volatile organic compounds of the human body related to disease and disorder, *Journal of Biochemistry*, **150**, **3**, 257-266 (2011)
2) G. W. Hunter *et al.*, Applied breath analysis：an overview of the challenges and opportunities in developing and testing sensor technology for human health monitoring in aerospace and clinical applications, *J. Breath Res.*, **2** (**3**), 037020 (2008)
3) T. P. J. Blaikie *et al.*, Comparison of breath gases, including acetone, with blood glucose and blood ketones in children and adolescents with type 1 diabetes, *J. Breath Res.*, **8**, 046010 (2014)
4) K. Musa-Veloso *et al.*, Breath acetone is a reliable indicator of ketosis in adults consuming ketogenic meals, *Am. J. Clin. Nutr.*, **76** (**1**), 65 (2002)
5) K. Musa-Veloso *et al.*, Breath acetone predicts plasma ketone bodies in children with epilepsy on a ketogenic die, *Nutrition*, **22** (**1**), 1 (2006)
6) Z. Wang *et al.*, Is breath acetone a biomarker of diabetes? A historical review on breath acetone measurements, *J. Breath Res.*, **7**, 037109 (2013)
7) G. T. Fan *et al.*, Applications of Hadamard transform-gas chromatography/mass spectrometry to the detection of acetone in healthy human and diabetes mellitus patient breath, *Talanta*, **120**, 386 (2014)
8) K. Schwarz *et al.*, Determining concentration patterns of volatile compounds in exhaled breath by PTR-MS, *J. Breath Res.*, **3** (**2**), 027002 (2009)
9) U. Bohrn *et al.*, Using a cell-based gas biosensor for investigation of adverse effects of acetone vapors in vitro, *Biosens. Bioelectron.*, **40** (**1**), 393 (2013)
10) H. Kudo *et al.*, Glucose sensor using a phospholipid polymer-based enzyme immobilization method, *Anal. Bioanal. Chem.*, **391** (**4**), 1269 (2008)
11) M. Ye *et al.*, An acetone bio-sniffer (gas phase biosensor) enabling assessment of lipid metabolism from exhaled breath, *Biosens. Bioelectron.*, **73**, 208 (2015)
12) V. D. Velde *et al.*, GC-MS analysis of breath odor compounds in liver patients, *J. Chromatog. B*, **875**, 344 (2008)
13) D. Smith *et al.*, Trace gases in breath of healthy volunteers when fasting and after a protein-calorie meal：a preliminary study, *J. Appl. Physiol.* **87** (**5**), 1584 (1999)

7 皮膚一酸化窒素の計測

大桑哲男*

7.1 はじめに

健康管理に役立たせようとする立場からヒトの皮膚から放出されているガス状化学物質（皮膚ガス）を最初に報告したのはNaitohら[1]とKondoら[2]である。ヒトの皮膚からアセトン，アセトアルデヒド，エタノールをはじめ多くの化学物質が検出されている[3,4]。このうち一酸化窒素（NO；Nitric Oxide）は窒素と酸素からなる無色，無臭，短寿命のガス状の親油性の無機化合物である。皮膚ガスは低侵襲的にサンプルを採取できることからストレスや痛みを伴わないこと，また皮膚ガス成分濃度はヒトの意志で調節することは不可能であり，生体内の代謝状態のモニタリング指標として優れている。皮膚ガス中に検出されるNOのモニタリングシステムの確立は病気の早期診断，予防，治療効果など生体の代謝状態を把握でき，健康管理に関する情報を提供することが可能である[5,6]。

7.2 一酸化窒素（NO）の生理的機能

7.2.1 血管拡張のメカニズム

NOは高い反応性と拡散性を持つフリーラジカルであり，中枢神経系ではシグナル伝達物質として作用する。NOはスーパーオキシドラジカルと反応し，一酸化窒素ラジカルであるパーオキシナイトライトに変化し細胞傷害を引き起こす物質である。またNOは血管内皮細胞，マクロファージ，好中球，神経細胞などで生成される。血管内皮細胞で生成されるNOは血管平滑筋に作用し血管拡張を導く。血管内皮細胞のG-タンパク受容体へアセチルコリンなどが結合すると，ホスホリパーゼCの活性化によって生成されたイノシトール三リン酸（IP_3）が細胞内小胞体のカルシウムイオン（Ca^{2+}）の流出を誘導する。Ca^{2+}はNO合成酵素（NOS；nitric oxide synthase）を活性化する。NOSが活性化されるとアルギニンからNOとシトルリンが生成される。NOSには内皮細胞一酸化窒素合成酵素であるeNOS（endothelial cells NOS），神経細胞一酸化窒素合成酵素であるnNOS（nervous NOS），サイトカインなどに誘導されてNOを生じさせるiNOS（inducible NOS）がある。NOは細胞膜を通過し，平滑筋細胞へ拡散移動するとグアニル酸シクラーゼを活性化する。グアニル酸シクラーゼの活性化はGTP（グアノシン三リン酸）からcGMP（サイクリックグアノシン一リン酸）を生成する。cGMPはミオシンの脱リン酸化を促しアクチンとミオシンを解離させる。こうした機構により平滑筋が弛緩，すなわち血管が拡張する。NOは生体内で生成されるとかなりの量がすぐに酸化され，亜硝酸塩と硝酸塩（NO_2^-：nitriteとNO_3^-：nitrate）に変化する[7]。動脈血管を構成する平滑筋は意志と関係なく弛緩・収縮を調節する不随意筋である。

---

* Tetsuo Ohkuwa　名古屋工業大学　名誉教授

7.3 NO 測定方法

7.3.1 皮膚ガスの特徴

皮膚ガス中の NO 濃度測定は多くの分析法で行われているが，最も広く使用されている方法は化学発光法を応用して実施されている[8]。化学発光測定法は高感度で測定可能であり，ppb（part per billion）オーダーで検出できる（皮膚ガス ppb-NO 測定装置，ピコデバイス，名古屋）。産生された NO は生体内で広範囲に拡散し，測定された皮膚ガス中 NO は生体内の NO 代謝をよく反映していると考えられる[9]。健康管理モニタリングシステムとしての皮膚ガス成分濃度測定は 2002 年に最初に報告[1,2]がなされており，歴史は浅いが，子供や高齢者にとって優れた低侵襲的な健康管理に応用可能な方法として検討がなされている。複雑な皮膚層を通過して放出された皮膚ガスは，フィルターがかけられており，浄化された生体ガスである[6,10]。皮膚を通過した NO などの化学物質は病気診断，治療効果や生理的状態の指標として将来的に有望である[5]。

7.4 ヒトの皮膚ガス採取方法

ヒト皮膚から高濃度に放出されている生体ガスは少なくとも 64〜92 種類以上の化学物質が存在することが報告されている[3,4]。津田らはゲラニーオール，ノネナールなどのヒト香り・匂い成分[11]やベンゼン，トルエンなどの環境由来揮発性化合物[12]がヒトの皮膚から放出されていることを明らかにしている。また蚊が降着する原因物質の探索のための成分分析や健康管理モニタリング指標として多くの分野で興味がもたれ，その成分分析が試みられている[5,6,13,14]。体重の 12〜

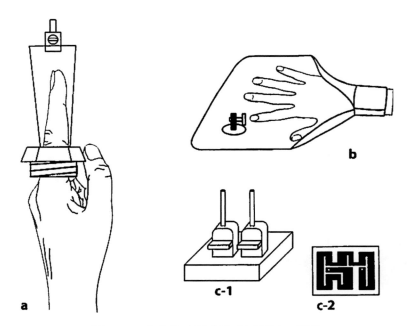

図1 ヒト皮膚ガス採取方法（文献[10]より引用）
a：指，b：手，c-1, c-2：渦状のプローブ

第2章 呼気・皮膚ガスによる疾病・代謝診断

15%を占める皮膚[3]から放出されるガス中の多くの成分濃度は皮の採取部位によって異なる。ヒトの皮膚から放出されるガスは採取しやすいことから多くの部位（脇の下，前腕，指，手，足，全身）で測定結果が示されている[10〜15]。図1は指(a)，手(b)と全身のフラット部位からの皮膚ガス採取が可能な方法を示した（c-1, c-2)[10]。皮膚ガス採集部位を水道水でおよそ30秒洗浄し，さらに蒸留水で洗浄したのち，キムワイプで水分を拭き取る。測定部位を乾燥させサンプリングバッグに挿入し密閉する。その後サンプリングバッグは窒素ガスで2回洗浄し，バッグの大きさや測定部位の違いにより10〜100 mlの純窒素ガスで充たし，30秒〜5分間，皮膚から放出される生体ガスを採集する。バッグは tetrafluoro polyethylene（GL Science, Tokyo, Japan）性のシートを使用し実験条件に応じて自作可能である。バッグ装着部からのガス漏れを防ぐために接着部はパラフィルムとサポーターを用いて密閉する。皮膚の下層には毛細血管が網目状に張り巡らされており，血中小分子のガス状化学物質は皮膚表面に容易に排出されると考えられる。

7.5 ラットの皮膚ガス採取方法

ラットの呼気ガス採取は困難であるが，尻尾から放出されるガス採取は容易である。Nakanishi ら[9]はラットの尻尾から放出されるNO濃度を測定している。その採取方法を図2に示した（名工大およびピコデバイス特許)[9]。ラットは日常的に固定器具に入ることに慣れた後，尻尾を外に出した状態で固定器具に入る。その後尻尾を水道水と蒸留水できれいに洗浄し，キムワイプで水分をふき取り乾燥させる。固定器から外に出された尻尾はサンプリングバッグに挿入され密閉した後，純窒素で数回バッグ内を洗浄した。その後，25 mlの純窒素で充たし10分間，皮膚から放出される生体ガスを採集した。図3は肥満群と正常群ラットにおいて，4週間のL-アルギニン経口投与群と非投与群の皮膚ガスNO濃度が示されている。正常群と肥満群ともにL-アルギニン投与群の皮膚・呼気ガスNO濃度は非投与群に比較し著しく増大した[9,16]。ラットの皮膚（尻尾）から放出されるNO濃度は生体内のNO代謝状態を反映しており，臨床的・生理的メカニズムの解明に役立つと考えられる。

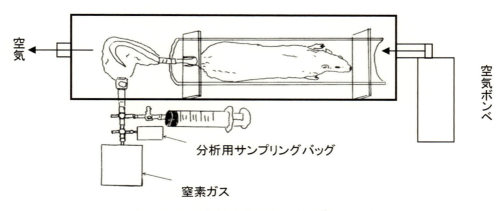

図2 ラットの皮膚ガス採取方法（文献[9]より引用）

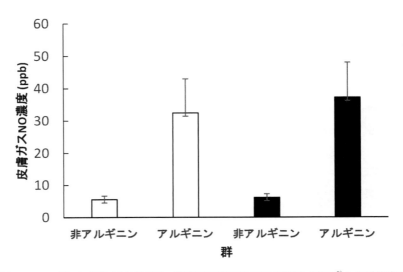

図3 L-アルギニン投与が皮膚ガス一酸化窒素濃度に及ぼす影響（文献[9]より引用改変）
白棒グラフは正常ラット，黒棒グラフは肥満ラット

7.6 糖尿病・肥満と皮膚ガスNO濃度

ラットの *in vitro* 実験において，ストレプトゾトシン（STZ：streptozotocin）添加によりインスリン分泌が減少しNOレベルが増大したことが認められている[17]。同実験においてIGF-1（insulin-like growth factors-1）添加によりインスリン分泌が増大し，NOレベルは減少した[17]。1型糖尿病ラットにおいて，膵臓β細胞は破壊されインスリン分泌が減少しNOが増大したと考えられる。NOはインスリン分泌量と密接に関係していることが伺える。2型糖尿病ラットにおいて，インスリンクランプ240分後のNOS活性は対照群に比較し有意に減少した（図4）[18]が，正常ラットにおいてはインスリンクランプ240分後のNOS活性はインスリン注入前に比較し有意に増大した（図4）[18]。糖尿病ラットのNO産生能力は正常ラットよりも低いことが示唆される。肥満ラットにおいて，ホスファチジルイノシトール-3-キナーゼ／プロテインキナーゼを介するインスリン伝達経路が抑制されインスリン抵抗性が高まり，eNOS活性が低下しNO生成が減少したものと考えられる[19]。皮膚ガスNO濃度はインスリン抵抗性が高まった糖尿病のモニタリング指標として役立つものと考えられる。糖尿病とNOの生成と消去に関して，血中インスリンとグルコース濃度との関連性，1型と2型糖尿病のタイプ別の機構解明が必要である。

7.7 運動・低酸素環境と皮膚ガスNO濃度

ヒトにおいて最大筋力の25％強度で1回／秒のリズムでの最大手首底背屈運動を行わせ，時間経過に伴う血流量（図5A）と手から放出される皮膚ガスNO濃度（図5C）を示した[20]。運動前に比べ運動中の皮膚ガスNO濃度は有意に増大した。また運動後の各被験者のNOピーク値も運動前に比べ有意に増大した。同時に測定した運動後の血流量も運動前の値に比べ有意に増大し

第2章 呼気・皮膚ガスによる疾病・代謝診断

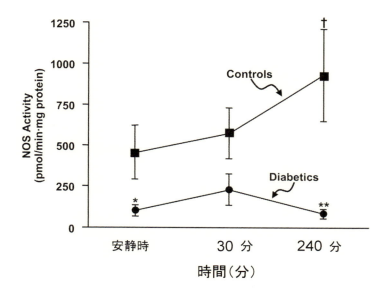

図4 A：インスリン投与によるNOS活性（文献[18]より引用改変）
*$p<0.01$, **$p<0.05$ 対照群に比較し有意差あり †$p<0.001$ 対照群においてインスリン投与前に比較し有意差あり

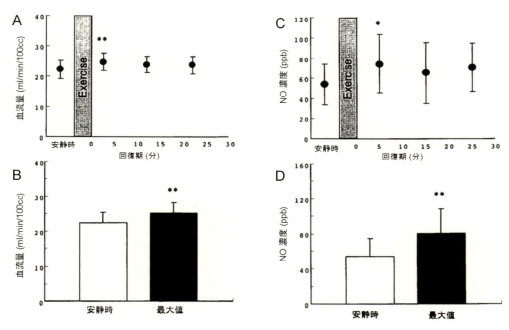

図5 運動が血流量と皮膚ガス一酸化窒素濃度に及ぼす影響（文献[20]より引用）
A：運動前後の血流量の変化　B：血流量の安静時と運動後の最大値の比較　C：運動前後のNO濃度の変化　D：NO濃度の安静時と運動後の最大値の比較　*$p<0.05$, **$p<0.01$ 安静時に比較し有意差あり

た(図5)[20]。運動による皮膚ガスNO濃度の増加率は血流量のそれに比べ高いことが伺える。ハンドグリップ運動は前腕血流量を増大させ剪断応力を高める。剪断応力が増大すると血管内皮細胞からNOが放出され,平滑筋に作用し血管が拡張する[21]。剪断応力は血管内皮細胞のeNOSmRNA発現を増大させ,NO産生を高めヒラメ筋の血流量を増大させる[22]。皮膚ガスNO濃度はNO代謝のモニタリング指標として有益な情報を提供できると考えられる。しかし異なったタイプ(ハンドグリップと自転車駆動運動)の急性運動は異なった血流動態が認められている[21]ことから運動のタイプが血管内皮細胞に及ぼす刺激は異なることも推測される。

低酸素環境でのNO濃度の変化について,15.1%と14.8%の低酸素環境に暴露されると,ヒトの手から採取した皮膚ガスNO濃度は通常酸素濃度(20.93%)環境に比較し有意に増大した(図6)[23]。ブタ細胞での実験結果から,血管内皮細胞のNO合成酵素活性は低酸素環境下で増大することが認められている[24]。低酸素環境が皮膚ガスNO濃度に及ぼす影響については報告が少なく暴露される低酸素濃度や暴露時間条件を考慮して詳細な検討が必要であろう。

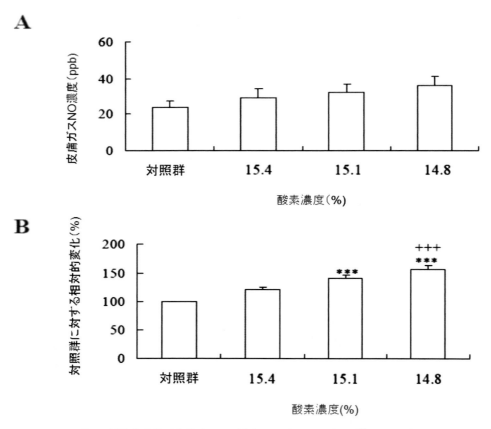

図6　低酸素環境が皮膚ガスNO濃度に及ぼす影響(文献[23]より引用)
***$p<0.001$ 対照群に比較し有意差あり　＋＋＋$p<0.001$ 15.4%に比較し有意差あり

7.8 おわりに

　種々の疾患，運動や低酸素環境への暴露後の皮膚ガス NO 濃度は産生された NO と消去された NO の結果である。産生された NO は赤血球内のヘモグロビンに吸着し消去される[25]。糖尿病や運動は，活性酸素種であるスーパーオキシドが生成される。スーパーオキサイドは NO と反応してパーオキシナイトライトを産生し NO が消去される。NO は産生されると瞬時に酸素と反応して窒素酸化物に変化する。血管拡張は NO の他に乳酸，酸素，アデノシン，カリウム，水素イオンなどによっても影響される[26]。生体では常に NO 産生が行われているが高濃度の NO は生体にとって有害であることから，その生成量に上限があると推測される。皮膚ガス NO 濃度の臨床的・生理的モニタリング指標としての応用にはさらなる生成と消去の機構の解明を必要とする。

文　　献

1) K. Naitoh et al., *Instrument. Sci. Technol.*, **30**, 267 (2002)
2) T. Kondo et al., *Am. J. Gastroenterol.*, **97**, 1271 (2002)
3) M. Gallagher et al., *Br. J. Dermatol.*, **159**, 780 (2008)
4) P. Mochalski et al., *J. Chromatogr. B.*, **959**, 62 (2014)
5) C. Turner, *Expert Rev. Mol. Diagn.*, **11**, 497 (2011)
6) C. Turner et al., *Rapid Commun. Mass. Spectrom.*, **22**, 526 (2008)
7) A. Wennmalm et al., *Cir. Res.*, **73**, 1121 (1993)
8) J. O. N. Lundberg et al., *Eur. Respir. J.*, **9**, 2671 (1996)
9) R. Nakanishi et al., *Redox Rep.*, **18**, 233 (2013)
10) T. Tsuda et al., *Gas and Medical Application*, Basel Karger, p.125 (2011)
11) 津田孝雄，日本分析化学会ガスクロマトグラフィー研究懇談会資料 (2015)
12) 久永真央ら，Bunseki Kagaku **61**, 57 (2012)
13) L. Dormont et al., *J. Experiment. Biol.*, **216**, 2783 (2013)
14) Z. Syed and W. S. Leal, *PNAS.*, **106**, 18803 (2009)
15) A. Caroprese et al., *Skin Res. Technol.*, **15**, 503 (2009)
16) M. A. Sapienza et al., *Thorax*, **53**, 172 (1998)
17) C. Zhi-hong et al., *Chinese. Med. J.*, **122**, 2159 (2009)
18) S. R. Kashyap et al., *J. Clin. Endcrinol. Metab.*, **90**, 1100 (2005)
19) J. Kobayashi, *Immunoendocrinology*, **2**, 657 (2015)
20) 伊藤宏他，デサントスポーツ科学，**29**, 167 (2008)
21) D. J. Green et al., *J. Physiol.*, **562**, 617 (2005)
22) C. R. Woodman, *J. Appl. Physiol.*, **98**, 940 (2005)
23) T. Ohkuwa et al., *Inter. J. Biol. Sci.*, **2**, 279 (2006)
24) J. M. Justice et al., *J. Cell Physiol.*, **182**, 359 (2000)

25) T. H. Han *et al.*, *PNAS*, **99**, 7763 (2002)
26) P. S. Clifford and Y. Hellsten, *J. Appl. Physiol.*, **97**, 393 (2004)

特許 動物個体の代謝状態の測定方法及びその装置 大桑哲男,津田孝雄 特許第 5412609 号

第Ⅱ編
生体ガス計測のための高感度ガスセンシング技術

第1章　計測技術の開発

1　昆虫の嗅覚受容体を活用した高感度匂いセンシング技術

光野秀文[*1]，櫻井健志[*2]，神崎亮平[*3]

1.1　はじめに

　生物の嗅覚メカニズムの解明が進むにつれて，生物の匂いセンサの実体である嗅覚受容体を活用したセンシング技術の開発に注目が集まってきている。生物の中でも昆虫は優れた嗅覚をもち，触角に備える嗅覚受容体を使って環境中のごくわずかな匂い物質を選択的かつリアルタイムに検出している。近年，遺伝子レベル，神経レベル，行動レベルで昆虫の嗅覚メカニズムが明らかにされ，昆虫の嗅覚を活用したセンシング技術の開発が可能となってきた。本稿では，まず昆虫の嗅覚受容体の特徴を概説する。そして，筆者らが昆虫の嗅覚受容体を利用して開発を進めている匂いセンサである「匂いセンサ細胞」および「匂いセンサ昆虫」によるセンシング技術を紹介する。

1.2　昆虫の嗅覚受容体の特徴

　昆虫の高感度，選択的，かつリアルタイムな匂いの検出は，触角で機能する，昆虫に特異な嗅覚受容体によって成し遂げられている。昆虫の嗅覚受容体は，ゲノム情報の解読に伴い，キイロショウジョウバエ，ハマダラカ（双翅目），ミツバチ（膜翅目），コクヌストモドキ（鞘翅目），カイコガ（鱗翅目）といった様々な昆虫種から発見されてきた[1]。昆虫の嗅覚受容体は，Gタンパク質共役型受容体（GPCR）として機能する哺乳類，魚類，鳥類などの嗅覚受容体とは構造，機能ともに全く異なり，Olfactory receptor co-receptor（Orco）と呼ばれる共受容体と複合体を形成したイオンチャネルとして機能する（図1）[2]。そのため，他の生物と比較して，情報変換機構が単純である，それ自体が選択的に匂いと結合しイオンを透過する，匂いの結合からイオンの透過まで数10 msecもの早さで応答する，といった昆虫の嗅覚受容体に特有の特徴を持つ（図1）[3]。機構が単純であるがゆえに，細胞発現系で比較的容易に受容体の機能を再構築することができ，電気生理学的手法や光学イメージング手法により，匂い物質との相互作用を評価することができる。加えて，昆虫種ごとに，数10から数100種類の嗅覚受容体をもつ。現在までに，様々

---

*1　Hidefumi Mitsuno　東京大学　先端科学技術研究センター　生命知能システム　助教
*2　Takeshi Sakurai　東京大学　先端科学技術研究センター　生命知能システム
　　　　　　　　　　特任講師
*3　Ryohei Kanzaki　東京大学　先端科学技術研究センター　所長・教授

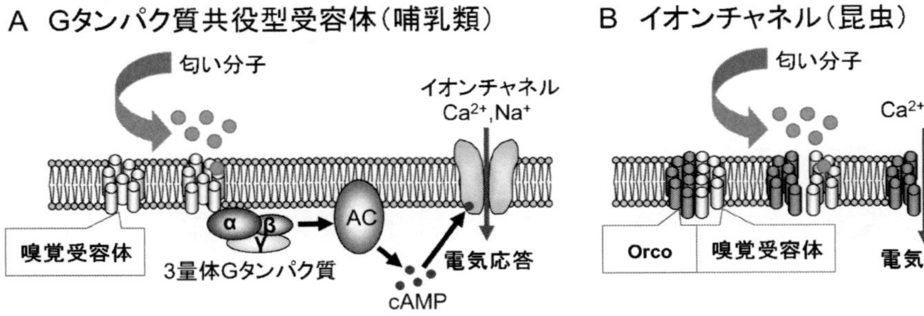

図1 哺乳類と昆虫における匂い情報変換メカニズム
(A) Gタンパク質共役型受容体である哺乳類の嗅覚受容体。(B) イオンチャネルである昆虫の嗅覚受容体。

な昆虫種に由来する計100種類以上の嗅覚受容体の機能が同定されており，それぞれが異なる匂い物質に異なる親和性で応答することが明らかにされている[4,5]。100万種以上とされる地球上に生息する昆虫種数を考慮すると，異なる選択性で多種多様な匂い物質を検出する無数の嗅覚受容体を匂い検出素子として利用することができる。このように昆虫の嗅覚受容体は他の生物の嗅覚受容体にはない，匂い検出素子への利用のために有効な特徴をもっており，魅力的な素材であるといえる。

1.3 「匂いセンサ細胞」によるセンシング技術

昆虫の嗅覚受容体は培養細胞を用いたタンパク質発現系を利用して機能解析が進められてきた[1]。ツマジロクサヨトウ（*Spodoptera frugiperda*）蛹卵巣由来の培養細胞であるSf21細胞もその一つである（図2）。Sf21細胞は，タンパク質の機能発現やカルシウムイメージングによる応答評価が可能といった培養細胞が持つ利点に加えて，CO_2の供給が不要であり，幅広い温度条件（18〜29℃）で培養できるといった特徴をもつ。また，哺乳類の培養細胞は分裂回数に制限があるのに対して，昆虫の培養細胞は無限に細胞分裂を繰り返すという特徴をもつ。さらに，最近では，哺乳類の培養細胞に比べて，昆虫の培養細胞は細胞毒性のある物質に対する抵抗性が高いことも示唆されている。このように，Sf21細胞は匂いセンサの検出素子として有利な特徴を備えているといえる。そこで，筆者らは昆虫の嗅覚受容体の機能発現系としてSf21細胞に着目し，所望の匂い物質を検出する「匂いセンサ細胞」の開発を進めている。ここでは，まず性フェロモン受容体を用いた匂いセンサ細胞の原理検証を述べる。そして実用化に向けた一般的な匂い物質（一般臭）の検出素子の開発，および細胞パターニングによる匂い識別技術における最新の成果を紹介する。

1.3.1 性フェロモン受容体を用いた「匂いセンサ細胞」の原理検証

昆虫の嗅覚受容体を発現させた培養細胞を匂い検出素子として活用するためには，匂い物質に対する嗅覚受容体の反応を非侵襲かつ簡便に取得できる細胞の作出技術が必要となる。昆虫の嗅

第1章 計測技術の開発

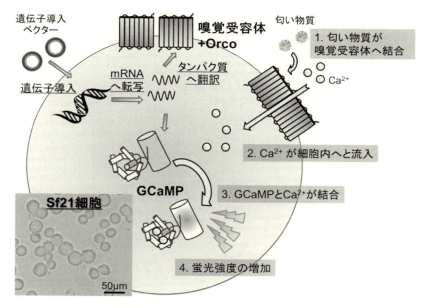

図2 「匂いセンサ細胞」の検出原理（光野ら，2014[6]を改変して転載）
「匂いセンサ細胞」は，昆虫の嗅覚受容体，Orco，GCaMP を恒常的に発現する Sf21 細胞である。匂い物質が嗅覚受容体と結合する(1)と，細胞内へとカルシウムイオンが流入し(2)，流入したカルシウムイオンが細胞内の GCaMP と結合する(3)ことで，GCaMP の蛍光強度が増加する(4)。

覚受容体は，匂い物質と結合すると，細胞外から細胞内へとカルシウムイオンなどの陽イオンを流入させる。このときに生じる細胞内カルシウムイオン濃度変化を検出することができれば，匂い物質に対する嗅覚受容体の反応を取得することができる。筆者らは，神経生理学分野で細胞内カルシウムイオン濃度変化の検出に利用されるカルシウム感受性蛍光タンパク質（GCaMP）に着目した[7,8]。GCaMP は，細胞内カルシウム濃度の変化に応じて，蛍光強度変化を示す。また，昆虫の嗅覚受容体と同様，タンパク質として機能するため，導入した遺伝子を恒常的に発現する安定発現系を作出することができる。そこで，昆虫の嗅覚受容体，Orco とともに，GCaMP を加えた3種類の遺伝子を共発現する細胞を作出すれば，嗅覚受容体の匂い物質に対する反応を蛍光強度変化量として可視化できる匂いセンサ細胞の開発が可能となると考えた（図2）。

この原理を検証するために，昆虫の嗅覚受容体として，カイコガ（*Bombyx mori*）の性フェロモン受容体である BmOR1（ボンビコール受容体）や BmOR3（ボンビカール受容体）を用いて，Orco および GCaMP3 を共発現する細胞系統を作出し，匂い検出素子としての性能を評価した。まず，各性フェロモン成分に対する応答を計測した結果，BmOR1 を発現する細胞系統（BmOR1 細胞系統）はボンビコールに，BmOR3 細胞系統はボンビカールに，それぞれ特異的に蛍光強度変化を示した（図3A）。これらの蛍光強度変化量に基づく匂い選択性は，BmOR1 や BmOR3 が持つ選択性と一致する。このことから，導入した受容体の選択性に従って蛍光強度変化を示す細

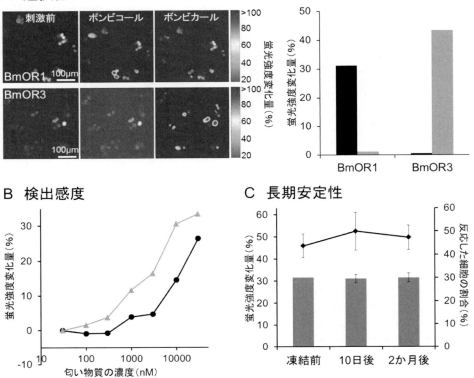

図3 性フェロモン受容体を発現する匂いセンサ細胞の検出性能(Mitsuno et al., 2015[9], 光野ら, 2014[6]を改変して転載)
(A) BmOR1細胞系統, BmOR3細胞系統の各成分に対する選択性。細胞の蛍光強度変化量は疑似カラーで表し, 暖色ほど蛍光強度変化量の大きな細胞を表す(左図)。黒色バーはボンビコール, 灰色バーはボンビカールに対する蛍光強度変化量を示す(右図)。(B) 各細胞系統の濃度依存応答。黒色丸はBmOR1細胞系統のボンビコールに対する濃度依存応答, 灰色三角はBmOR3細胞系統のボンビカールに対する濃度依存応答を示す。(C) 長期安定性。長期培養後のBmOR3細胞系統の応答を比較した。折れ線グラフは蛍光強度変化量, 棒グラフは応答する細胞の割合を表す。

胞系統を作出できることが分かった。次に, 濃度応答性を評価した結果, 各細胞系統は, 300 nMから30 μMの範囲で濃度依存的に蛍光強度変化を示した(図3B)。BmOR3細胞系統では300 nMから蛍光強度変化を示し, 溶液換算で数十ppbの検出限界でボンビカールを検出できることが分かった。

高選択性, 高感度性に加えて, 安定発現系として作出した細胞系統は, 長期培養後も匂い物質に対する応答を示す。BmOR3細胞系統を10日間, 2ケ月間継代培養し, ボンビカールに対する応答を計測したところ, 各培養日数で蛍光強度変化量, および応答する細胞の割合に変化がないことが分かった(図3C)。以上の結果から, 昆虫の性フェロモン受容体を用いて, 高感度かつ

第1章　計測技術の開発

選択的に匂い物質を検出でき，長期培養後も同等の蛍光強度変化を示す匂い検出素子の開発が可能であることを実証した[9]。これにより，昆虫の嗅覚受容体を用いた匂い検出素子開発の基礎技術を確立した。

1.3.2　一般臭の検出素子の開発

カイコガの性フェロモン受容体を用いた原理検証により，昆虫の嗅覚受容体を利用することで，高感度かつ選択的な検出素子の開発が可能であることを示してきた。本技術を利用して一般臭の検出が可能な実用的な素子を開発するためには，一般臭を検出する嗅覚受容体を対象とした技術確立が必要となる。昆虫の一般臭嗅覚受容体は，性フェロモン受容体と同じく，イオンチャネルとして機能するため，同様の原理に基づき受容体を入れ替えるだけで，所望の一般臭を検出できる素子の開発が可能となるはずである。そこで，キイロショウジョウバエの一般臭嗅覚受容体を対象に，細胞系統を作出し，一般臭の検出性能を評価した。まず，カビ臭であるジェオスミンを特異的に受容する嗅覚受容体である Or56a を用いて[10]，Or56a，Orco，および GCaMP6s を共発現させた細胞系統を作出した。匂い選択性として，ジェオスミンを含む 96 種類の匂い物質に対する応答を計測したところ，Or56a 細胞系統はジェオスミンにのみ応答し，その他のいずれの匂い物質に対しても蛍光強度変化を示さなかった（図4A）。この匂い選択性は，電気生理学

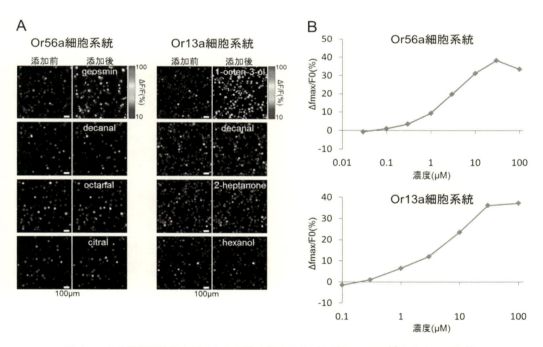

図4　一般臭嗅覚受容体を導入した細胞の検出性能（光野ら，2016[11]を改変して転載）
（A）Or56a 細胞系統と Or13a 細胞系統の各匂い物質に対する蛍光応答。蛍光強度変化量は疑似カラーで表し，暖色ほど大きな変化量を表す。（B）各細胞系統の濃度依存応答。Or56a 細胞系統はジェオスミン，Or13a 細胞系統は 1-octen-3-ol に対する濃度依存応答を表す。

的手法に基づくキイロショウジョウバエ生体におけるOr56aの匂い選択性と一致する[10]。次に検出感度として、ジェオスミンに対する濃度依存応答を計測した結果、検出限界300 nM（溶液換算：54.9 ppb）で、300 nMから30 μMの範囲で蛍光強度変化を示した（図4B）。以上の結果から、Or56a細胞系統が高感度かつ選択的なジェオスミンの検出素子として利用できることが分かった。

作出した細胞系統を実用的な検出素子として利用するためには、実サンプルに含まれる他の匂い物質（背景臭）の存在下でも、背景臭に紛れることなく対象臭を検出する必要がある。Or56a細胞系統を用いて背景臭の存在下でジェオスミンの検出性能を評価するため、飲料で使用されるオレンジフレーバといった背景臭が高濃度で存在する中で評価した結果、そのような背景臭の存在下でも、同等の検出限界、濃度範囲でジェオスミンを検出できることがわかった（光野、神崎ら、未発表データ）。このことから、作出したOr56a細胞系統は、ジェオスミンを特異的に検出する実用的な検出素子として利用できる可能性を示した。

ここまでは、性フェロモン受容体やOr56aといった特異性の高い受容体を対象に検出素子の開発を紹介してきたが、現在では、複数の匂い物質に幅広く応答する嗅覚受容体に対しても本技術が適用できることも分かっている。例えば1-octen-3-olを含む複数の匂い物質に幅広く応答する嗅覚受容体Or13aを発現する細胞系統は、1-octen-3-olや類似物質を異なる蛍光強度で検出した（図4A, B）。このことから、幅広く様々な匂い物質に応答する嗅覚受容体を用いることで、異なる匂い物質を、異なる蛍光強度変化量として検出する細胞の作出が可能であることが分かった。

以上の結果から、対象とする一般臭を検出する嗅覚受容体を用いることで、導入した嗅覚受容体の応答特性に従い、蛍光強度変化を示す細胞系統を、匂い検出素子として作出できることが分かった。これにより、嗅覚受容体を選択することにより、所望の検出素子の開発が可能であることが示された。

1.3.3　細胞パターニングによる匂い識別技術

これまでの匂いセンサは異なる匂い選択性を持つ検出素子がアレイ化した構造をしており、各検出素子から取得した信号を多変量解析に供することで、匂いを識別してきた。同様に、昆虫においても、触角では異なる嗅覚受容体を発現する嗅覚受容細胞がアレイ化した構造をしており、これら嗅覚受容細胞の応答パターンを脳内で情報処理することにより、匂いを識別している。これまでに、異なる匂い選択性を持つ細胞系統の作出が可能であることを述べてきたが、これら細胞系統を利用した匂いセンサを開発するためには、複数の異なる細胞系統をアレイ化し、各細胞系統からの蛍光強度変化を同時に取得できる仕組みの開発が必要となる。これまでに、細胞のアレイ化技術として、細胞接着因子を用いた細胞パターニング技術が開発されている。中でも、Biocompatible anchor for membrane（BAM）は、細胞種を問わず、様々な細胞を基板上の所定の位置に接着することが可能である[12]。そこで、BAMを用いて、異なる応答特性を持つ複数種類の細胞系統をアレイ化することにより、匂いを識別するセンサの開発技術の確立を試みた。

第 1 章　計測技術の開発

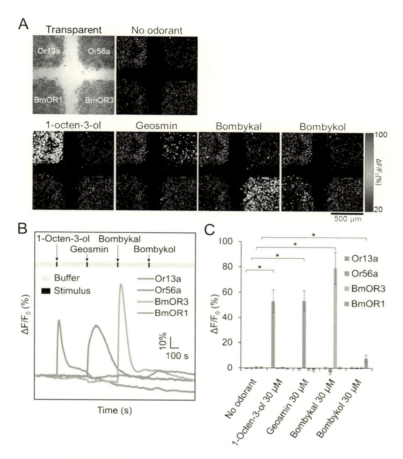

図5　4種類の細胞系統をアレイ化した匂いセンサを用いた匂い物質に対する蛍光パターン（Termtanasombat *et al*., 2016[13]）を改変して転載）

(A) 単一の匂い物質に対する蛍光パターン。4区画にOr13a細胞系統（左上区画），Or56a細胞系統（右上区画），BmOR1細胞系統（左下区画），BmOR3細胞系統（右下区画）を接着させ，蛍光パターンを取得した。(B) 各細胞系統の蛍光強度の継時変化。黒色バーの時間に匂い物質で刺激した。(C) 各匂い物質に対する各細胞系統の蛍光強度変化量。エラーバー；±SEM（N=5），*；$p < 0.05$

異なる応答特性を持つ細胞系統として，上に述べた4種類の細胞系統（BmOR1細胞系統，BmOR3細胞系統，Or56a細胞系統，Or13a細胞系統）を用いて，ガラス基板の同一平面上の4区画に，各細胞系統をアレイ化したガラスチップを構築した（図5A）。BmOR1細胞系統，BmOR3細胞系統，Or56a細胞系統，Or13a細胞系統は，それぞれボンビコール，ボンビカール，ジェオスミン，1-octen-3-olに蛍光応答を示す。まず，これら4種類の匂い混合物で同時に刺激した結果，4区画に配置したすべての細胞系統で同時に蛍光強度変化を示した。次に，各細胞系

統が応答する匂い物質を1種類ずつで刺激した結果，1-octen-3-ol では Or13a 細胞系統が接着した区画，ジェオスミンでは Or56a 細胞系統が接着した区画といった，各匂い物質に応答する嗅覚受容体を発現する細胞系統の区画のみが蛍光強度変化を示した（図5B, C）。これにより，異なる匂い選択性を持つ細胞系統をアレイ化することで，蛍光パターンとして匂い物質を識別できる匂いセンサ開発の基礎技術を確立した[13]。今回は，特定の匂い物質を特異的に検出する嗅覚受容体を対象としたが，複数の匂い物質に幅広く応答する一般臭嗅覚受容体をアレイ化することで，生物の嗅覚系を再現した，様々な匂い物質を受容体の信号パターンとして取得可能な匂いセンサの開発が可能になるものと期待できる。

1.4 「匂いセンサ昆虫」によるセンシング技術

これまでに述べた，「匂いセンサ細胞」の開発と並行して，われわれは昆虫生体がもつ匂い源探知能力と嗅覚受容体の機能を組み合せた「匂いセンサ昆虫」の開発を進めている。カイコガを含む多くのガ類昆虫のオスは，同種のメスの放出する性フェロモンの匂いを手掛かりに配偶相手となるメスを見つけ出す。オスのガはメスから放出され，空気中で希薄になったフェロモンを高感度かつ高選択的に検出する嗅覚系を進化させてきた。カイコガのメスはボンビコールとボンビカールと呼ばれる2種類のフェロモン成分を放出するが，このうちボンビコール単体でオスは完全な匂い源探索行動を発現し，発信源であるメスの元へ定位する。カイコガのオスのボンビコール検出感度はきわめて高く，わずか170分子のボンビコールを触角で受容すると匂い源の探索行動をおこすと報告されている[14]。さらに，この反応は非常に特異性が高く，ボンビコール以外の匂いや光などの他の刺激には行動を起こさない。筆者らは，カイコガのオスの性フェロモンを高感度かつ高選択的に探知する能力を利用して，カイコガ生体を所望の匂い源を探知する「匂いセンサ昆虫」として利用する方法の開発を進めている。

カイコガのオスは触角上にある多数の毛状感覚子と呼ばれる嗅覚器でフェロモンを受容する（図6）。毛状感覚子の内部にはそれぞれボンビコールとボンビカールに特異的に反応する2つの嗅覚受容細胞が入っている（以下ボンビコール受容細胞，ボンビカール受容細胞と呼ぶ）。このうち，ボンビコール受容細胞の神経興奮は脳のフェロモン情報処理領域へと伝達され，脳内の処理を経て匂い源探索行動を引き起こす。それぞれの受容細胞ではボンビコールの特異的受容体 BmOR1 とボンビカールの特異的受容体 BmOR3 が相互排他的に発現していることから，受容細胞の選択性は発現する嗅覚受容体のリガンド特異性によって決められていると考えられる。

このようにカイコガでは嗅覚受容体 BmOR1 とボンビコール受容細胞と匂い源探索行動の匂い選択性が1対1で対応することから，BmOR1 がボンビコール受容細胞の匂い選択性だけでなく，匂い源探索行動発現の匂い選択性まで決定していると考えられる。すなわち，カイコガのオスがボンビコールだけに匂い源探索行動を起こすのは，ボンビコール受容細胞で発現する嗅覚受容体 BmOR1 がボンビコールに選択的に反応するからであると考えられる。

この仮説が正しければ，ボンビコール受容細胞に検出対象の匂い物質に対する嗅覚受容体を発

第1章　計測技術の開発

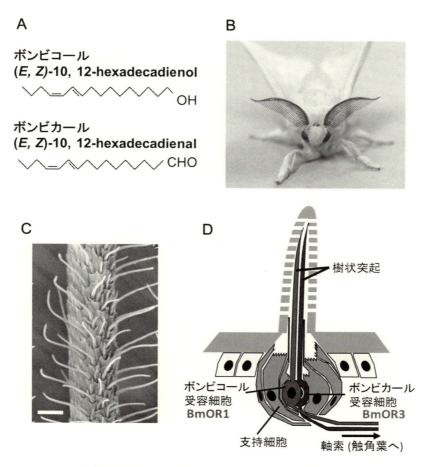

図6　カイコガの性フェロモンとフェロモン受容器
(A) カイコガの性フェロモン成分の構造。(B) オスのカイコガの写真。カイコガは触角で匂いを検出する。(C) 触角の一部の電子顕微鏡像。触角上の毛状の嗅感覚子がフェロモン受容器としてはたらく。スケールバー：25 μm。(D) 毛状感覚子の模式図。毛状感覚子の内部にはボンビコールとボンビカールに高選択的に応答を示す一対の受容細胞がある。これらの細胞ではそれぞれボンビコールとボンビカールに特異的な嗅覚受容体 BmOR1 と BmOR3 が発現している。

現させることで，ボンビコール受容細胞が検出対象の物質への応答性を獲得するはずである。そして，対象物質に対する受容細胞の神経興奮はボンビコールの情報として脳で処理され，匂い源探索行動を引き起こすはずである。そこで，カイコガのオスが本来反応を示さないコナガ (Plutella xylostella) のフェロモンである (Z)-11-hexadecenal（以下 Z11-16：Ald）に対する特異的受容体である PxOR1 をボンビコール受容細胞で特異的に発現する遺伝子組換えカイコガを作出し，上記の仮説の検証を行った。PxOR1 発現カイコガオスのボンビコール受容細胞の応答特性を電気生理学的手法により計測した結果，ボンビコールに加えて PxOR1 のリガンドであ

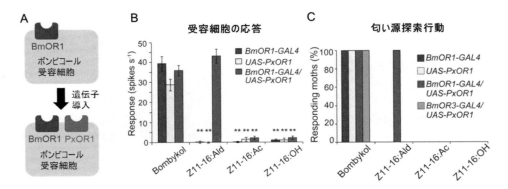

図7 コナガ性フェロモン受容体発現によるカイコガの匂い応答性の改変（Sakurai et al., 2011[15]）を改変して転載）

(A) 遺伝子組換えと GAL4-UAS と呼ばれる分子遺伝学的手法により，ボンビコール受容細胞で特異的に PxOR1 を発現する遺伝子組換え系統を作出した。(B) PxOR1 を発現するカイコガ系統（BmOR1-GAL4/UAS-PxOR1）のボンビコール受容細胞はボンビコールに加え PxOR1 の特異的リガンドである Z11-16：Ald に電気的応答を示した。PxOR1 を発現するカイコガ系統と類似した遺伝的背景をもつが，PxOR1 を発現しない対照区のカイコガ系統（BmOR1-GAL4 と UAS-PxOR1）のボンビコール受容細胞は Z11-16：Ald に全く反応しない。(C) PxOR1 を発現するオスカイコガは Z11-16：Ald に特異的に匂い源探索行動を発現した。一方で，ボンビカール受容細胞で PxOR1 を発現しても Z11-16：Ald に対して行動は全く発現しない（BmOR3-GAL4/UAS-PxOR1）。

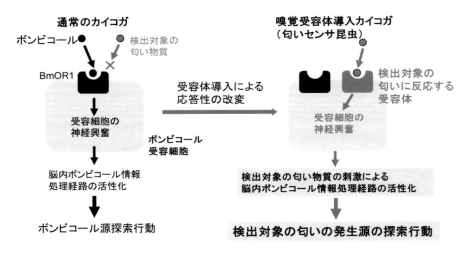

図8 匂い源探知カイコガのコンセプト図

通常のオスカイコガでは，ボンビコールが BmOR1 に結合することにより，ボンビコール受容細胞の神経興奮が引き起こされる。この情報は脳での処理を経てボンビコール源への定位行動を解発する（左）。遺伝子組換え法により，ボンビコール受容細胞に検出対象とする匂い物質に結合する嗅覚受容体を導入する。これにより，受容細胞が検出対象の匂い物質に対して神経興奮を起こすように機能が改変され，検出対象の匂い物質の発生源への定位行動が発現する（右）。

第1章　計測技術の開発

るZ11-16：Aldに対して特異的に応答を示すことが明らかになった（図7B）。つづいてZ11-16：Aldの受容情報により匂い源探索行動が発現するか検証した。その結果，PxOR1発現カイコガオスはZ11-16：Aldを受容すると，ボンビコールの受容時に示す匂い源探索行動と同様の行動を起こし，Z11-16：Aldの発信源を探知することがわかった（図7C）。すなわち，カイコガオスの匂い源定位行動の匂い選択性は，ボンビコール受容細胞で発現する嗅覚受容体のリガンド特異性によって決定していることが示され，上に述べた仮説が正しいことが示された[15]。これにより，ボンビコール受容細胞に検出対象の匂い物質に応答する嗅覚受容体遺伝子を導入することで，カイコガ生体を高感度に匂い源を探知する「匂いセンサ昆虫」へと改変できる可能性が示された（図8）。

　これまでに述べたように，昆虫の嗅覚受容体遺伝子をセンサ素子として利用するメリットの一つは応答特性の多様性にある（1.2項参照）。現在，キイロショウジョウバエの一般臭嗅覚受容体であるOr56aをボンビコール受容細胞で発現する系統を作出し，この系統のオスカイコガがOr56aのリガンドであるジェオスミンに濃度依存的に匂い源探索行動を発現することを確認している（櫻井，神崎ら未発表データ）。この結果から，多様な応答特性を示す一般臭嗅覚受容体を利用したセンサ昆虫の作出が可能であると考えられる。

1.5　おわりに

　本稿では，昆虫の嗅覚受容体を導入した培養細胞や昆虫生体による匂い物質の検知技術を紹介してきた。培養細胞を利用することにより，溶液中の匂い物質を検出することが可能であり，昆虫生体を利用することにより，気体中の匂い物質の検出が可能となる。各技術の特徴を活かすことにより，液体や気体といったサンプル形態を問わず，用途に合わせた使用が可能になるものと考えている。しかし，本稿で紹介した技術による匂いの検出は，導入する嗅覚受容体が持つ匂い応答特性に従うことから，用途に合った対象臭を検出するためには，対象臭を検出する嗅覚受容体の探索が，きわめて重要な課題となってくる。キイロショウジョウバエやハマダラカでは，各嗅覚受容体の応答特性が網羅的に解析され，その一部はデータベース化されている[16]。今後，様々な匂い物質に対する嗅覚受容体の応答を集約したデータベースが拡充されることにより，我々が求める対象臭を，用途に合わせて検出する技術の開発が可能になるものと期待される。

文　　献

1) R. Glatz *et al.*, *Prog. Neurobiol.*, **93**, 270 (2011)
2) U. B. Kaupp, *Nat. Rev. Neurosci.*, **11**, 188 (2011)
3) K. Sato *et al.*, *Nature*, **452**, 1002 (2008)

4) E. A. Hallem *et al.*, *Cell*, **125**, 143 (2006)
5) G. Wang *et al.*, *PNAS*, **107**, 4418 (2010)
6) 光野秀文ほか, 感覚デバイス開発, p.174, エヌ・ティー・エス (2014)
7) L. Tian *et al.*, *Nature Methods*, **6**, 875 (2009)
8) T. W. Chen *et al.*, *Nature*, **499**, 295 (2013)
9) H. Mitsuno *et al.*, *Biosens. Bioelectron.*, **65**, 287 (2015)
10) M. C. Stensmyr *et al.*, *Cell*, **151**, 1345 (2012)
11) 光野秀文ほか, *Chemical Sensors*, **32**, 111 (2016)
12) K. Kato *et al.*, *BioTechniques*, **35**, 1014 (2003)
13) M. Termtanasombat *et al.*, *J. Chem. Ecol.*, **42**, 716 (2016)
14) K. E. Kaissling, R. H. Wright Lectures on Insect Olfaction., Burnaby：Simon Fraser Univ. (1987)
15) T. Sakurai *et al.*, *PLoS Genet.*, 7, e1002115 (2011)
16) C. G. Galizia *et al.*, *Chem. Senses*, **35**, 551 (2010)

2 抗原抗体反応やAIを用いたガスセンシング

都甲　潔*

2.1 はじめに

　2011年の東日本大震災により，我々は甚大なる損害を受けた。多くの建物が倒壊し，がれきの中に埋もれて自力で脱出できなくなった人も多数に上った。また，その後も熊本地震（2016年）等，数多くの地震が報じられている。自然災害に強い安全な社会を築くことはわが国にとって大変重要な課題である。もちろん世界でも多数の地震が報じられており，災害に強い社会と世界を作っていくための科学技術をさらに発展させていかなければならない。がれきに埋もれた生存者の迅速な探知は，自然災害における安全性の向上の観点から大変重要な課題である。通常，動けなくなってから72時間経つと生存できる確率が急激に低下すると言われている。災害時に生存者の位置を最短時間で見出す技術は安全安心な社会を実現する上で必要不可欠なものである。

　このような災害救助には，災害救助犬がよく使われる。訓練を受けた犬は，その鋭敏な嗅覚を使用し，動けなくなった人の位置を探索することができる。しかし，このような犬は数が限られており，東日本大震災や熊本地震のような大きな災害では十分な数の救助犬を確保できないことは明らかである。また，災害救助犬を育成するのにも大変な労力を必要とする。そこで，災害救助犬に対応する人工嗅覚センサシステムがあれば，大規模災害の際にも大きな威力を発揮できるであろう。

　人工嗅覚センサシステム，つまり「匂いセンサ」については，その原理，材料，使途の違いで，幾つもの種類のセンサが提案，開発，販売されている。しかし，これらの匂いセンサはそのデータ再現性や信頼性において解決すべき課題も多々あり，現時点で使い勝手の良い匂いセンサはない。

　本稿では，主として著者らの研究[1]を中心に超高感度匂いセンサを説明し，その応用発展形として，内閣府革新的研究開発推進プログラム（ImPACT）の1つである宮田プログラム「進化を超える極微量物質の超迅速多項目センシングシステム」の中の「有害低分子」プロジェクトに言及する。

2.2 超高感度匂いセンサ

　フルフラール（FF）はフェノール，ノナナールと共にヒトに共通な体臭成分の一つとしても報告されており[2]，これらを検出することで，災害現場でがれきに埋もれた人の探索への応用が期待できる。そこで本研究では手始めにFFの検出を試みた。なお，ヒトのFF嗅覚閾値は$3\,\mu g/mL$（ppm；in water）である。

　開発した超高感度匂いセンサは，抗原（ここではガス分子であるFF）と抗体が反応すること

---

* Kiyoshi Toko　九州大学　大学院システム情報科学研究院
　　　　味覚・嗅覚センサ研究開発センター　主幹教授／センター長

で金（Au）薄膜表面に生じる屈折率変化をSPR（Surface Plasmon Resonance）で検出するという手法をとっている。SPRは，光を金薄膜に照射することで，ある入射角の時，表面プラズモンが励起され，共鳴する現象のことで，結果的に反射光強度が減少する。そのときの入射角度を共鳴角というが，共鳴角は境界面から数百ナノメートル近傍の屈折率に依存する。従って，共鳴角変化を測ることで，金属と溶液界面近傍の屈折率変化を見積もることができる。

一般に屈折率変化は界面での質量変化が大きいほど大きい。抗体を用いた計測では，界面に抗体を結合させ，抗原（例えば爆薬分子）との反応を見るという抗原抗体反応の利用が多いが（直接法という），この方法だと，分子量100程度の抗原の界面への脱吸着による質量変化が小さいため検出可能な屈折率変化とはならない。そこで，間接競合法と呼ばれる手法を採用した。この手法では，抗体が界面の抗原類似物質と結合したり脱着したりした際に，抗体の分子量は約15万であるので，抗原が直接，界面で結合する場合に比べ，約1000倍の共鳴角変化を生む。

FFに対する抗体には，5-ホルミル-2-フランカルボン酸（FFC）をスカシ貝ヘモシアニン（KLH）に結合させ免疫原とし，ラットリンパ節法により得られたハイブリドーマ細胞で産生された抗FFモノクローナル抗体（抗FF抗体）を用いた[3]。センサ表面に固定化するターゲットの類似物質（抗原類似物質）として，上記FFC，4-カルボキシベンズアルデヒド（CBZ），3-(5-オキソオキソラン-2-イル)プロピオン酸（OOP）を用いた。

またSPR計測における金薄膜のセンサ表面は，オリゴエチレングリコールを有する自己組織化単分子膜を形成し，作製した[4]。

図1にFFCを固定化したセンサ表面で得られたFFに対する応答特性を示す[5]。なお，使用した3つの抗原類似物質であるOOP，CBZ，FFCの応答特性には，同様の傾向が得られた。検出限界として標準偏差の3倍に相当する結合率の濃度とすると，OOP，CBZ，FFCセンサ表面でそ

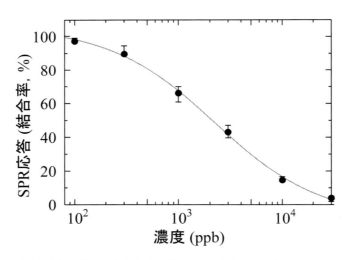

図1　FFCを固定化したAu表面で得られたフルフラールへのSPR応答（間接競合法）

第1章　計測技術の開発

図2　実用化された超高感度匂いセンサ
（パーソナル SPR センサ RANA，九州計測器㈱製）

れぞれ，470，260，190 ppb となった。つまり，FFC 表面においてヒトの体臭成分であるフルフラール（FF）に対して 190 ppb という検出限界を得，ヒトの嗅覚閾値 3 ppm よりも一桁以上高い感度を達成できたことがわかる。

また，本手法を用いることで，爆薬成分であるトリニトロトルエン（TNT）に対しても，ppt レベルの高い感度を得ている[6]。イヌの嗅覚感度がサブ ppb であるから，イヌの鼻よりも高い感度を有しているわけである。そのため，本センサは electronic dog nose と呼ばれている[7]。

製品化された超高感度匂いセンサを図2に示す。この匂いセンサを用いることで，がれきに埋もれた人を探し出すことも将来的には可能となるであろう。その他，測定対象として爆薬や不正薬物，そして食中毒細菌，ウイルス，食品製造ラインにおける着香（移り香）物質等の検出にも適用可能である。さらに，がん等の疾患を呼気や尿で早期検出する技術開発も現在遂行中である。

2.3　AI を用いた匂いセンサ

図3に嗅覚と味覚に関連した化学センサ開発についてパターン認識ならびに選択性の視点からまとめている。前節で紹介した超高感度匂いセンサでは，抗原抗体反応を用いており，レセプター：化学物質＝1：1 対応である。つまり，1種類のレセプターが1種類の化学物質や対象を認識する。結果，高い選択性を有するわけである。

匂いを感知する嗅覚では，その受容形態はレセプター：化学物質＝複数：複数である。つまり，1種類のレセプターが複数種の化学物質を受容し，1種類の化学物質は複数種のレセプターにて受容される。各々のレセプターは化学物質の特定の部分や特徴を認識すると言われている。また，

生体ガス計測と高感度ガスセンシング

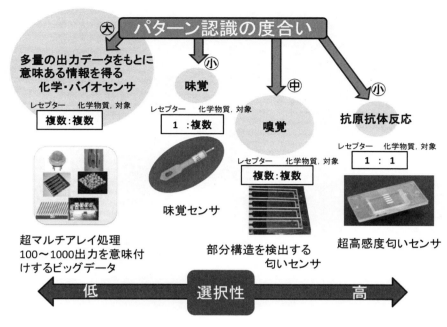

図3 パターン認識ならびに選択性の視点から見たセンサ開発

味を感知する味覚では1種類のレセプターが複数の化学物質を受容し，現在開発・販売されている味覚センサ（（株）インテリジェントセンサーテクノロジー製）TS-5000Zはその性質を有する。

ImPACTの宮田プログラム「進化を超える極微量物質の超迅速多項目センシングシステム」の中の「有害低分子」プロジェクトでは，揮発性の多種類の化学物質を同時に測定対象とするため，嗅覚機構をかなり模倣した手法を採用している。化学物質への選択性の低いセンサを多数用意し，その出力をAI（人工知能）でパターン認識するという手法を採る。レセプター：化学物質＝複数：複数である。つまり，多量の出力データをもとに意味ある情報を得る化学・バイオセンサの開発を行う。

図4に，それを可能とするデバイスとチーム構成を示している。化学物質のサンプリング，捕捉・濃縮，検出（分子認識材料とトランスデューサの開発），パターン認識，そして集積化・モジュール化を，民間企業を含む複数の大学で共同研究開発する。

なお，本プロジェクトは昆虫の嗅覚を模倣したセンサ開発を行っているが，昆虫の嗅覚はフェロモンを超高感度で認識する機構と一般的な匂いを受容する機構の2つを有する。従って，前節に倣った抗原抗体反応を模倣したセンサ開発を同時に行っている。ここでは，抗体の代わりに抗体の認識部位を再現したペプチドを利用する。結果，爆発物であるトリニトロトルエン（TNT）に高い選択性を有するペプチドを作製することに成功している。

第 1 章 計測技術の開発

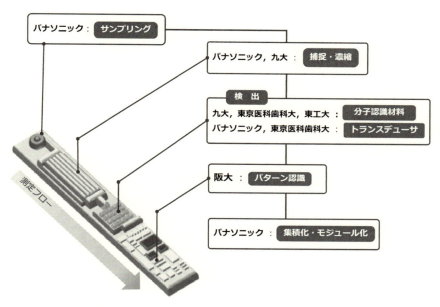

図 4　ImPACT における有害低分子検出のためのデバイスならびにチーム構成

　以上のように，本プロジェクトは，複数のセンサを集積化し爆発物などの危険な匂いを迅速に検知し，テロなどの犯罪を予防できるデバイスを開発すると同時に，ストレスなどの健康状態を呼気からリアルタイムで計測し，体調の変化や病気の有無などを判別することで安全安心かつ快適な社会の実現に貢献するものである。

2.4　展望

　図5に示すとおり，生体系では低分子化合物は嗅覚と味覚にて受容される。その嗅覚と味覚の機構を模倣する，もしくは代行するのが，匂いセンサと味覚センサであると言える。

　味覚センサは我が国において既に20年以上前に実用化され，400台以上もの味覚センサが全世界の食品や医薬品メーカーで使われている[8,9]。味覚センサは日本発，世界初の独創技術である。匂いセンサについては，その原理，材料，使途の違いで，これまで幾つもの種類のセンサが提案，開発，販売されているが，ここでは著者らの研究をもとに2種類の匂いセンサを紹介した。

　味覚センサが開発・実用化されている今，五感の中で，匂いに関するセンサ開発が最も遅れていると言える。従って，ここで紹介した匂いセンサ技術を活用し，これら異種のセンサの出力を情報処理する科学技術を開発することで，五感融合バイオセンサシステムが実現する日も近い。この CPS（Cyber Physical System）または IoT（Internet of Things）の時代にあって，これらセンサの作るデータベースならびに人の官能によるデータベースの共有は，新しい時代の到来を予見させる。

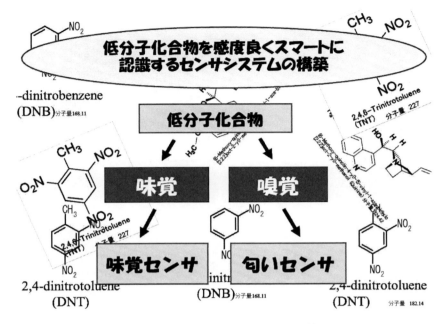

図5 匂いセンサと味覚センサの役割

文　　献

1) 都甲 潔ほか，センサのキホン，第6章，ソフトバンク クリエイティブ（2012）
2) A. M. Curran *et al.*, *J. Forensic Sci.*, **55**, 50（2010）
3) S. Ohashi *et al.*, *J. Fac. Agric. Kyushu Univ.*, **55**, 91（2010）
4) T. Onodera *et al.*, *IEEJ Trans. SM.*, **130**, 269（2010）
5) 小野寺 武ほか，*IEEJ Trans. SM.*, **137**, 121（2017）
6) R. Yatabe *et al.*, *Sensors*, **13**, 9294（2013）
7) T. Onodera and K. Toko, *Sensors*, **14**, 16586（2014）
8) K. Toko, Biomimetic Sensor Technology, Chap.6, Cambridge University Press（2000）
9) K. Toko, ed., Biochemical Sensors-Mimicking Gustatory and Olfactory Senses, Part 1 Taste Sensor, Pan Stanford Publishing（2013）

3 呼気・皮膚ガスのための可視化計測システム（探嗅カメラ）

當麻浩司[*1]，荒川貴博[*2]，三林浩二[*3]

3.1 はじめに

生体由来のガス（生体ガス）には代謝過程で産出される成分や疾患に基づく特異的な揮発性成分（volatile organic compounds, VOCs）が含まれている。例えばアセトンガスは糖尿病や脂質代謝との関連性が指摘され，アンモニアガスは肝疾患と関係している。そのため生体ガス中に含まれる VOC を計測することで，簡便かつ非侵襲的な疾患スクリーニングや代謝評価が可能になり，患者への負担が小さい新規な医療技術につながると期待される。従来，これらの生体ガスはガスクロマトグラフ質量分析装置（GC/MS）やガス検知管，半導体ガスセンサなどで計測していたが，操作の煩雑さや専門性の高さ，定量性や選択性に課題があり，簡便性が要求される疾患スクリーニングには適さない。

一方，生体触媒である酵素には VOC の酸化還元反応を触媒するものが多数存在する。著者らは，酵素発光技術を利用し VOC をルミノールの化学発光にて光情報に変換することで，成分濃度の時空間分布を可視化する「探嗅カメラ」を開発してきた[1,2]。本稿では，アルコール代謝評価のための呼気中エタノールの可視化計測用探嗅カメラと，その呼気・皮膚ガス可視化計測への応用について概説する。

3.2 酵素を利用した生体ガスの高感度センシング

生体情報をモニタリングする様々な手法が検討されるなか，「呼気」や「皮膚ガス」などの生体ガスは非侵襲的かつ簡便にサンプリングでき，またその幾つかの揮発性成分（VOC）は疾病や代謝を反映することから，生体ガスを計測する新しい技術に関する研究が盛んに進められている。図1に示すように生体ガス中の VOC は多様な疾患や代謝に起因するが，例えば，アルコールを摂取すると肝臓にてエタノールがアルコール脱水素酵素（alcohol dehydrogenase, ADH）を介してアセトアルデヒドに分解され，さらにアルデヒド脱水素酵素（aldehyde dehydrogenase, ALDH）にて酢酸へと分解される。この時，一部のエタノールは分解されずに血液を介して肺へも到達し，ガス交換にて呼気として体外へ排出されるため，その濃度を測定することでアルコール代謝能を非侵襲的に評価することができる。呼気と同様に皮膚ガス中にも多様な成分が含まれ，その濃度が時間的・空間的に大きく変動することから，濃度分布をリアルタ

[*1] Koji Toma 東京医科歯科大学 生体材料工学研究所 センサ医工学分野 助教
[*2] Takahiro Arakawa 東京医科歯科大学 生体材料工学研究所 センサ医工学分野 講師
[*3] Kohji Mitsubayashi 東京医科歯科大学 生体材料工学研究所 センサ医工学分野 教授

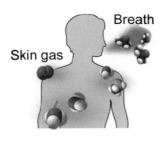

図1 生体ガス（呼気・皮膚ガスなど）中の揮発性成分と関連する疾患・代謝

イムに撮像可能な可視化システムが開発されれば，発生部位の特定や放出動態の観察，そしてその知見を基にした新たな疾患スクリーニング・代謝評価方法の確立が期待される。

　生体ガスは多様な成分から構成されることから，診断や代謝評価では対象成分を選択的に測定することが不可欠である。また呼気や皮膚ガス中の揮発性成分は低濃度にて放出されるものが多いことから，高い感度も必要である。著者らは生体触媒である酵素を用いて，揮発性成分を化学発光などの光情報へと変換することで，生体ガス中の成分の可視化の可能性について報告してきた[3〜5]。以下に，エタノールガス用の可視化システム「探嗅カメラ」と，その呼気中および皮膚ガス中成分の可視化計測について詳述する。

3.3 生体ガス中エタノール用の可視化計測システム「探嗅カメラ」
3.3.1 エタノールガス用探嗅カメラ

　エタノールガス用探嗅カメラでは，アルコール酸化酵素（alcohol oxidase, AOD）と西洋わさび由来ペルオキシダーゼ（horseradish peroxidase, HRP）の2段階酵素反応にて，揮発性化学成分であるエタノールガスを光情報に変換し，可視化計測した。（式1, 2）。

$$\text{ethanol} + O_2 \xrightarrow{\text{AOD}} \text{acetaldehyde} + H_2O_2 \tag{1}$$

$$\text{luminol} + H_2O_2 + OH^- \xrightarrow{\text{HRP}} \text{3-aminophthalate} + 2H_2O + N_2 \tag{2}$$

　上式に示すように，まずエタノールがAODにより酸化触媒され，過酸化水素を生成する。次にその過酸化水素を使用し，ルミノールがHRPにより酸化触媒され，励起状態である3-アミノフタラートを生成する。この3-アミノフタラートは基底状態へエネルギー準位を下げる際に化学発光（$\lambda = 425$ nm）を伴うことから，高感度CCDカメラにて発光強度を撮像することで，相関のあるエタノールガス濃度を定量的に可視化し，その濃度を時空間分布の情報として示すことができる。

　実験では，AODとHRPの2酵素をメッシュ状担体に固定化して作製した酵素メッシュと，高感度CCDカメラにてエタノールガス用探嗅カメラを構築した（図2a）。AOD/HRP固定化

第1章　計測技術の開発

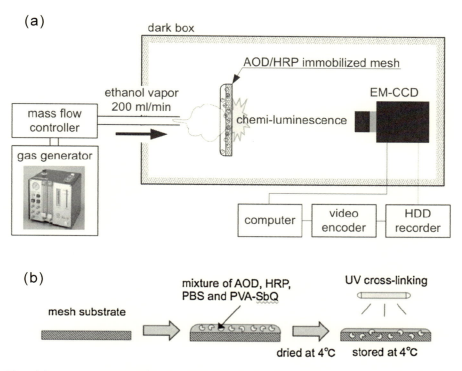

図2　(a)エタノールガス用探嗅カメラの概略図および(b) AOD/HRP 固定化メッシュの作製手順
(T. Arakawa, et. al., Sensors Actuators, B Chem, 186, 27-33 (2013) より改編)

メッシュは，市販のコットンメッシュ担体に AOD，HRP，そして光架橋性ポリマーであるスチルバゾリウム化ポリビニルアルコール（PVA-SbQ）の混合液を均一に塗布し，4℃の暗所にて乾燥後，紫外線を照射することで酵素を包括固定化し作製した（図2b）[5,6]。可視化測定の前には，AOD/HRP 固定化メッシュをトリス緩衝液にて洗浄脱水し，5 mM ルミノール溶液に浸漬した後に暗箱内に設置した。

　探嗅カメラの特性評価では，エタノール標準ガスを AOD/HRP 固定化メッシュへと負荷した時のルミノール発光強度変化を高感度 CCD カメラにて撮像し，多機能汎用画像解析ソフト（cosmos32）を用いて解析を行った。測定の結果，エタノールガスの負荷点を中心とし，同心円状に広がるルミノール発光が観察され，発光強度がガス濃度に依存する様子が示された（図3a）。また3次元プロットすることにより発光強度の視認性を高めることも可能である（図3b）。画像から得られる平均発光強度の経時変化を調べると，強度はガスの負荷に伴い増加し，ピーク値に到達後，漸次減少していく様子が観察された。この結果よりガスの時空間情報をリアルタイムに可視化計測できる可能性が示された。

　また，皮膚ガス中のエタノールは呼気中に比べ非常に低濃度なため，ルミノール溶液に光増感剤であるエオシン Y を加えることで探嗅カメラの高感度を図った。先述の手順にて AOD/HRP

生体ガス計測と高感度ガスセンシング

固定化メッシュを作製後，測定直前に 5 mM ルミノールと 3 μM エオシン Y の混合溶液に浸漬し，標準エタノールガスにて定量特性を評価した．図 4 の検量線が示すように，エオシン Y を加えることで平均発光強度は約 5 倍増加し，定量範囲は 3〜150 ppm（R = 0.993）となりルミノールのみの場合（50〜350 ppm, R = 0.998）に比し約 17 倍の高感度化を達成した．

生体ガス中には多数の化学成分が混在しているため，特定の成分を正確に計測するためには高

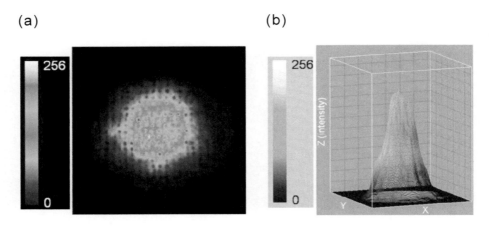

図 3　300 ppm 標準エタノールガスを付加した際の(a)可視化像および(b)発光強度の 3 次元プロファイル
　　　（X. Wang, *et. al.*, Talanta, **82**, 892-898（2010）より改編）

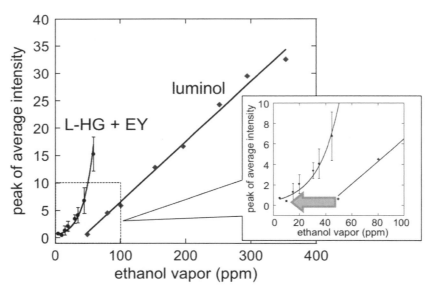

図 4　ルミノール（従来）およびルミノールとエオシン Y の混合溶液（L-HG＋EY；高感度化後）を使用した際のエタノールガスに対する探嗅カメラの定量特性
　　　（T. Arakawa, *et. al.*, Biosens. Bioelectron., **67**, 570-575（2015）より改編）

第 1 章　計測技術の開発

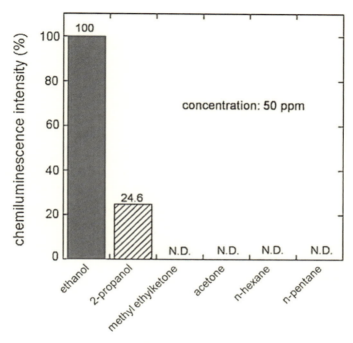

図5　エタノールガス用探嗅カメラの選択性（エタノール並びに
主な呼気成分との出力比較，濃度はいずれも50 ppm）
（X. Wang, et. al., Talanta, 82, 892-898（2010）より改編）

い選択性が求められる。そこで6種の主な呼気中の化学成分を50 ppmの濃度にてエタノールガス用探嗅カメラに負荷した際の出力を比較し，エタノールガスに対する探嗅カメラの選択性を調べた（図5）。図5からわかるように，エタノールガス負荷時（100％）だけでなく，2-propanolからも出力（24.6％）が観察された。しかしながら呼気中に含まれる2-propanol濃度が非常に低濃度（数十ppb程度）であるため，実際の呼気可視化計測には影響を及ぼさないと考えられる。また他の成分からはほとんど出力が観察されなかったことから，AODの基質特異性に基づく探嗅カメラの高い選択性が示された。

3.3.2　呼気・皮膚ガス中エタノールの可視化計測とアルコール代謝能の評価応用

エタノールガス用探嗅カメラにて，アルコール飲酒に伴う呼気中や皮膚ガス中エタノール濃度の経時変化を可視化計測し，アルコール代謝能評価の可能性を調べた（東京医科歯科大学・生体材料工学研究所・倫理委員会 承認番号：0908-1）。はじめに呼気中エタノールガスの実験では，予め趣旨を説明し同意を得た健常成人の被検者に，実験前72時間のアルコール類，タバコならびに薬の使用を控えてもらい，4時間の絶食後に0.4 g ethanol / kg body weight のアルコールを15分かけて摂取してもらった。その後呼気を，呼気流量制御装置を通し一定の流量（200 mL/min）にて直接AOD/HRP固定化メッシュへと吹きかけ，探嗅カメラへと負荷した（図6）。

飲酒後120分までの呼気中エタノール濃度の経時変化の様子および，飲酒30分後の呼気中エ

タノールの可視化像を図7に示す。可視化像からは標準ガスを負荷した時と同様に中心が最も濃度が高く，同心円状に広がる様子が観察された。可視化像を平均して得られた呼気中エタノール濃度は，飲酒後から増加し，30分後にピーク値（約90 ppm）を迎えた後，徐々に減少していく様子が観察された。これは始め飲酒により上昇した血中エタノール値が，代謝により分解され濃

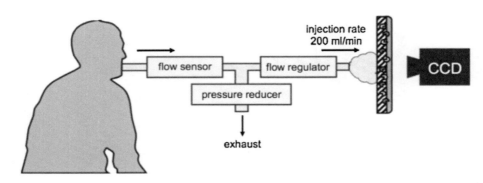

図6　呼気流量制御装置と探嗅カメラにより，呼気中エタノールガスを直接可視化
　　　可能なシステムの概略図
　　　（T. Arakawa, et. al., Sensors Actuators, B Chem, 186, 27-33（2013）より改編）

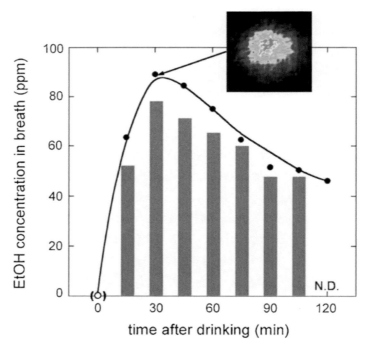

図7　被験者の飲酒後の呼気中エタノール可視化像（飲酒後30分）と，
　　　呼気濃度の経時変化（棒グラフ：検知管での測定結果）
　　　（X. Wang, et. al., Talanta, 82, 892-898（2010）より改編）

第1章　計測技術の開発

度が減少していく様子を反映したと考えられた。比較として検知管（定量範囲：50〜2000 ppm）により同サンプル中のエタノール濃度を計測したところ，本探嗅カメラにて可視化計測した結果と矛盾なく一致した。以上の結果より，エタノールガス用探嗅カメラにて呼気中エタノールガスの可視化計測が可能であり，ガス成分濃度の時空情報を非侵襲的に取得することで，簡便なアルコール代謝能評価の可能性が示唆された。

次に，皮膚ガス中エタノールの可視化計測を行った。実験では，呼気中エタノールガスの時と同様に被験者にアルコールを摂取してもらい，手掌部から放出される皮膚ガス中のエタノールを可視化した。手掌部とAOD/HRP固定化メッシュの距離を一定にするため，厚み5 mmのアクリル板（cell plate）に間隔16 mmにて直径6 mmの穴を開けてスペーサーを作製し，その下にAOD/HRP固定化メッシュを配置した。手掌部から放出された皮膚ガスはcell plateの穴を通り直接AOD/HRP固定化メッシュへと負荷され，酵素反応により引き起こされた化学発光を暗箱の底に配置した高感度カメラにて撮像した（図8）。

高感度化したエタノールガス用探嗅カメラにて可視化した，飲酒後37分と48分における手掌部から放出された皮膚ガス中エタノール濃度の分布を図9aに示す。放出されたエタノール濃度は均一ではなく，またその減少速度も手掌部内の部位にて違いが見られた。次に，(i)人差し指，

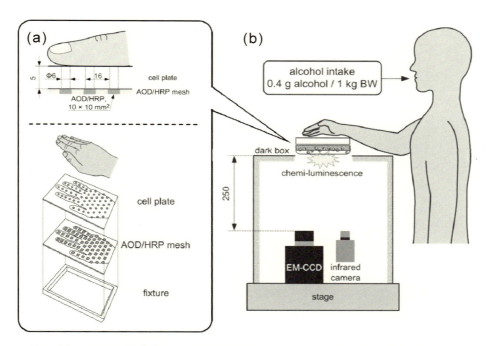

図8　(a) AOD/HRP固定化メッシュと手掌部のスペーサーとして作製したcell plate（上）および各部の位置関係（下）(b) 手掌部から放出されるエタノールガス可視化のためのシステム概略図

（T. Arakawa, *et. al.*, *Biosens. Bioelectron.*, **67**, 570-575（2015）より改編）

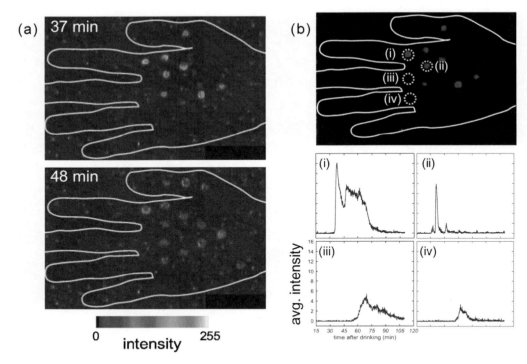

図9 (a)飲酒後の手掌部からの皮膚ガス中エタノール可視化像（飲酒後37分，48分）と，異なる部位の経時変化（[i] 人差し指；[ii] 手掌部中心；[iii] 中指，[iv] 薬指）
（T. Arakawa, *et. al.*, *Biosens. Bioelectron.*, **67**, 570-575（2015）より改編）

(ii)手掌部中心，(iii)中指，(iv)薬指において飲酒後15分から105分までの光強度の経時変化を調べたところ，(i)人差し指からは飲酒後30以降に光強度の急上昇が始まり，約35分にてピークを迎えた後，しばらく定常状態が続き75分頃から減少した（図9b）。(ii)手掌部中心では飲酒後約35分において急激な上昇と減少を示した。(iii)中指と(iv)薬指ではピーク値を迎える時間が約70分と遅かったが，その後漸次減少していった。このような部位間の放出動態の違いは個人のアルコール代謝能に関連する可能性もあり，さらに検証を続けることで探嗅カメラを用いた簡便且つ非侵襲的な代謝能評価の実現が期待される。

3.4 おわりに

呼気や皮膚ガスなど生体ガス中の揮発性の化学成分を，生体触媒である酵素と光技術を融合することで可視化計測し，簡便かつ非侵襲的な疾病スクリーニングや代謝評価を実現する可視化システムの例として，エタノール代謝の非侵襲評価のための「エタノールガス用探嗅カメラ」を開発した。飲酒後の呼気中や皮膚ガス中エタノールを探嗅カメラにて可視化計測したところ，ガス成分濃度の時空間情報が視認され，部位に依る濃度の勾配および飲酒に伴うエタノール濃度の上昇と代謝による減少が観察された。

第1章 計測技術の開発

　今後，本探嗅カメラを用いることで，皮膚ガス中エタノールの可視化による発生部位の特定や放出動態観察や，観察結果と代謝能との関連性の研究への更なる発展が考えられる．また探嗅カメラの技術は，生体ガス中の成分を簡便かつ非侵襲的に評価できるもので，エタノールのみならず生体ガスから得られる多様な揮発性化学情報（匂い・ガス成分）を対象とした可視化技術への展開が期待される．

謝辞
　本研究は日本学術振興会（JSPS）科研費（JP24560512,JP24650078），科学技術振興機構（JST），特別教育研究経費「センシングバイオロジーにおける基盤技術の戦略的推進事業」からの助成により行われた．

文　　献

1) Arakawa T, Wang X, Ando E, Endo H, Takahashi D, Kudo H, *et al*., Real-time chemiluminescence visualization system of spacially-distributed exhausted ethanol breath on enzyme immobilized mesh substrate, Luminescence, **25**, 185-7 (2010)
2) Arakawa T, Ando E, Wang X, Kumiko M, Kudo H, Saito H, *et al*., A highly sensitive and temporal visualization system for gaseous ethanol with chemiluminescence enhancer, Luminescence, **27**, 328-33, doi：10.1002/bio.1352 (2012)
3) Wang X, Ando E, Takahashi D, Arakawa T, Kudo H, Saito H, *et al*., 2D spatiotemporal visualization system of expired gaseous ethanol after oral administration for real-time illustrated analysis of alcohol metabolism, Talanta, **82**, 892〜8, doi：10.1016/j.talanta, 04.048 (2010)
4) Kudo H, Sawai M, Wang X, Gessei T, Koshida T, Miyajima K, *et al*., A NADH-dependent fiber-optic biosensor for ethanol determination with a UV-LED excitation system, Sensors Actuators, B Chem, **141**, 20〜5, doi：10.1016/j.snb, 06.008 (2009)
5) Wang X, Ando E, Takahashi D, Arakawa T, Kudo H, Saito H, *et al*. Non-invasive spatial visualization system of exhaled ethanol for real-time analysis of ALDH2 related alcohol metabolism, Analyst, **136**, 3680〜5, doi：10.1039/c1an15101k (2011)
6) Arakawa T, Wang X, Kajiro T, Miyajima K, Takeuchi S, Kudo H, *et al*. A direct gaseous ethanol imaging system for analysis of alcohol metabolism from exhaled breath, Sensors Actuators, B Chem, **186**, 27〜33, doi：10.1016/j.snb, 05.071 (2013)

4 機械学習を用いた匂い印象の予測

野崎裕二[*1]，中本高道[*2]

4.1 はじめに

　匂いは人間の快適感や作業効率に影響を与えることが知られており，食品や化粧品工業等の産業において所望の匂いを発する香気物質の混合比の開発は極めて重要である。一方で匂いの定量的な測定は難しい。ある物質の匂いの印象を他人と共有するためには記述子を用いて表現することが多い。"甘い匂い"や"卵の腐ったような匂い"といったような一般に共有できる代表的な複数の記述子に対する当てはまりの度合いを用いて匂いの印象を表現しようとする。こうした匂いの評価方法は官能試験と呼ばれ，産業においては通常より一般的な表現を得るために，専門的な訓練を受けた複数の試験員によって行われる。こうして得られた結果を用いることで，我々はそこに実際の化学物質がなくともその匂いの印象を推しはかることが可能であるが，官能試験には通常多くの時間と費用がかかる。また，再現性のある客観的なデータを得ることは容易ではない。そのため利用できるデータは通常数十から数百種類までの比較的小規模なものに限られる。

　本節ではそうした問題への解決策の一つとして，化学物質の物理化学的な情報を元に，匂いの印象が未知の化学物質の匂いを予測する手法を紹介する[1]。

4.2 匂いの印象予測の原理

　機械学習，特に深層学習と呼ばれる技術の登場により，コンピュータによる認識作業はその精度が大きく向上した[2]。機械学習技術が広く用いられる応用分野は画像認識や音声認識などであるが，既知のデータを活かして未知のデータを予測する機械学習のアプローチは匂いの世界にも応用できる。

　我々人間が知覚する匂いの印象は化学物質の物理化学的特徴に決定づけられている[3]。したがってある物質の物理化学的特徴を示すデータと既に得られた官能試験の評価データのデータの間に存在する関係をモデル化することができれば，未知の匂いのマススペクトルのようなデータから匂いの印象をある程度予測することが可能になる。この仕組みを図1に示す。

　過去には同様のアイデアをもって，物理化学的特徴から匂いの印象を知るために主成分分析（PCA, Principal Component Analysis）や非負値行列因子分解（NMF, Non negative Matrix Factorization）などを用いた分析が行われた[4,5]。これらの研究は化学物質の分子量が"快"や"不快"などの印象に影響している可能性や，分子に含まれる官能基の種類や数が匂いの印象に影響している可能性を示した。

　これに対して我々は従来まで広く用いられてきたニューラルネットワークの隠れ層をさらに深

　＊1　Yuji Nozaki　東京工業大学　大学院総合理工学研究科　知能システム科学専攻
　＊2　Takamichi Nakamoto　東京工業大学　科学技術創成研究院　未来産業技術研究所
　　　　　　　　　　　　　教授

第1章　計測技術の開発

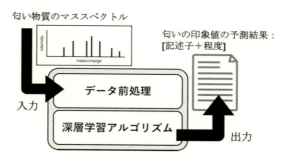

図1　匂い印象予測モデルの概要

層化させた深層ニューラルネットワークを用いた予測モデルを用いるモデルを考案した。この深層ニューラルネットワークは上記のPCAやNMFなどの手法よりも高い表現力を持つが，後述するように効率的なモデルの作成には幾つかの課題を持つ。

4.3　計算機実験の準備

匂いの印象を予測する元となる物理化学パラメータとして，質量分析器データ（マススペクトル）を利用した。マススペクトルは数百次元に及ぶ高次元データであり，安価なセンサでは得られない豊富な情報が含まれている。また安定的な収集が可能であるため大規模で再現性のあるデータセットを作成することができる。草や葉の匂いの主要成分であるトランス2ヘキセナールのマススペクトルを図2に示す。

マススペクトルは高次元であるが，過去に行われた研究の結果により，その全てが匂いの印象予測に有用ではないと考えられている。例えばマススペクトルには質量対電荷比が50 m/z以下のピークを多く含むものもあるが，これらのピークには匂いとして感じられることが殆どない分子，例えば酸素や窒素，二酸化炭素などが多く含まれる。またマススペクトル測定時には溶媒を使うことが多いが，この溶媒の分子量以下のm/zは使用に適さず，解析において雑音となりうる。また分子量が300に近い分子は大気圧のもとで揮発性が低いため，人間が匂いとして感じられることが少なく，匂いの性質への寄与は少ない。本研究ではマススペクトルのうち，51 m/zから262 m/zまでのピークを用いた。

教師信号となる匂い印象を示すデータとして，米Dravnicksらが行った官能試験データを用いた[6]。これは146種類の単分子物質について，144種類の記述子に対して5段階の評価をつけたものを，試験者間の幾何平均をとって表されたものである。官能試験によって得られる結果データを図3に示す。これら2つのデータを用いて予測モデルを作成する。計算機実験では121種類の化合物についてこれらのデータを揃えて用いた。

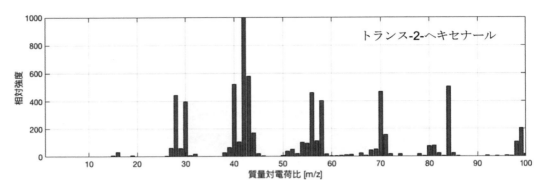

図2 マススペクトルの例
（トランス2ヘキセナール，EI法，70 eV）

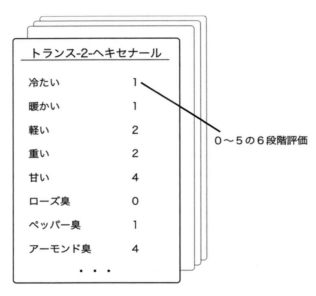

図3 官能試験により得られるデータの例

4.4 深層ニューラルネットワークによる匂い印象予測

　深層ニューラルネットワークを使用して匂い印象を予測するモデルを考える場合，単純にはある化学物質のマススペクトルを深層ニューラルネットワークの入力として与え，その物質の官能試験の結果を教師信号に与えて深層ニューラルネットワークを訓練すれば良い。この作業を繰り返し，マススペクトルから官能試験データへの写像が得られれば，匂い印象が未知の物質のマススペクトルが与えられた時，その物質の匂いの印象を予測することが可能になる。

　しかし，いくつかの問題によりこの深層ニューラルネットワークの訓練は簡単ではない。その原因の一つは，同モデルの学習に利用する2つのデータが高次元であることに依る。"次元の呪い"として知られるように，必要以上に高次元なデータは学習器の性能の低下を招く[7]。この問

題へ対処するために，オートエンコーダを用いてそれぞれのデータの次元圧縮（特徴抽出）を行う。

4.5 オートエンコーダによる次元圧縮

深層学習を効率よく進めるにはオートエンコーダを利用した次元圧縮が極めて有用である[8]。オートエンコーダはニューラルネットワークの形態の一つであり，砂時計型ニューラルネットワークと呼ばれる次元圧縮のアルゴリズムである。オートエンコーダは入力層と出力層に同数のニューロンを備えており，隠れ層には入出力層にあるニューロンよりも少ない数のニューロンを備える。各層におけるニューロンの数はベクトルの次元数に対応する。隠れ層は1層とは限らず複数層を用いる場合があり，その場合は中央の隠れ層のニューロン数が圧縮後の次元数となる。入力層に与えるデータと同じデータを出力に与えて学習させることで，より少ない次元数のベクトルを中間層から抽出することが可能である。オートエンコーダによる次元圧縮はこのようにして行われる（図4）。

線形な次元圧縮の代表的な方法としてPCAがあるが，オートエンコーダでは非線形な次元圧縮を行うことができるため，非線形なデータ構造を取り扱う際にはPCAなどよりも効果的であることが知られる[9]。図5はスイスロールと呼ばれる非線形構造を持つデータに対して2つの手法を用いて次元圧縮を行った結果を示したものである。PCAを用いた次元圧縮ではスイスロールを上方向から押し潰したような2次元表現が得られる。一方でオートエンコーダを用いた次元

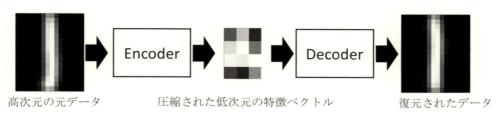

図4　オートエンコーダによるデータの圧縮

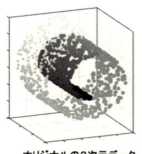
オリジナルの3次元データ

PCA法による2次元への圧縮

オートエンコーダによる2次元への圧縮

図5　2つの次元圧縮手法の比較

圧縮ではスイスロールを解いて広げたような2次元表現が得ることができる。

4.6 予測モデルの訓練

　マススペクトルと官能試験データは互いに高次元データであり，直接オリジナルのデータを用いて空間から空間への写像をニューラルネットワークに学ばせるのは困難であるため，このオートエンコーダを用いて事前にそれぞれのデータの次元圧縮を行う。特徴ベクトル同士の写像であれば元のデータに比べて次元数が少ないため，両者の空間を結ぶ写像の学習を効率的に行うことができる。最終的にはオートエンコーダの質量分析器データの圧縮に使用する部分と，官能試験データの復元に使用する部分，両特徴ベクトルを写像するニューラルネットワークを組み合わせて質量分析器データからの匂い印象を予測する深層ニューラルネットワークを構築する。この様子を図6に示す。入力空間と出力空間のそれぞれで特徴抽出を行い，両者を回帰分析で結びつける方法は後述のPLS法と同様である。PLS法は線形手法であるのに対して，本手法は非線形な手法である。

　実験のために質量分析器データと官能試験データの揃った121種類の単分子物質のデータを用

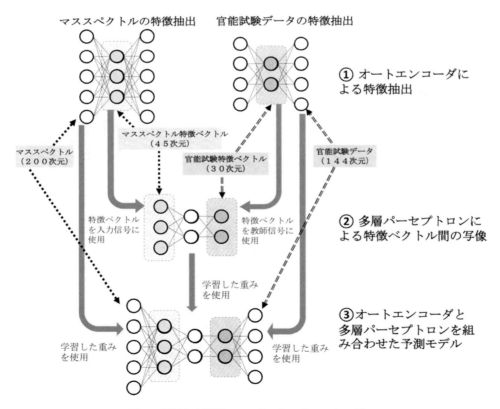

図6　提案する深層ニューラルネットワークモデル

第 1 章　計測技術の開発

意した。交差検定により，データのうちの 100 種類をモデルの訓練に，残りの 21 種類をモデルの性能の評価のために用いる。

4.7　次元圧縮手法の比較

次元圧縮の目的はより多くの重要な情報を残しつつ，なるべく少ない次元数まで圧縮することである。隠れ層を 3 層用いた深層オートエンコーダを用いた次元圧縮では中央の隠れ層が持つニューロンの数が圧縮後の次元に相当する。オートエンコーダの中間層のニューロン数の最適化の為に，ニューロン数を変数として入力信号と復元された出力信号の間の復号誤差を比べていく。図 7 は 2 種類のデータにオートエンコーダまたは PCA を適用して次元圧縮し，復号した際

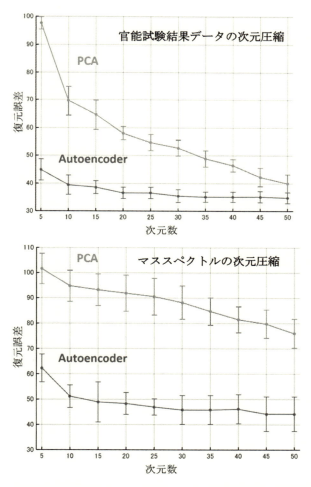

図 7　2 つの次元圧縮手法の比較と次元数に対する残差の推移，官能試験結果データに対する結果（上），マススペクトルに対する結果（下）
各層のニューロン数：144-65-30-65-144（上），212-85-45-85-212（下）[1]

の誤差を図示したものである．オートエンコーダは PCA よりも少ない復元誤差で次元圧縮が出来ていることを示している．隠れ層のニューロンの数として，マススペクトルの次元圧縮に用いるオートエンコーダには 45 次元を，官能試験結果のデータの次元圧縮に用いるオートエンコーダには 30 次元を選択した．こうして出来たオートエンコーダを用いてそれぞれのデータの特徴ベクトルを取り出し，ニューラルネットワークにより写像を学ばせる．

4.8 ニューラルネットワークの印象予測精度

提案するモデルによる未知の香気物質に対する匂い印象の予測精度は相関係数によって評価する．訓練後のモデルに未知のデータを入力した際にモデルの出力として得られるベクトルと，実際の官能試験結果の得られた匂い印象データベクトルの間の相関係数を計算する．交差検定の結果，深層ニューラルネットワークは未知の検証用データに対する予測値-真値間の相関係数は 0.76 であった．実験において 2 つの特徴ベクトルを結ぶ多層パーセプトロンの各層のニューロン数はそれぞれ 30-50-55-50-45 個であった．

提案した深層ニューラルネットワークの性能を従来の代表的手法である PLS（Partial Least Squares）法と比較する[10]．もっとも性能の高かった 45 個の潜在変数を用いた PLS モデルによる相関係数は 0.61 に留まり，本手法の有効性を確認することができた（図 8）．

4.9 研究の今後の展望

筆者らが行った先行研究の結果からは，香気物質のマススペクトルの高分子量のピークが，特に匂いの印象に影響を与えている可能性が示唆されている[11]．従ってマススペクトルの特徴抽出においてこうした小さなピークを高精度で近似することで提案モデルの性能を向上させることが期待できる．

本モデルではマススペクトルはオートエンコーダによって特徴ベクトルに変換されているが，従来用いられているニューラルネットワークは入力の小さな値の近似に必ずしも適していない．これはニューラルネットワークの入力と出力の間の誤差を計算するために二乗誤差や交差エントロピーなどの距離関数が使用されていることに由来する．これらの距離をコスト関数に用いたニューラルネットワークは，入出力のデータが共に小さくなるとコスト関数の重みに対する微分が減少し勾配が消失してしまう．こうした欠点への対応のため，板倉斎藤距離などの距離関数をモデルのコスト関数に用いたオートエンコーダを利用し同モデルの性能の改善を行なっているので別の機会に紹介したい[12]．

第1章　計測技術の開発

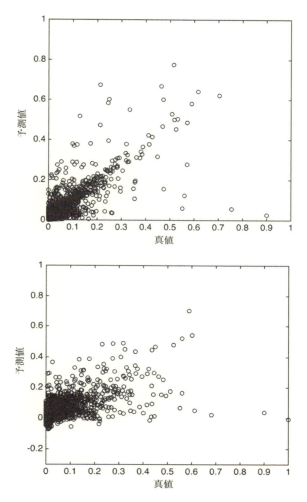

図8　2つの匂い印象予測モデルによる真値と予測値の相関の比較
（上）深層ニューラルネットワーク，R = 0.76，（下）PLS法，R = 0.61
それぞれの図には3024点が含まれる（21の化学物質，144の記述子）[1]

文　　献

1) Y. Nozaki and T. Nakamoto, "Odor Impression Prediction from Mass Spectra", *PLOS ONE*, **11** (**6**), p. e0157030 (2016)
2) Y. LeCun, Y. Bengio, G. Hinton, "Deep learning", *Nature*, **521** (**7553**), pp. 436-444 (2015)
3) A. Menini, L. Lagostena, A. Boccaccio, "Olfaction: From Odorant Molecules to the

Olfactory Cortex", *Physiology*, **19** (**3**), pp. 101-104 (2004)
4) R. M. Khan et al., "Predicting Odor Pleasantness from Odorant Structure : Pleasantness as a Reflection of the Physical World", *J. Neurosci.*, **27** (**37**), pp. 10015-10023 (2007)
5) J. B. Castro, A. Ramanathan, C. S. Chennubhotla, "Categorical Dimensions of Human Odor Descriptor Space Revealed by Non-Negative Matrix Factorization", *PLOS ONE*, **8** (**9**), p. e73289 (2013)
6) A. Dravnieks, "Atlas of odor character profiles" (1992)
7) R. E. Bellman, *Dynamic Programming*, Courier Corporation (2003)
8) G. E. Hinton and R. R. Salakhutdinov, "Reducing the Dimensionality of Data with Neural Networks", *Science*, **313** (**5786**), pp. 504-507 (2006)
9) G. W. Cottrell, *Image Compression by Back Propagation : An Example of Extensional Programming*, Institute for Cognitive Science, University of California, San Diego (1987)
10) P. Geladi and B. R. Kowalski, "Partial least-squares regression : a tutorial", *Anal. Chim. Acta*, **185**, pp. 1-17 (1986)
11) T. Nakamoto and Y. Nihei, "Improvement of Odor Approximation Using Mass Spectrometry", *IEEE Sens. J.*, **13** (**11**), pp. 4305-4311 (2013)
12) Y. Nozaki and T. Nakamoto, "Itakura-Saito Distance Based Autoencoder for Dimensionality reduction of Mass spectra", *J. Chemometrics and Intelligent Laboratory Systems*, **167**, pp.63-68 (2017)

5 超小型・高感度センサ素子 MSS を用いた嗅覚センサシステムの総合的研究開発

今村　岳[*1], 柴　弘太[*2], 吉川元起[*3]

5.1 はじめに

　嗅覚はニオイを感知する人間の感覚であり，視覚・聴覚・触覚・味覚と並ぶ五感のうちの一つである。人間はこの嗅覚によってニオイ，すなわち空気中に漂う化学物質を検知することができ，これにより食品の状態（肉の腐敗，果実の成熟など）を把握したり，環境の異常（カビの発生，ガス漏れなど）を察知したりすることができる。このように嗅覚は，空気中に漂う化学的な情報をニオイという形で得ることのできる人間の基本的な感覚であり，日常生活において意識／無意識を問わず様々な場面で人間の判断に関わっている。医療分野においても，一部の疾病は体臭や体液臭，呼気などのニオイの変化を引き起こすことが知られており，ニオイと健康状態の関係が明らかにされつつある。近年では，人の尿のニオイでガンの有無を嗅ぎ分ける「ガン探知犬」による検査が実際の医療現場で始められるなど，ニオイに基づいた診断はますます注目を集めている。

　このように嗅覚は，我々の持つ基本的な感覚であり，医療分野でのポテンシャルも高いが，ニオイを測定する標準的な技術，すなわち「嗅覚センサ」は未だに確立されていない。ここでは嗅覚センサを「化学センサを用いてニオイ（複雑な混合ガス）を検知し，人間が認識可能な情報に変換する装置」と定義する。例えば，複雑な混合ガスを分析する汎用の手法としてガスクロマトグラフィーが挙げられるが，これはカラムを通すことでニオイを個々の成分に分離して分析する手法であり，複雑な混合ガスとしてのニオイをそのまま化学センサで評価する手法ではない。このため，ニオイを測定する技術としては，ガスクロマトグラフィーは本節の議論では除外する。嗅覚センサの実現における課題は，そのアプローチにより様々存在するが，いずれの系においてもニオイの「検出」と「評価」という2つの大きな課題に大別される。まずニオイの検出であるが，ニオイ成分は通常 ppt（10^{-10}%）から ppm（10^{-4}%）レベルといった非常に低い濃度で空気中に存在し，その種類は40万種類以上と言われている。したがって，嗅覚センサを実現するための化学センサは，低濃度のニオイ成分を検出できるだけの高い感度を持つことが必須とな

[*1]　Gaku Imamura　（国研）物質・材料研究機構（NIMS）　若手国際研究センター
　　　　　ICYS 研究員
[*2]　Kota Shiba　（国研）物質・材料研究機構（NIMS）
　　　　　国際ナノアーキテクトニクス研究拠点（WPI-MANA）
　　　　　ナノメカニカルセンサグループ　研究員
[*3]　Genki Yoshikawa　（国研）物質・材料研究機構（NIMS）
　　　　　国際ナノアーキテクトニクス研究拠点（WPI-MANA）
　　　　　ナノメカニカルセンサグループ　グループリーダー

り，加えて数多くのニオイ成分検出に対応するための幅広い化学選択性が求められる。このようにニオイの検出には，センサ素子構造の検討やニオイ成分を吸着させるための感応材料の開発，センサにニオイを効率よく送るための流路設計など，各種ハードウェアの開発が必要となる。センサでニオイを検出しシグナルが得られたら，その応答をもとにニオイが何であるかを評価するのが次の作業となる。ニオイの持つ様々な情報が化学センサの動作原理にしたがって変換され，最終的にシグナルとなって現れていることから，ニオイを適切に評価するためには，シグナルからニオイの情報を引き出すためのデータ解析法を開発する必要がある。通常，嗅覚センサには多チャンネルの化学センサが用いられ，一度の測定で多次元のデータが得られる。このような多次元データを解析しニオイを評価するためには，多変量解析アルゴリズムの開発やデータベースの構築などソフトウェア側の開発が必要となる。

　本節では，近年開発された膜型表面応力センサ（Membrane-type Surface stress Sensor, MSS）を用いた嗅覚センサ開発における総合的な取り組みについて紹介する。上記のように，嗅覚センサ実現のためにはハードウェア・ソフトウェア両面での開発が必要不可欠であり，要素技術は多岐にわたる。本節ではMSSをセンサプラットフォームとした嗅覚センサの原理について解説を行うとともに，MSSを用いた呼気診断の例や，産学官連携による開発などについても紹介する。

5.2　膜型表面応力センサ（MSS）

　先に述べたように，嗅覚センサに用いる化学センサは，高い感度を有していることに加えて，幅広い化学選択性を有している必要がある。これらのうち後者の化学選択性は，化学的多様性と言い換えることもできる。つまり，「アルコール類には反応しやすいが炭化水素には反応しにくい」，「芳香族化合物に対して選択的に反応する」といった化学的な特性のバリエーションの豊かさである。したがって，多様なニオイ成分を検出するためには，嗅覚センサに用いる化学センサは，多チャンネル化が可能であり，かつそれぞれのチャンネルが異なる化学的特性を有している必要がある。このような嗅覚センサの要請を満たす化学センサとしてナノメカニカルセンサが挙げられる。ナノメカニカルセンサは，弾性基板の上にガスを吸収するための感応膜が塗布された構造を持つ。感応膜はガスを吸収・脱着することで膨張・収縮し，それに伴って基板に応力が生じる。このとき生じる応力を，基板に埋め込まれたピエゾ抵抗により電気的に読み取ったり，基板の変形をレーザーにより光学的に読み取ったりすることで，センサとしてのシグナルが得られる。代表的なナノメカニカルセンサとしては，プールの飛び込み台のような「カンチレバー（片持ち梁）」と呼ばれる形状のものが挙げられる。1994年にGimzewski等によって初めてセンサとしての可能性が報告され[1]，ガスに留まらずイオンや生体分子，ウイルスなど様々なものを検出対象とした研究がこれまでに報告されている[2]。ガスの検出に話を絞った場合，感応膜がガスを吸収して体積変化を起こしさえすればシグナルを得ることができ，固体材料であればほぼ全ての物質が感応膜として使えることが確認されつつある。このように非常に高い化学的多様性を有

第1章　計測技術の開発

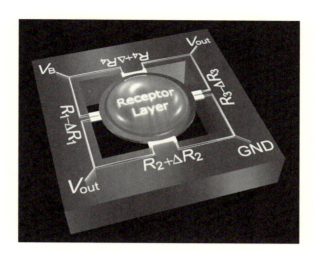

図1　MSSの構造

していることがナノメカニカルセンサの大きな特徴である。

　ナノメカニカルセンサは，カンチレバー構造のものを用いて光学的にたわみを読み取る手法が一般的であった。この手法は高感度である一方で，レーザーを用いてたわみを読み取るために，測定系全体の小型化が困難であるというデメリットがあった。これに対して，基板中にピエゾ抵抗を埋め込み，感応膜の膨張・収縮に伴って生じる応力をピエゾ抵抗の変化として電気的に読み取る手法も提案された[3]。この手法ではレーザーを用いないため測定系の小型化が実現できるが，光学的な手法と比較して感度（シグナル・ノイズ比）が二桁程度下がってしまうという問題があった。この問題に対し吉川は，故 Heinrich Rohrer 博士，およびスイス連邦工科大学ローザンヌ校（École Polytechnique Fédérale de Lausanne, EPFL）の秋山照伸博士（現 Nano World AG 社）をはじめとする MEMS チームと共同で，電気的な読取り方式でありながら光学的な読取り方式に匹敵する感度を実現する新たなナノメカニカルセンサ構造の検討を行った。構造力学や材料科学，結晶や電気回路の対称性なども考慮した総合的な最適化を行い，2011 年に高感度と測定系の小型化の両立を実現した「膜型表面応力センサ（Membrane-type Surface stress Sensor, MSS）」を報告した[4]。MSS の構造を図1に示す。MSS は1チャンネルあたり1 mm^2 以下の超小型のセンサであり，1 cm^2 に 100 チャンネル以上集積可能である。この MSS は，嗅覚センサに必要な高感度，高い化学的多様性，集積性（多チャンネル化）という要件を満たしており，嗅覚センサを実現するためのセンサプラットフォームとして最適といえる。

5.3　MSS を用いた呼気診断

　これまでに MSS を用いて，食品や化粧品，燃料油など，様々なニオイの測定・識別が実証されてきた[5]が，ここでは，MSS を用いた呼気診断の例を紹介する。Loizeau と Lang 等は，16 チャンネルの MSS を用いて，ガン患者と健常者の呼気を試料とした測定を行った[6]。これら 16 チャ

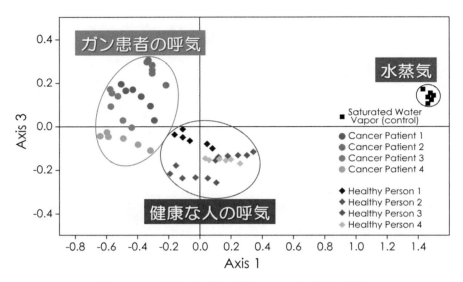

図2 MSS を用いた呼気の測定によるガン患者の識別

ネルはそれぞれ異なるポリマーが感応膜として被覆されており，各種ガスに対してそれぞれ異なった応答特性を示す。実験では，4人のガン患者と4人の健常者の呼気を一定時間センサに導入した後，大気をセンサに導入することでセンサを「洗浄」するといったサイクルを複数回繰り返し，各チャンネルからシグナルを得た。これらのシグナルを解析するために，洗浄時のシグナルの減衰曲線から特徴量を抽出した。これにより，感応膜から呼気中のニオイ成分が脱離していく動的な情報が抽出できる。なお，呼気は大量に水蒸気を含むことから，対照実験として水蒸気の測定も行い，同様の手法により特徴量を抽出した。このようにして得られたデータセットに対して主成分分析（Principal Component Analysis, PCA）を行い，主成分1と3を軸にとりプロットしたもの（散布図）が図2である。この散布図上で，ガン患者と健常者の呼気の結果が分離したことから，このデータセットにおいては，呼気からガン患者の識別に成功したと言える。ただ，現状ではまだサンプル数も少なく，統計的な評価を行うには至っていないこともあり，この結果から単純に「ガン診断が可能」ということにはならないことに注意が必要である。

5.4 感応膜の開発

5.3項で見たように，汎用のポリマーで被覆された MSS を用いることで，呼気のニオイによってガン患者と健常者を識別できる可能性が示唆された。しかし，医療や産業界に導入できるレベルの高精度・高確度でのニオイ識別を行うためには，より高い感度，より幅広い化学選択性を持った感応膜の開発が求められる。加えて，速い応答速度や高い耐久性，温湿度安定性など，嗅覚センサの用途ごとに感応膜に求められる性能は様々である。そのため，感応膜の開発は，ナノメカニカルセンサの原理に基づき系統的に行っていく必要がある。ここでは，感応膜材料に求め

第1章 計測技術の開発

られる物理的な側面と化学的な側面について解説を行う。

先に述べたように、ナノメカニカルセンサではガスを吸収して体積が変化する材料であれば、ほとんど何でも感応膜として使うことができる。このような材料の多様性がナノメカニカルセンサの大きな特徴の一つと言えるが、その多様性ゆえに何らかの指標に基づいた系統的な感応膜の開発が重要になる。まず感応膜材料に求められる物理的な要請を見ていこう。ナノメカニカルセンサでは、基板上に塗布された感応膜がガスを吸収して膨張することで、基板に生じる応力・変形をシグナルとして検出している。このため、感応膜材料の機械的な性質および感応膜の形状は、ナノメカニカルセンサのシグナルの大きさに大きく関わってくる。吉川は、カンチレバー型のナノメカニカルセンサにおいて、シグナルとなるカンチレバーの変位が、感応膜の機械的な性質（ヤング率・ポアソン比）および膜厚にどう依存するかについて定式化を行った[7]。長さ l のカンチレバー上に塗布された感応膜が、ひずみ ε_f で等方的に変形するとき、カンチレバーの変位 Δz は

$$\Delta z = \frac{3l^2(t_f+t_c)}{(A+4)t_f^2+(A^{-1}+4)t_c^2+6t_ft_c}\varepsilon_f$$

で表される。ここで、$A=[E_fw_ft_f(1-\nu_c)]/[E_cw_ct_c(1-\nu_f)]$ であり、E_f, w_f, t_f, ν_f および E_c, w_c, t_c, ν_c はそれぞれ感応膜とカンチレバーのヤング率、幅、厚さ、およびポアソン比である。この式からわかるように、Δz は感応膜の機械的な性質および膜厚に対して非線形な依存性を示す。図3は、幅 $100\,\mu m$、長さ $500\,\mu m$、厚さ $5\,\mu m$ のシリコン製のカンチレバー型ナノメカニカルセンサにおいて、カンチレバーの変位がヤング率にどのように依存するのか膜厚ごとにまとめたものである。図より、膜厚ごとに変位が極大となるヤング率は異なるものの、高いヤン

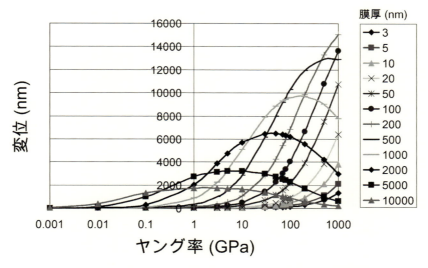

図3　カンチレバー型ナノメカニカルセンサの変位の感応膜材料の膜厚・ヤング率依存性

グ率の材料を用いることで大きな変位が得られる傾向にあることがわかる。このことから，ナノメカニカルセンサにおける感応膜材料はヤング率の高い材料，すなわち固い材料が好ましいと言える（ただし，図3は，それぞれの感応膜に印加される歪みを一定にしてプロットしていることに注意が必要である）。

次に，感応膜材料に求められる化学的な特性を見ていこう。膨大な種類のニオイ成分を検出するためには，「極性分子を吸着しやすい材料」「有機酸に特異的に反応する材料」のように，ガス吸着特性の異なる様々な感応膜材料を用意する必要がある。これらの材料でセンサチップの各チャンネルを被覆してガス測定を行うことで，複雑な混合物としてのニオイを測定することが可能となる。このような幅広いガス吸着特性を示す感応膜材料を系統的に開発するためには，化学的な性質を容易にチューニングできるような材料で，かつ先に述べたような物理的な要請を満たして高感度が期待できる材料であることが望ましい。このような材料プラットフォームとして，無機ナノ粒子が挙げられる。柴等は，核形成／粒子成長分離型多段階合成システムを独自に開発し，これを用いたシリカ／チタニア系ハイブリッドナノ粒子の合成法を確立した[8,9]。この手法により，粒子サイズを数 nm～30 nm 程度の範囲で調節することが可能となり，さらにそのサイズ分布も他の手法と比較して小さく抑えることができる。これらのナノ粒子は 10～100 GPa 程度の高いヤング率を有しており，先の物理的な観点から高い感度が期待できる（ちなみに汎用のポリマーのヤング率は 0.01～10 GPa 程度である）。さらに，集積されたナノ粒子はナノ構造を有することから吸着面積が大きく，多くのガスを吸着できることからも高い感度が期待される。そして，このナノ粒子最大の特徴は，合成時にナノ粒子表面に様々な官能基を固定できることである[9]。さまざまな官能基を表面に固定化することで，ガスの吸着特性を容易に変えることができるため，ナノ粒子を感応膜材料の汎用プラットフォームとして用いることで，多様な化学的特性を持った高感度な材料を系統的に開発することが可能となる。図4に表面の官能基を変えたナノ

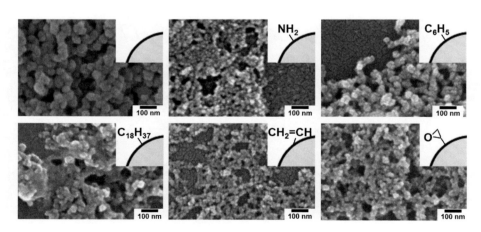

図4　表面に異なる官能基を固定したシリカ／チタニア系ハイブリッドナノ粒子の走査型電子顕微鏡写真

第1章　計測技術の開発

粒子の例として，それらの電子顕微鏡写真を示す。このように，これらの無機ナノ粒子は，ナノメカニカルセンサの物理・化学両面の要請に応えられる理想的な感応膜材料の一つであるといえる。

5.5　ニオイの評価法

5.3項で紹介したMSSを用いた呼気分析の例では，感応膜からニオイ成分が脱離する際のシグナルから特徴量を抽出し，PCAにより解析を行った。このようにニオイの評価を行う場合には，センサシグナルから特徴量を抽出してデータセットを作り，それに対して各種手法を用いて解析を行う必要がある。

まずセンサシグナルからの特徴量の抽出であるが，より高精度/高確度な解析を行うためには，ニオイごとに差が出るような特徴量を抽出する必要がある。ナノメカニカルセンサでは，ガスの吸着・脱離による感応膜の体積変化に伴って発生する応力や変形を，シグナルとして読み取っていることから，シグナルの形状はニオイ成分と感応膜との相互作用を反映している。抽出する特徴量としては，例えばチャンネル間の強度比は，ニオイ成分と感応膜の親和性の比と解釈できることから，ニオイの識別を行う上で有用な情報である。また，センサに試料を導入してから平衡状態に達するまで，もしくは平衡状態から試料が抜けていく過程のような非平衡状態におけるセンサ応答は，ニオイ成分と感応膜の動的な相互作用が反映される。したがって，非平衡状態におけるセンサシグナルの傾きや減衰の時定数なども，ニオイを識別する上で重要な情報となる。今村等は，このようなニオイ成分と感応膜の相互作用における「静的な情報」と「動的な情報」をセンサシグナルから抽出することで，ニオイの化学的な性質を反映した形で香辛料のニオイが識別可能であることを報告している[5]。

次に，このように抽出された特徴量に対するデータの解析方法について説明する。呼気分析の例で用いたPCAは様々な分野で広く用いられている多変量解析の一種であり，与えられたデータセットに対して，データの分散が最大となる軸（主成分軸）を探し出し，射影を行うことで次元削減を行う。そのため，元のデータに含まれる情報をなるべく落とすことなく多次元データを低次元データに縮約することができる。このようにして，情報が縮約された主成分についてデータ点をプロットすることで，特徴量の異なるデータ同士が遠ざかり，同じような特徴量を有するデータ同士が近づくため，測定結果を視覚的に解釈することができる。PCAによる解析では，各データ点はそれが何であるかというクラス（呼気分析の例では，ガン患者呼気，健常者呼気，水蒸気）の情報は用いられないことから，PCAは機械学習でいうところの「教師なし学習」に分類される。

ニオイの評価法に関して，最後に機械学習を用いた定量評価について紹介する。これまで述べてきたニオイの評価は，「ガン患者の呼気か健常者の呼気か」というような定性的な評価を行うものとして議論をしてきた。一方で，測定データから「ニオイの強さ」のような定量的な評価を行いたい場合もある。機械学習においては，前者のように測定データからそのデータの定性的な

149

生体ガス計測と高感度ガスセンシング

情報を推定するものを「分類」，後者のように定量的な情報を推定するものを「回帰」と呼ぶ。ニオイの分析において，ニオイの識別だけでなく，ニオイから定量的な評価も可能になれば，ニオイからより多くの情報を引き出すことが可能となる。このような回帰分析の一例として，柴，田村らは最近，MSS を用いた様々なアルコール飲料のニオイの測定によって，飲料に含まれるアルコール度数を推定できることを報告した[10]。この研究では，独自に開発したナノ粒子を含む 4 種類の感応膜材料を用いてアルコール飲料のニオイ測定を行い，機械学習による回帰分析の一種であるカーネルリッジ回帰を用いてアルコール度数を推定するモデルの構築を行った。これらの分析結果を元に，さらに感応膜材料や抽出する特徴量について最適化を行うことにより，図 5 に示すように，ニオイからアルコール度数を高い精度で推定することに成功した。ここでは，学習用データとして 32 種類のアルコール／ノンアルコール飲料を使用し，テスト用データとして赤ワイン，芋焼酎，ウイスキーを用いた。個々の試料は，それぞれニオイが異なるため，同じアルコール度数の試料であってもセンサシグナル形状は異なる。それにも関わらず，ハードウェアとソフトウェアの両要素を双方向的に最適化していくことにより，ニオイからアルコール度数という定量的な指標を高い精度で推定することが可能であることが確認された。このような，ハード-ソフト双方向最適化をもとにした「ニオイに関連する特定指標の定量評価」というアプローチを生体ガスなどに応用することで，例えば血糖値のような健康の指標となる数値を，定量的に推定することが可能になるかもしれない。

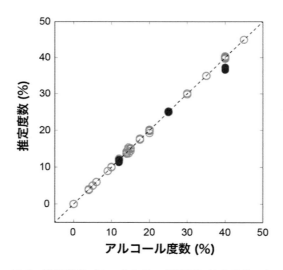

図 5　機械学習（カーネルリッジ回帰）による様々な飲料のニオイからのアルコール度数の推定
未知試料として測定した赤ワイン（12％），芋焼酎（25％），ウイスキー（40％）のニオイから，それぞれのアルコール度数を高精度に推定することに成功した（図中の黒丸印）。

第1章　計測技術の開発

5.6　おわりに

　以上見てきたように，我々の開発している MSS を用いた嗅覚センサシステムは，これまでに呼気によるガン患者の識別を始めとするさまざまなニオイの測定・分析に成功しており，感応膜や解析法などの要素技術をさらに向上させることで，実用的な嗅覚センサとして産業化できる可能性を秘めている。しかし，この MSS 嗅覚センサシステムを社会実装するためには，安定した MSS チップの生産技術の確立，再現性の高い感応膜の合成・塗布方法の確立，試料ガスをセンサに送るためのポンプ及び流路の設計，データ解析を行うためのオンラインプラットフォームの構築など，サイエンスの領域を超えた様々な要素技術の統合が必要であり，ひとつの研究機関による研究・開発だけでは到底成し遂げることができない。そこで我々は，MSS を用いた嗅覚センサシステムを実用的なセンサとして社会実装するため，2015 年に産学官の共同研究体制「MSS アライアンス」を発足させた[11]。MSS アライアンスは，最先端の技術を有する企業および大学が参加しており，世界初のニオイの業界標準（*de facto* standard）を確立すべく，サイエンスとエンジニアリングの垣根を超えた体制で研究・開発を行っている。

　近年は，人工知能やモノのインターネット（Internet of Things, IoT）などが注目を集めているが，これらの技術におけるハードウェア側の重要な技術としてセンサの需要も高まってきている。なかでも嗅覚センサは，既存産業の置き換えではない，全く新しい産業群の創出につながるものとして，日に日に期待が高まっている。嗅覚センサを実現する上では，本節でも一部紹介したように，データサイエンスの手法を積極的に適用することが今後ますます重要になると考えられる。ニオイは「バラのようなニオイ」のように経験や記憶に基づいて表現するしかないことから，この「経験」や「記憶」に相当するデータベースの構築と，各種条件下での再現性の確保が，実用的な嗅覚センサを実現する上で本質的に重要である。

　このような取り組みを通してニオイを測る技術を確立することで，これまで感覚的に表現するしかなかったニオイを，客観的な指標をもって表現することができるようになれば，ニオイを元に様々な情報を引き出すことが可能になる。医療分野においても，これまで検査対象としては扱われてこなかった様々な生体ガスから健康状態に関する情報を引き出し，診療を行う上での判断材料として用いられるようになる可能性は十分に高いといえる。ただし，実際の医療現場への応用に関しては，まだまだ超えなければならないハードルがいくつも残されており，「嗅覚センサ」技術の確立だけでは足りない部分が多いということにも注意が必要である。例えば，「呼気診断」に向けての大きな課題の一つとして，呼気のサンプリング方法が挙げられる。これまでに様々な方法が提案されてきたが，未だ標準化には至っていない。また，医療への応用に向けては，やはり医学的な裏付けが決定的に重要ではあるものの，生体ガス成分と疾病の関連については，不明な部分が多く残されている。一方で，近年急速に発展してきているビッグデータ解析などの技術を応用すれば，生体ガスと，血液検査などの多数の医療データとの隠れた相関を見出すことができるかもしれない。このように，「生体ガス診断」の実現に貢献できるようにするためにも，信

頼性の高い嗅覚センサの実現が急務である。

謝辞
　本節で紹介した一連の研究は，各種助成金による多大な支援を受けて，国内外，産学官の多くの共同研究者の多大な貢献によって遂行されたものであり，この場を借りて深く感謝申し上げる。なお本節5.5項で紹介した研究については，JST, CREST（JPMJCR1665），科学研究費補助金基盤研究（B）（課題番号：15H03588），科学研究費補助金若手研究（B）（課題番号：16K21602），国立研究開発法人科学技術振興機構（JST）のイノベーションハブ構築支援事業「情報統合型物質・材料開発イニシアティブ」の研究の一環として行われたものである。

文　　献

1) J. K. Gimzewski *et al.*, *Chem. Phys. Lett.* **217**, 589 (1994)
2) K. R. Buchapudi *et al.*, *Analyst* **136**, 1539 (2011)
3) X. M. Yu *et al.*, *J. Appl. Phys.* **92**, 6296 (2002)
4) G. Yoshikawa *et al.*, *Nano Lett.* **11**, 1044 (2011)
5) G. Imamura, K. Shiba, G. Yoshikawa, *Jpn. J. Appl. Phys.* **55**, 1102B3 (2016)
6) F. Loizeau *et al.*, in 2013 IEEE 26th International Conference on Micro Electro Mechanical Systems (MEMS) 2013, pp. 621.
7) G. Yoshikawa, *Appl. Phys. Lett.* **98**, 173502 (2011)
8) K. Shiba, M. Ogawa, *Chem. Commun.*, 6851 (2009)
9) K. Shiba *et al.*, *Chem. Commun.* **51**, 15854 (2015)
10) K. Shiba *et al.*, *Sci. Rep.* **7**, 3661 (2017)
11) http://www.nims.go.jp/news/press/2015/09/201509290.html

6 匂いの可視化システム

林 健司*

6.1 はじめに

　生物の嗅覚は極めて優れた感度，応答速度，そして分子識別能力により環境や事物を識別している。人は1兆種類以上の匂いを識別でき[1]，自然界に存在する揮発性化学物質のわずかな構成比の違いを，匂いの違いとして認識している。一方で，生物の優れた化学感覚である嗅覚をもってしても，視覚のように匂いの空間分布画像（空間化学情報）を見ることはできない。化学物質は我々を取り囲む空間に満ち溢れており，そこには多くの有用な情報が含まれている。人は多くの外界情報の取得を視覚に頼っており，我々の中枢神経は画像情報を効率よく処理するように発達している。大脳辺縁系で処理される匂い情報は我々には効率的な理解がされ難い感覚量となっている。

　画像情報や位置情報，テキスト情報，さらにはIoTといったビッグデータ等の情報化が社会を変革しようとする中で，匂い空間化学情報を計測・解析し，人に直感的に理解できる可視化技術が実現できれば，人が手にしたことが無い新しい匂いの空間情報により新たな情報の価値が生まれる可能性がある。本節では匂いを可視化するセンサ技術として，匂いの質を定量化概念である匂いクラスタマップと匂いコード，匂い空間の可視化技術である匂いイメージセンサ，さらに多次元情報計測を実現するための匂いセンサデバイスのハイパー化技術について説明する。

6.2 匂いの可視化センシング

　匂いは膨大な種類の揮発性化学物質の混合ガスによりもたらされ，そのセンシング方法や情報の意味は嗅覚バイオモデルにより明確化できる。嗅覚バイオモデルは極めて多種類の化学物質を認識・識別する嗅覚に倣ったセンシングモデルである。匂いの質の可視化（Odor Quality Visualization）は匂いコードと匂いクラスタマップにより表現され，化学物質群選択性を持つ分子認識センサによって数値化され，さらに匂い空間の可視化（Odor Space Visualization）は匂いコードを情報とする匂いイメージセンサにより実現できる[2]。

6.2.1 匂いの質の可視化：匂いコードセンサと匂いクラスタマップ

　匂いを測定するセンサは生物が化学物質により事物を識別する機構を模倣したバイオミメティックあるいはbio-inspiredデバイスである。つまり，膨大な種類の化学物質を測定可能な特徴量により分類し，認識するメカニズムを模倣する必要がある。匂いをもたらす揮発性化学物質は数十万種類あると言われ，さらに情報を得ることができる無臭の化学物質を含めればその種類は増える。しかし，全ての化学物質を選択的に検出する数十万種類のセンサを揃えることは現実的に不可能である。生物は測定対象となる化学物質群を適当な種類に分類し，匂いとして認識し

---

*　Kenshi Hayashi　九州大学　大学院システム情報科学研究院
　　情報エレクトロニクス部門　教授

ている。このモデルに従えば，匂いセンサは事物を識別できるように化学物質群を効率良くグルーピングできる選択性が求められる[3,4]。

匂いコードは匂い物質が持つ分子情報の組み合わせである。生物の匂い分子受容タンパク質は匂い物質の官能基や分子サイズ，分子の形状などの分子情報に応答し，匂いコードの組み合わせ情報に変換する[4~6]。数十万種類の匂い物質の構成情報は，匂い受容体が500種類存在する場合，500次元のベクトル情報である匂いコードに圧縮される。このベクトル情報により第一次嗅覚中枢である嗅球上で匂いクラスタマップが生成される[7]。膨大な種類の匂い物質の組み合わせ情報は，その分子の特徴でカテゴライズされ，比較的簡単な嗅球上の距離空間へマッピングされる。このマップを脳が認識することで匂いの感覚が生じる。匂い質に関する情報を得るには，分子情報を匂いコード，そして匂いクラスタマップにより表現することが必要となる[8]。

匂いセンサは識別したい匂い分子群が持つ匂いコードに対応した分子情報を認識するトランスデューサ群により構成される[4,6]。このような匂いセンサを実現する重要な要素である匂い分子認識部として，我々が採っている主な技術は分子鋳型技術（MIP；Molecular Imprinted Polymer，図1）やペプチドアプタマ，そして分子スペクトルである[9~11]。MIPを用いた分子鋳型フィルタ吸着剤（MIFA；Molecularly Imprinted Filter Adsorbent，図2）は分子を選択的に濃縮することができ，高感度・高速な応答性を持つ局在プラズモン共鳴（LSPR）と組み合わせることで高感度な匂いセンサを実現できる[12~14]。さらに，表面増強ラマン散乱（SERS）から得られる分子スペクトル（分子指紋）を情報に加えることで，単分子検知レベルの超高感度な匂い分子測定が可能となり，嗅覚に匹敵するpptレベルの検知感度を実現できる[15,16]。

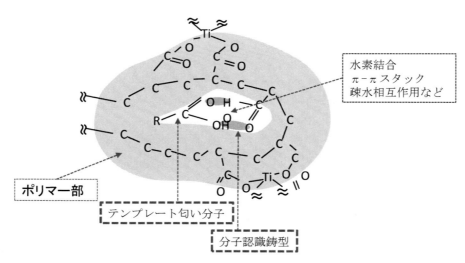

図1　匂い分子の分子認識部例（分子鋳型ポリマ；MIP）

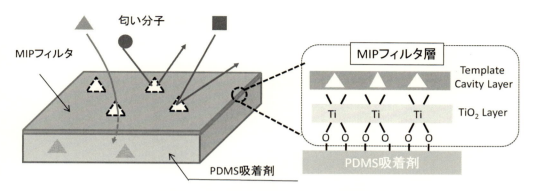

図2　MIPを用いた高感度匂いセンサ用MIFA（分子鋳型吸着剤）

6.2.2　生体由来の匂いと匂い型に基づく人の識別

体臭は生物の個体ごとの匂い型（odor type）が遺伝的に決まっており，例えば，マウスでは交尾相手の認識が体臭で行われていることが示唆されている[17]。匂い型を検知すれば個体の識別が可能となり[18,19]，その匂い物質として脂肪酸や芳香族化合物の構成比が異なることが分かっている。物質の構成比が匂い情報となっていることは，昆虫におけるフェロモンブレンドや前述の匂いコードと共通しており，嗅覚の本質的な機能，つまり化学物質の構成比により事物を識別する感覚であることを示している。

匂いを生体情報とするバイオメトリクス技術は，指紋や虹彩パターン，静脈パターン，さらに遺伝子などを用いた強固な個体識別を補完する技術となり得る。例えば，匂い型において現れる酸性とアルカリ性の匂い物質，および分子サイズの違いを分子ふるいなどの匂い物質フィルタリングによる比較測定することで，体臭をもたらす匂い物質群の構成比，つまり匂いに個人差があることを示すことができる[20,21]。

さらに，体臭に固有の型の視点を広げれば，匂いにより人の探索が可能となると考えられる。つまり，非接触かつ不可視情報である匂いの空間分布を可視化する技術は科学捜査や人命救助という重要な応用の可能性を持つ[22]。

6.3　匂いの可視化とイメージセンシング

人が見ることができない匂いを可視化した空間化学情報は新しい空間情報である。ほとんど全ての事物は関連する固有の匂いを持っており，匂い空間の可視化は広範な応用分野を持つことが期待される。例えば，前述の人の探索，環境汚染源や違法薬物・危険物の探知，火災，医療，農業ICT，匂い提示など新たな価値を持つ情報となり得る。

6.3.1　匂いイメージセンサ

空間情報の可視化には，視覚に相当するイメージセンサと同様に，化学センサの大規模な集積化が必要となる。匂いイメージングにおいては化学物質情報を光学的な情報に変換し，イメージ

生体ガス計測と高感度ガスセンシング

センサにより検知すれば比較的容易に匂いイメージセンサが実現できる。匂いイメージングに用いる光学的な検知プローブは，匂い物質と相互作用する色素，蛍光プローブ，FRET（蛍光共鳴エネルギー移動）プローブ，金属ナノ粒子，蛍光性MIPナノビーズなどがある[2, 22~27]。これらのプローブを2次元化することで，粒子が接する空間の2次元断面を可視化する匂い可視化フィルムが作成できる。図3に匂いを可視化する計測システム例を示す。気相中の匂い物質はフィルム中の匂い検知プローブと相互作用し，秒オーダで匂いの有無と分布を可視化できる。さらに金

図3 匂い可視化実験装置
匂い可視化フィルムとマルチスペクトルカメラにより匂い匂いの痕跡などをフィルムに記録し，可視化する。

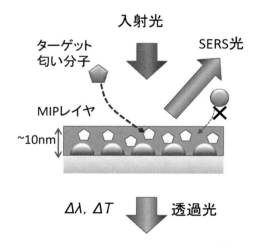

図4 LSPR/SERS-MIPフィルムによる匂い可視化フィルム

第1章　計測技術の開発

属ナノ粒子の LSPR や SERS 現象を用い，MIP と組み合わせたフィルムを作製することで[12]，匂い物質に選択性を持つ匂い可視化フィルムを実現できる（図4）。

6.3.2 匂い可視化例

前述の通り，匂いイメージセンサの重要な応用は可視化された人の匂いによる人の探索である。人命救助を補助する匂いナビゲーションとも言えるが，図5はその基礎的な実験として人の汗臭の流れを可視化した画像である。衝突する二つの匂いの流れを可視化できており，体臭に関連する匂いの流れを匂い物質によって領域分割することが可能で，匂い源の特定にもつながる可視化技術である[28]。

非可逆の匂い可視化プローブを用いた場合，匂い形状の記録が可能である。検知下限は匂い暴露時間に比例し，例えばプロピオン酸の検知感度は数 10 ppb である。匂い物質情報（匂いコード）を得るには複数のプローブが必要となる[26,27]。図6はTシャツに付着した汗臭マルチプローブフィルムで可視化した例と，手のひら形状の匂い分布を可視化した例である[29]。これらは異なる匂い応答特性を持つプローブをマルチ化し，プローブ間の干渉により匂い物質の検出範囲を広げる FRET プローブを用いることで匂い物質情報を得ている[28]。いずれもマルチスペクトル蛍光イメージング，あるいはハイパースペクトルイメージングによるスペクトル情報から得られる匂い物質情報により，匂い形状や揮発する匂いコード情報を読み取ることが可能となる。詳細な匂いコードを得て，匂い型を推定できれば個人識別も可能になると考えられる[18,19,30]。また，手のひらに付着した匂い痕跡の可視化例では，現状では手の大きさや形状，指の太さが検知できる

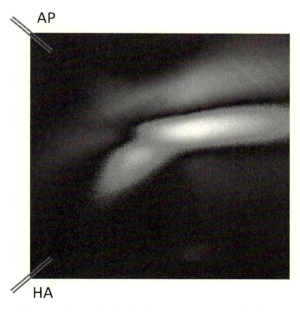

図5　ヘキサン酸（HA）とアセトフェノン（AP）の匂いの流れの可視化[19]

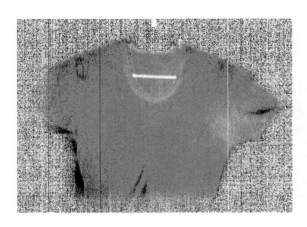
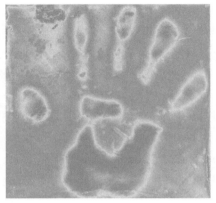

図6　ハイパースペクトルイメージングによる着用済みのTシャツのアルデヒド系汗臭の可視化画像と手のひら形状の匂い跡の可視化画像[29]

空間分解能と12種類程度の匂い物質の識別に成功している[28]。

匂いの動的な変化を検知する場合，可逆で高速な匂い検知プローブである蛍光性MIPナノビーズやLSPR（局在プラズモン共鳴）技術を用いる。LSPRはnmオーダの金属ナノ粒子の周辺媒質の誘電率変化により匂い物質を検知し，分子認識レイヤを形成することで，応答速度が秒オーダの匂い分子選択性を持つセンサが実現できる[31]。

6.4　匂いセンサのハイパー化

前述の匂い可視化センシングは大規模なセンサアレイ技術となっており，空間情報という膨大なセンサ情報を得ることができる。一方で，匂い分子の構成情報を詳細に知るには異なる分子認識特性を持つセンサの多重化が必要となる。匂いイメージセンサは複数の検知プローブを混合し，ハイパースペクトルイメージセンシングを行うことで励起光の波長バンド数と観測する波長分解能によって数100枚の画像情報が得られる。一方で，匂いセンサの特性を測定対象に合わせて制御する技術が実現すれば，匂い分子情報をさらに稠密化できる。そのようなセンサの高次元化をここではセンサ特性・情報のハイパー化と呼ぶ。

図7はその概念図である。この例では有機強誘電体で作成されたMIPを電場により結晶状態を変化させ，匂い物質の応答特性を変化させている[32]。MIPを構成する材料にフォトクロミック分子のようなフォトメカニカル材料やフォトポラライザブル材料を用いることでMIPの認識鋳型サイトの形状や極性を制御することも可能である[33,34]。図8はPVDF（poly-vinylidene difluoride）とPMMA（polymethyl methacrylate）をマトリックスとするMIPフィルムの電圧に依る応答性の制御例である。この他にもフォトクロミック材料であるスピロピラン-PMMA MIPフィルムへの光照射で極性が変化し，MIPのIF値（imprint factor）を測定対象分子の極性に合わせてチューニング出来ている。このようなセンサ特性が可変のハイパー化センサ技術を

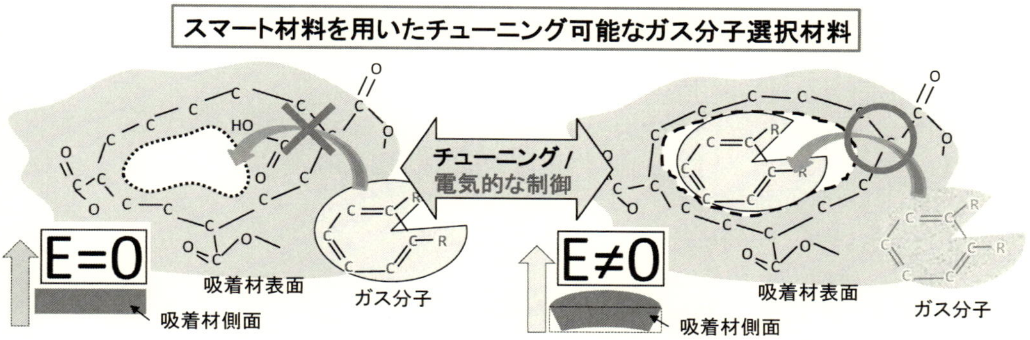

第1章　計測技術の開発

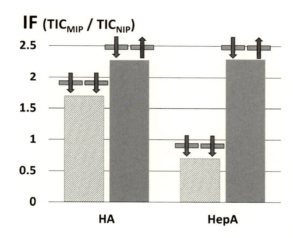

図7　電場や光などに応答するスマート材料を用いた分子認識材料。図は圧電材料（強誘電体）を用いた分子鋳型材料の電圧制御の概念図

図8　エレクトロメカニカル材料を用いた PVDF-PMMA MIP フィルムの分子認識特性の電圧制御。印加電圧に依るヘキサン酸 MIP、ヘプタン酸フィルムのガス吸着特性変化。図中の矢印は印加電圧の方向。

用いることで、匂いセンサの匂いコード検知能力を上げることができ、匂いセンサの取得情報の大幅な増大と実用化につながると考えられる。

6.5　おわりに

匂いの質を可視化する匂いコードや匂いクラスタマップ、そのための匂い分子認識技術、さらに、匂いの空間情報を光学的に可視化する匂いイメージセンサについて説明した。また、多種の匂い分子のセンシングに必要となるセンサ特性のハイパー化技術を紹介した。匂い情報の可視化技術は、化学物質情報を人が使うことができる有用で膨大な画像情報に変換する技術であり、匂いの測定はもちろん、化学情報のビッグデータ化により、化学物質情報の応用につながると期待される。

生体ガス計測と高感度ガスセンシング

文　　献

1) C. Bushdid *et al.*, *Science*, **343**, 1370 (2014)
2) 林 健司, 劉 傳軍, 光学, **43**, 117 (2014)
3) K. Hayashi *et al.*, "Odor Analysis Method", Human olfactory displays and interfaces, ed. T. Nakamoto, 105 (IGI-global, 2012)
4) 林 健司, *Aroma Research*, **14**, 17 (2013)
5) 林 健司, *IEEJ Trans E*, **128**, 29 (2008)
6) 中本編著, "嗅覚ディスプレイ", フレグランスジャーナル社 (2008)
7) B. Johnson, Z. Xu, S. Ali, M. J. Leon, *Comparative Neurology*, **514**, 673 (2009)
8) M. Imahashi, K. Hayashi, *Sens. Actuators B*, **166**, 685 (2012)
9) 佛淵 他, *IEEJ Trans. E*, **130**, 282 (2010)
10) M. Imahashi, K. Hayashi, *J. Colloid Interface Sci.*, **406** 186-195 (2013)
11) K. Nakano *et al.*, *Trans Mat. Res. Soc. Jpn*, **40**, 175 (2015)
12) B. Chen, C. Liu, M. Watanabe, K. Hayashi, *IEEE Sensors J.*, **13**, 4212 (2013)
13) B. Chen, M. Ota, M. Mokume, C. Liu, K. Hayashi, *IEEJ Trans SM*, **133**, 90 (2013)
14) B. Chen, C. Liu, X. Sun, K. Hayashi, *Proc. IEEE Sensors*, ID7103 (2013)
15) 渡邊真司, 林健司, センサ・マイクロマシンと応用システムシンポジウム論文集, 6PM2-B-4 (2015)
16) S. Araki, M. Watanabe, F. Sassa, K. Hayashi, *Proc. IEEE Sensors*, 7808604 (2016)
17) 山崎邦郎, においを操る遺伝子, 工業調査会 (1999)
18) S. K. Jha, C. Liu, K. Hayashi, *Sens. Actuators B*, **204**, 74 (2014)
19) S. K. Jha, K. Hayashi, *Sens. Actuators B*, **206**, 471 (2015)
20) 阿部 他, 日本味と匂学会誌, **21**, 477 (2014)
21) 林 健司, 吉弘文平, 人の匂いによるバイオメトリクスセンサ, 特許第5187581 (2013)
22) 林 健司, 劉 傳軍, フレグランスジャーナル, **43**, 52 (2015)
23) H. Matsuo, Y. Furusawa, M. Imanishi, S. Uchida, K. Hayashi, *J. Robotics Mechatronics*, **24**, 47 (2011)
24) 古澤雄大, 林 健司, *IEEJ Trans. SM*, **133**, 199 (2013).
25) C. Liu, Y. Furusawa, K. Hayashi, *Sens. Actuators B*, **183**, 117 (2013)
26) 岩田 他, センサ・マイクロマシンと応用システムシンポジウム論文集, 6PM2-B-4 (2013)
27) K. Iwata, S. Yamachita, H.T. Yoshioka, C. Liu, K. Hayashi, *Sens. Materials*, **28**, 173 (2016)
28) H. T. Yoshioka, K. Liu, K. Hayashi, *Sens. Actuators B*, **220**, 1297 (2015)
29) http://www.nhk.or.jp/beautyscience-blog/2017/04/
30) C. Liu *et al.*, *Proc. IEEE Sensors*, ID7038 (2013)
31) C. Liu, K. Hayashi, *Flav. Frag. J.*, **29**, 356 (2014)
32) 山下誠一, 劉傳軍, 林健司, 電子情報通信学会技術研究報告, IEICE-MBE2015-93 (2016)
33) 中西慶伍, 山下誠一, 佐々文洋, 林健司, 電気学会研究会資, CHS16-018 (2016)
34) K. Nakanishi, F. Sassa, K. Hayashi, *Proc. Tranducers' 17*, M3P. 041, P.1376 (2017)

7 ヘルスケアを目的とした揮発性有機化合物（VOC）を検出する
　ナノ構造のガスセンサ素子

菅原　徹[*1]，菅沼克昭[*2]

7.1　はじめに

　人類が近未来に実現を目指すユビキタス社会環境において，我々が暮らす空間に各種センサや通信ユニットを配置し，膨大な情報を無線通信で交換するセンサネットワークが張り巡らされる（図1）[1]。このセンサネットワークにおいて，ヘルスケアの役割は非常に大きい。つまり，刻々と変化する人間の健康状態や精神状態[2]をセンシングし，ネットワークを通して正確に把握し，原因となっている周辺環境を早期に対処・改善することは，人類に健康で安全な生活を提供する次世代テクノロジーとして注目を集めている。従って，センサネットワークに利用するウェアラブルやポータブルな電子デバイスの研究・開発が要求されている。近年，人間の呼気や臭気に含まれる微量な濃度のガスを検出・検査し，人体の健康状態や一時的な精神変化を把握し，原因となっている周辺環境や負の感情を早期に感知し対処・改善することで，健康状態の把握や重大疾患の早期発見・治療に繋げる研究が次世代テクノロジーとして注目されている。

　このような背景の下，低濃度でも確実に検出可能なガスセンサの開発が求められている。ナノ材料を用いた半導体式ガスセンサは，多種類のガスを低濃度でも検出することが可能であることから，近年，ヘルスケア関連機器への搭載に向けて精力的に研究・開発されている。一方で，少

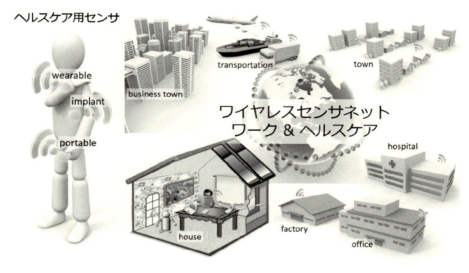

図1　ワイヤレスセンサネットワークとヘルスケア
ウェアラブル・ポータブルセンサとセンサネットワークの関係。

＊1　Tohru Sugahara　大阪大学　産業科学研究所　先端実装材料研究分野　助教
＊2　Katsuaki Suganuma　大阪大学　産業科学研究所　先端実装材料研究分野　教授

子高齢化が進む中，ヘルスケア関連機器やそのサービスに要するコストは削減されつつあり，電子機器の製造コストを低減することも喫緊の課題となっている。

　ナノ材料は，物質のナノサイズ効果が提唱されて以来，半世紀以上に渡って研究・開発されてきた。巨大比表面積による融点や焼結温度の低減，量子サイズ効果による新機能の発現など，今や材料科学分野にとってナノ材料は欠かせない存在となっている。本項で対象とする，呼気や臭気分析などヘルスケア用のガスセンサ素子においても感度や応答性の観点からナノ材料の応用が期待されている。しかしながら，これらナノ材料の有効な機能性がありながら，これまで，その性質を極限に利用した有用な電子デバイスは，日常生活に広く使用されていないのが事実である。その理由は多く指摘されているが，一番の問題点は，ナノ材料を応用デバイスとして構築する場面で，①高精度な製造技術やリソグラフィーなどパターニングに係る，②周辺材料の浪費などの「コスト面でのハードル」や「製造工程の複雑さ」が挙げられる。例えば，ナノ材料を電子デバイスへ応用するには，これまで，ナノ材料の合成→洗浄→均一分散（溶媒）→塗布（基板）→焼結など多くの工程や時間を経て，ガスセンサなどの電子デバイスが製造されてきた。つまり，ナノ材料の潜在能力を的確に引き出し，電子機器へ応用・利用するためには，『ナノ材料の合成からデバイス作製までを，如何に低価格でかつ簡便な方法でプロセッシングするか』にかかっていると言える。

　本項では，近年筆者らによって開発された新奇なナノ材料の作製法と，それによって簡略化されたデバイス作製手法について，記述する。この手法によって，ナノ材料を利用すると電子機器の原材料やリソ材料などの材料費を削減し，さらに電子デバイスの製造に係る手間を簡略化することで，ナノ構造材料を用いたデバイス製造プロセスにかかる費用を大幅に削減する可能性に期待できる。従って，これまで高価であった多くの電子機器に，格安のナノ材料を利用することが可能となり，しかもそれらの電子機器を短時間で製造することができ，高性能な電子機器を日常生活に広く提供することが可能となる。

7.2　酸化モリブデンとナノ構造の基板成長

　近年，酸化モリブデン（MoO_x）は，多種多様な結晶構造と価電子数を有する酸化物半導体であることから，ガスセンサ[3]だけでなく，有機太陽電池（OPV）[4]や有機EL[5]のバッファ層として使用されている。また，その価数揺動と結晶構造の複雑さ，および工学的実用性の高さから，学術的基礎学理の探求も，近年になって積極的に研究されるようになってきた[6〜9]。本項で取り上げる三酸化モリブデン（MoO_3）の代表的な結晶構造は，orthorhombicのα-MoO_3とmonoclinicのβ-MoO_3で，間接遷移型のバンド半導体（バンドギャップ：約3.5 eV）である[10]。また，その価電子数と結晶構造の多様性から構造や酸素含有量によって半導体特性がn型とp型を示す材料としても知られている[11,12]。三酸化モリブデンの最も安定なα-MoO_3相の結晶構造を図2の挿入図に示すが，単位結晶構造は，各軸長がa = 3.96 Å, b = 13.86 Å, c = 3.70 Åで示されている[13]。さらに，図から分かるようにa軸方向に強固なイオン結晶性を示すが，b, c軸方向には，

第 1 章　計測技術の開発

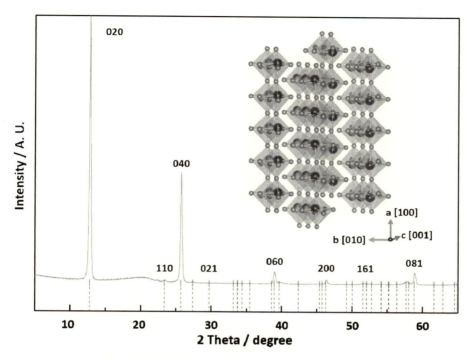

図 2　酸化モリブデン（MoO$_3$）ナノロッドアレイの XRD パターン
挿入図は，α MoO$_3$ の結晶構造を示す。

酸素がジグザグに配列し，ファンデルワースル力に起因する弱い結合を有する層状構造を有している。近年では，その特異な結晶構造から，Li イオン電池の正極材料として，注目を集めている[14,15)]。これは，層状構造の MoO$_3$ の層間へ Li イオンが電気化学的にインターカレーションすることにより，MoO$_3$ 結晶構造中の巨大な層空間に多数の Li イオンを内包させることが可能であり，大きな電気容量を示すからである[16,17)]。

　本項では，多様な結晶構造と価電子数を有する酸化モリブデンの多種のガスに反応するガスセンシング特性に着目し，基板に直接ナノ構造の MoO$_3$ を成長させることに挑戦した。

　MoO$_3$ ナノ構造薄膜は，有機金属分解法で作製した。モリブデン酸アンモニウム（H$_8$N$_2$O$_4$Mo）と安定剤のクエン酸（C$_6$H$_8$O$_7$）を所定の化学両論比で秤量し，それぞれの溶媒（ethanol：EtOH，C$_2$H$_6$O；2-methoxyethanol：2-ME，C$_3$H$_8$O$_2$；dimethylformamide, DMF, C$_3$H$_7$NO；dimethyllacetamide, DMAC, C$_4$H$_9$NO）へ混合し，常温で 4 時間攪拌することで前駆体インクを調整した（図 3）。この前駆体インクを，SiO$_2$ 基板に 30 μl 滴下し，1000 rpm で 10 s スピンコートした後，400℃で 15 分間焼結し，薄膜試料を得た（図 3）。得られた薄膜試料は，XRD，FE-SEM，TEM 等で製膜状態やナノ構造を分析した。

　MoO$_3$ のナノ構造を作製するに至るまで，溶媒（特に，2-ME）に対して，モリブデン酸アンモニウムとクエン酸の化学量論比（モル濃度）を徹底的に調査した。これについては，文献 18

生体ガス計測と高感度ガスセンシング

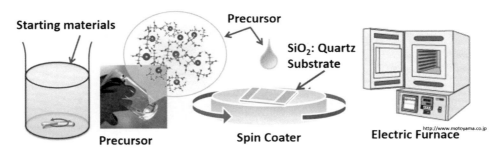

図3 酸化モリブデン（MoO₃）ナノロッドアレイの作製方法
秤量した原料をマグネティックスターラーで数時間撹拌（常温）→得られた前駆体を
スピンコータでコーティング→電気炉で所定時間焼結して試料を得る。

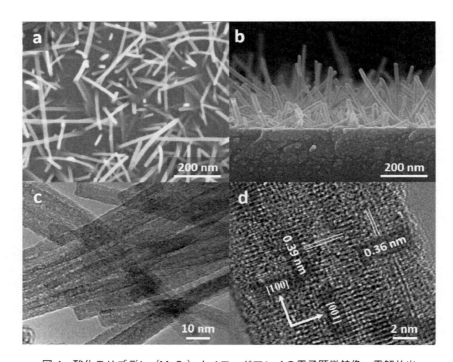

図4 酸化モリブデン（MoO₃）ナノロッドアレイの電子顕微鏡像。電解放出
　　走査型電子顕微鏡（FE-SEM）像
それぞれ a）試料の表面，b）試料の断面を示す。透過型電子顕微鏡（TEM）像，
c）ナノロッドの外観，d）高分解像。

を参照されたいが，酸化モリブデンナノロッドの基板への直接成長には，モリブデン酸酸アンモニウムと溶媒に対するクエン酸の濃度が決定的な関係にあることが示されている[18]。また，示唆熱重量分析の結果から，クエン酸の分解温度とその時間がナノロッドの成長に寄与していることが示唆されている。

第1章　計測技術の開発

　上記の実験によって，図4a, bに示す様な，酸化モリブデンのナノロッドアレイを基板に直接成長させることに成功した。図4bから分かるように，このナノロッドは基板側から上方向にランダムに成長している。また，基板の直上（ナノロッドの根本）には，150～200 nmほどのシード層が形成されており，XRD測定の結果から，このシード層は酸化モリブデンのMoO_3のβ相である可能性が示唆されている。図2は，図4a, bで示しているMoO_3ナノロッドアレイのin-plainからのXRDパターンを示しているが，図4dの高分解TEMからも分かるように，このナノロッドは非常に結晶性が高いことが明らかとなった。また，図2から分かるようにα酸化モリブデンの（0k0）面からの反射が強く示され，結晶配向性が高く特定の軸や平面方向に異方成長していることが分かる。しかしながら，TEM像（図4(c), (d), 特に高分解能TEM像（図4(d)）から得られた電子線回折の解析結果では，収束された電子線ビームによって，試料が経時的に変化し結晶の成長方向を特定するに至る回折スポットは得られていない。従って，図4dの指数付けは，参考程度という事に注意されたい。

　また，この基板上に成長したMoO_3ナノロッドは，図5に示す様に，幅約10 nmで，焼結時

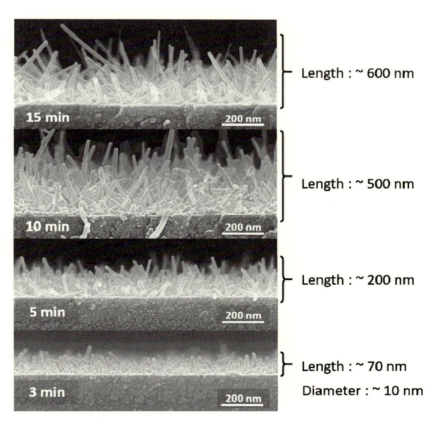

図5　酸化モリブデン（MoO_3）ナノロッドアレイの断面SEM像
焼結時間を（1 min），3～15 minと調整することで，（20 nm），70～600 nmまで長さを制御できる。

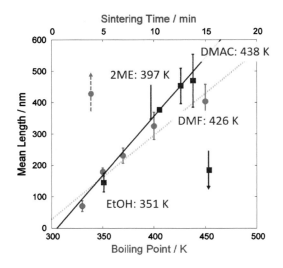

図6 酸化モリブデン（MoO$_3$）ナノロッドの長さ
焼結時間や前駆体に使用した溶媒の沸点に対する関係。

間を調整することにより長さを約 20～600 nm まで制御することが可能であり，非常に高いアスペクト比を実現している。さらに単純にナノロッドを合成するだけでなく，前述したように，この酸化モリブデンナノロッドの基板成長には，クエン酸の分解のタイミングが結晶成長のカギとして寄与している可能性が示唆された。そこで，溶媒の沸点や粒成長に費やす焼結時間を調整することで，図6に示す様に，自在に長さ（や密度）を制御することにも成功した[18]。このことから，クエン酸の分解のタイミングが，結晶成長に影響を及ぼしてることはほぼ自明となった。

7.3 ガスセンサ素子の作製とセンサ特性

ガスセンサ素子は，SiO$_2$ 基板上に作製した MoO$_3$ ナノロッドアレイの両端に銀ペーストを塗布し，150℃で数十分間乾燥することで完成する（図7a）。対抗電極の距離は，約1 cm で，両電極間に係る抵抗値変化を2端子法で観察する。作製したガスセンサ素子を，573K（300℃）に加熱した管状炉に設置した。雰囲気ガスは air で，50 ml/min で流通下，4種類（アセトン：ACE，イソプロパノール：IPA，メタノール：MeOH，エタノール：EtOH）の揮発性有機化合物（VOC）ガスをセンシングした（図7b）。センサ特性は，それぞれ応答（T$_{Res}$），回復（T$_{Rec}$），感度（S）で評価され，応答（速度・時間）は，対象ガスを導入し始めてから最大抵抗変化が 90%に達するまでの時間として定義されている。逆に，回復（速度・時間）は，対象ガスの導入を終えてから，初期値の 90% まで回復するまでの時間で定義される。また，感度は，最大抵抗変化値の初期値との差で定義されており，通常，パーセント（%）で表記されることが多い（図7c）。

ナノロッドアレイ合成時の溶媒を，それぞれ EtOH，2-ME，DMF，DMAC で作製したナノ

第1章 計測技術の開発

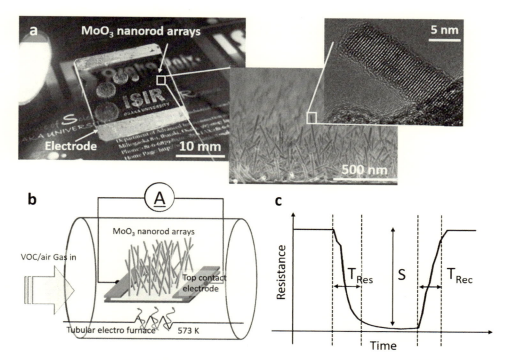

図7 酸化モリブデン（MoO₃）ナノロッドを用いたガスセンサ素子とセンサ特性の評価
 a）センサ素子の外観とナノロッドの電子顕微鏡像。b）センサ特性評価装置の概略図。
 c）ガスセンシング時の抵抗値変化と各種センサ特性。

表1 エタノールを VOC ガスとして 500 ppm 導入した際の各センサデバイスのセンシング特性（感度：Sensitivity, 応答時間：Response time, 回復時間：Recovery time）

Devices	Sensitivity （Ra/Rg）	Response time（s）	Recovery time（s）
HtOH	3	77	159
2-ME	5	45	156
DMF	7	36	30
DMAC	12	32	23

ロッドアレイから作製したセンサ素子を用いて，VOC をエタノールとして，500 ppm 導入した際，それぞれのセンサ素子の抵抗値変化を図8a に示す。応答時間は，DMAC 試料で，約 30 秒程度で DMF，2-ME，EtOH と若干増大する傾向にある。

しかしながら，驚くべきことに，回復時間の序列は変わらないものの，大きく2つカテゴリーに分類できた。つまり，DMAC と DMF 試料の回復時間は，25～30 秒程度であるが，2-ME と EtOH 試料の回復時間は 5～6 倍以上長いことが明らかになった。詳細な，特性データは，表1 を参照されたい。これらセンサ特性の差異を明らかにするために，4種類の試料の表面状態を図9 に示した表面 SEM 像から得られる情報を用いて再検討した。つまり，ナノロッドの平均長さ，

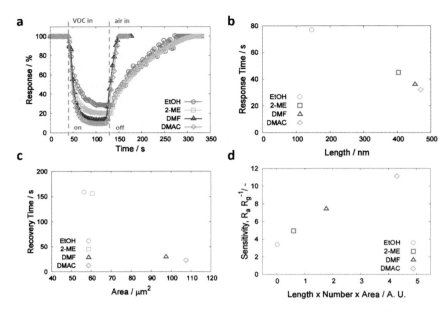

図8 エタノールを導入ガス種とその量をそれぞれ変えた時のセンサ特性
アセトン，IPA，メタノール，エタノールの順で検出力が高い。

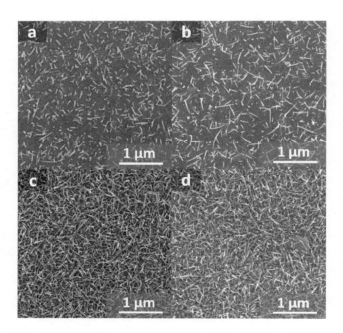

図9 前駆体に仕様する溶媒（の沸点）を変えて作製した酸化モリブデンナノロッドアレイの表面SEM像
　　a EtOH (351 K), b 2-ME (297 K), c DMF (426 K), d DMAC (438 K)。

第1章　計測技術の開発

ナノロッドの数，ナノロッドが覆っている面積と（それぞれのパラメータの積）を，応答時間，回復時間，感度との関係でそれぞれ整理した．図8b〜8cは，各センサ特性におけるナノロッドアレイの表面パラメータとしての関数を示している．図8b〜8cから分かるように，応答時間はナノロッドの長さに負の相関が観察される（図8b）が，回復時間はナノロッドが覆っている面積に負の相関が観られた（図8c）．これは，Rathらが，半導体式ガスセンサにおいて，半導体表面にガスが吸着・脱離するメカニズムを理論的に解析し，議論している[19]．その報告によれば，

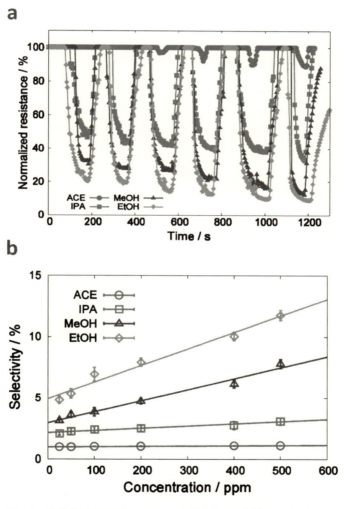

図10　高感度（FMAC）のセンサ素子を用いて測定した各種VOCガス（アセトン：ACE，イソプロピルアルコール：IPA，エタノール：EtOH，メタノール：MeOH）のセンサ特性の濃度依存性

a）抵抗値変化の温度依存性。b）センシング感度の濃度依存性。

ガスの吸着特性は，ガス分子が物質表面に接触する機会のみで決定されるが，一方でガスの脱離特性は，物質の表面エネルギーによって，ガス分子を切り離す強さが異なることを議論している。つまり，ナノ粒子など表面エネルギーが低くなれば，ガス分子が脱離するタイミングも早くなることが示唆される。従って，表面が多くのナノロッド覆われているナノロッドアレイの回復速度は，非常に早くなることが明らかとなった。最後に，図8(d)で示される感度は，ナノロッド長さと，数，覆っている面積の積に正の相関が観察され，これはつまり，ナノロッドアレイの比表面積に起因していると考察できる。しかしながら，この系では，実際に実験的に比表面積を測定することは困難であり，それを確かめるには至っていない。

図10は，前述のDMAC溶媒を用いて作製したセンサ素子について，アセトン（ACE），イソプロピルアルコール（IPA），エタノール（EtOH），メタノール（MeOH）の4種類のVOCをそれぞれ，25，50，100，200，400，500 ppmの濃度でセンシングしたセンサ特性の波形を示す。図10bは，その結果から，各濃度に対する感度をプロットした。図10aから分かるように，挿入ガスの濃度が増大するにつれて，応答特性，特に回復時間が増大する傾向にあることが分かる。また，図から分かるように，酸化モリブデンの各種VOCガスに対する感度は，それぞれ異なることが分かった。これは，VOCガス分子によって酸化モリブデンの表面の吸着特性が異なるからと考察できるが，今のところその序列の規則性に，明確な答えを得ていない。しかしながら，各VOCガスの濃度変化に対する感度は，線形的であり，この濃度範囲では，良好な濃度と感度の依存性を示していると言える。

7.4 まとめ

本項では，ヘルスケアセンサネットワークにおけるナノ材料応用と半導体式ガスセンシングに着目し，ナノ材料の合成とデバイス構造の作製を同時に可能とするプロセスを開発しガスセンサ素子の作製法を提案した。溶液中で，ナノ材料の形態を制御する方法は，古くから提案されていたが，ナノ材料を基板へ直接成長させ，これを電子機器へ応用した研究・開発例は過去に報告がなく，2013年頃から，前駆体を基板に塗布し，単純に焼結することで，酸化モリブデン（MoO_3）ナノロッドアレイを作製することに挑戦して来た。その結果，酸化物ナノ粒子の成長条件を限定するために，前駆体溶液の還元状態を制御することで，ナノ粒子を異方的に成長させることに成功した。具体的には，前駆体溶液に安定剤として，クエン酸を加えることで，MoO_3がβ相からα相へ転移する際，異方成長することを見出し長さ約500 nmのMoO_3ナノロッドを合成することに成功した[18,20]。

基板上に成長したMoO_3ナノロッドは，幅約10 nm，長さ約20～600 nmの非常に高いアスペクト比を実現した。さらに単純に合成するだけでなく，溶媒の沸点や粒成長に費やす焼結時間を調整することで，自在に長さを制御することにも成功した。

また，この作製したMoO_3ナノロッドアレイを用いて，簡易的な高温用ガスセンサデバイスを作製し，センサ特性評価装置を用いて，幾つかの揮発性有機化合物（VOC）ガスについてセン

第1章　計測技術の開発

サ特性を評価した。VOCガスの投入量を25～500 ppmまで調整した際のセンサ特性（相対抵抗値変化）は良好な感度と濃度の依存性を示した。このガスセンサ素子のMoO_3ガスセンサの応答性は，応答・回復時間がそれぞれ20～30秒程度の世界最高水準に並ぶ[20]。また，4種類のガスを検知する良好なガス探知性を示した。

謝辞

　本研究は，㈳日本学術振興会（JSPS）の「研究拠点形成事業（A.先端拠点形成型）」，「科研費　挑戦的萌芽研究（16K13637）」，および文部科学省（MEXT）の「ナノとマクロをつなぐ物質・デバイス・システム創製戦略プロジェクト事業」の一環として，さらに（公財）「大倉和親記念財団」および「住友財団」からの助成を受けて行われました。また，本研究は，叢　樹仁氏，廣瀬由紀子氏の協力を受けて得られた成果である。ここに深く感謝申し上げます。

文　献

1) M. Waiser, *Scientfic America* (1991)
2) L. Nummenmaa et. al., PNAS (2014)
3) L. Zhou et al., *J. Phys. Chem. C*, **114**, 21868 (2010)
4) Y. Sun et al., *Adv. Mater.*, **23**, 2226 (2011)
5) C. Battaglia et al., *Nano lett*, **14**, 967 (2014)
6) T. Kim et al., *Nat. Commun.*, **6**, 8547 (2015)
7) X. Guo et al., *Nature Photon.*, **7**, 825 (2013)
8) P. Medur et al., *Nano Lett.*, **12**, 1784 (2012)
9) M. T. Greiner et al, *Adv. Funct. Mater.*, **23**, 215 (2013)
10) T. Brezesinski et al., *Nat. Mater.*, **9**, 146 (2010)
11) Mark T. Greiner et al., *Nat. Mater.*, **11**, 76 (2012)
12) Mark T. Greiner et al., *NPG Asia Materials*, **5**, e55 (2013)
13) P. F. Carcia et al., *Thin Solid Films*, **155**, 53 (1987)
14) W. Y. Li et al., *J. Phys. Chem. B*, **110**, 1, 119 (2006)
15) Z. Wang et al., *J. Phys. Chem. C*, **116**, 23, 12508 (2012)
16) W. Ji, et al., *J. Mater. Chem. A*, **2**, 3, 699 (2014)
17) A. Martinez-Garcia et al., *Sci. Rep.*, **5** (2015)
18) S. Cong et al., *Cryst. Growth Des.*, **15**, 4536 (2015)
19) J. K. Rath, et al., *Researcher*, **5**, 75 (2013)
20) S. Cong, et al., *Adv. Mater. Interfaces.*, 1600252 (2016)

8 口臭測定器 ブレストロンⅡ
－高感度 VSC センサによる呼気中 VSC 検出機構と活用事例－

鈴木健吾*

8.1 はじめに

簡単な操作で迅速かつ客観的に口臭を検査できる口臭測定器のニーズは，最近の口腔衛生への意識の高まりを反映して，より高性能なものが要求されるようになっている。口臭測定器の役割は，口臭という目に見えないものを，数値に置き換えることで定量的な診断を促すことにある[1,2]。口臭の強さを数値化して表現するには，呼気中に含まれる多種多様な成分のなかから"不快なニオイ"との相関性が高い成分を特定し，その成分の濃度を計測することが求められる。このようなガス分析にはガスクロ（ガスクロマトグラフィー）を用いるのが一般的である。しかしガスクロのような分析装置は，装置が大型・高価でメンテナンスにも手間がかかるので，一般の歯科医院が口臭測定のためにこのような大型の分析装置を設置するのは合理的でない。このような状況に鑑みて東北大学歯学部予防歯科（当時）は，診療の現場で簡便に使用できる信頼性の高い測定器の実現を目指して，新コスモス電機㈱と共同で開発に取り組み，㈱ヨシダがブレストロン（図1）として2002年より販売している[3〜5]。以来ブレストロンの累計販売台数は，2500台以上に達し，市場では高い評価を受けている。その後2012年には測定時間を30秒に短縮した後継機ブレストロンⅡも発売し現在に至っている。本稿では，ブレストロンⅡの検出機構を中心にそ

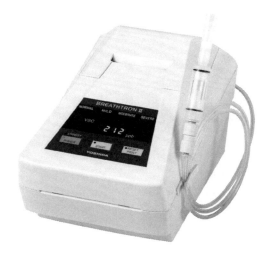

図1 口臭測定器 ブレストロンⅡ
発売元：㈱ヨシダ

---

* Kengo Suzuki 新コスモス電機㈱ インダストリ営業本部・営業開発部
技術開発本部・第二開発部

の技術概要と活用事例を紹介する。

8.2 口臭測定器に要求される性能

口臭の主要原因物質は，呼気中に含まれる極微量の硫化水素やメチルメルカプタンなどVSC（揮発性硫黄化合物）であることが，これまでの研究により明らかにされている。しかし呼気中にはVSC以外にも様々なガス成分が含まれるために，口臭測定器には，多量の夾雑物の中からVSCだけを選択的に検出することが求められる。また測定結果の再現性を確保するには，同一条件での試料採取が前提となり，これにはポンプによる自動吸引方式が好都合であるが，被験者（患者）への負担軽減を考慮して呼気の採取量は極力少なくしなければならない。また，診療室のチェアーサイドでの使用を想定して，装置は小型・軽量で操作の簡単なものが求められる。これらの要求性能を満たすには，操作性に優れた口内気体採取機構と高性能なVSC検出部（センサ）が必要となる。

8.3 ブレストロンⅡの検出メカニズム

ブレストロンⅡは，図2に示すような機構により呼気中のVSCを検出している。検出部には，VSCの検出に適した酸化セリウムを感応材料に用いた高感度半導体式センサを搭載し，ppb（1ppbは10億分の1）オーダーの極低濃度VSC検出を実現している。さらにVSCのみを選択的に検出するために，フィルタ（マウスピース）を介して呼気を一定量吸引する機構を採用している。このフィルタは酸処理を施したシリカゲルを成型したもので，呼気中の夾雑物を効果的に除去して酸性ガスであるVSCのみを選択的に通過させることができる。このフィルタ付きマウスピースは，感染防護に配慮して一回毎の使い捨てとしている。このような高感度VSCセンサとフィルタを組み合わせた検知方式は，他の口臭測定器にはないブレストロンⅡの特長である。測定の際は，被験者にチューブ先端に取り付けたマウスピースを軽く咥えて口を閉じた状態を保持してもらい，STARTスイッチを押すと呼気の吸引が開始される。測定に要する時間は30秒

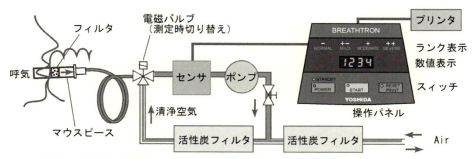

図2　ブレストロンのVSC検出のメカニズム

間で，この間に吸引される呼気の体積は約 40 ml と少量で，微かに吸引されていると感じる程度である。測定結果はセンサが検知した VSC を濃度に換算して表示するとともに，4 段階のランクで表現される。ランク分けの基準値は，官能検査との相関性を評価したうえで「生理的口臭のレベルは正常と見なす」との観点に立ち，"NORMAL"～250（悪臭がない），"MILD"～600（かすかな悪臭），"MODERATE"～1500（明らかな悪臭），"SEVERE"～3000（強い悪臭）に設定している。なお，この設定値はユーザー側で使用実態に応じて変更することも可能である。測定終了後は，RESET/PRINT スイッチを押すと測定結果が付属のプリンタで印字され，次回の測定に備えて配管内が自動で洗浄される。ブレストロンⅡのサイズは，(W) 150×(H) 150×(D) 230 mm と小型，軽量（2 kg）なのでチェアーサイドに設置して使用することが可能である。

8.4 高感度 VSC センサの構造と検出原理

ブレストロンⅡに用いている VSC センサは，図 3 に示すように 1×1.5 mm のアルミナ基板の裏面に Pt 薄膜のヒータを，表面には Pt 薄膜の櫛形電極をスパッタ法で蒸着し，その電極面に酸化セリウムナノ粒子を厚膜状に塗布・焼結させた構造である。動作状態では，Pt 薄膜ヒータに電流を流して 500℃前後に加熱し，酸化セリウム厚膜の抵抗値の変化を検出することで VSC 濃度を計測している。酸化セリウムは，その結晶内に酸素空孔を有する不定比性の酸化物であり，高温下では酸素空孔が結晶格子内を移動する電荷担体の役割を担う（図 4）。この電荷移動は，酸化セリウムの表面に解離吸着している酸素が硫化水素など VSC と反応し消費されることで容易に起こる。この VSC と吸着酸素との反応は酸化セリウム粒子表層での反応であるので，粒子サイズを小さくすれば表面状態の寄与率を高めることができ高感度化が図れる。そこで本センサでは，平均粒子径が 100 nm の酸化セリウムナノ粒子を用いている。またこの反応メカニズムでは，VSC はセリウムと化合物（中間生成物）を形成しないので応答・復帰速度の速いセンサを実現できる。この酸化セリウムナノ粒子の製造方法は，（国研）産業技術総合研究所・先進製造プロセス研究部門・センサインテグレーション研究グループの研究成果であり，当社はこの技術移転を受けて VSC センサに応用した[6]。

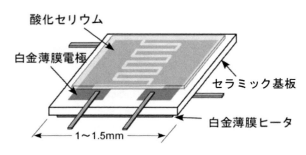

図 3　酸化セリウム厚膜型 VSC センサの構造概略図

第1章　計測技術の開発

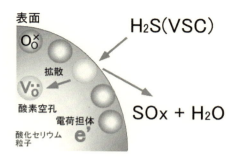

図4　酸化セリウム粒子表面でのVSC検出機構のイメージ

8.5　高感度VSCセンサの感度特性

ブレストロンIIに搭載している酸化セリウム厚膜型VSCセンサのガス感度特性を図5に示す。本センサは，硫化水素（H_2S）とメチルメルカプタン（CH_3SH）には高感度で，エタノールやアセトアルデヒドなど有機化合物のガスには比較的感度が低い特性である。口臭測定器は歯科の診療室で使用されるので，これら有機化合物のガスには感度が低いことが必要条件となる。VSCの検出下限濃度は20 ppbであり，VSCの分析に一般的に用いられるFPD-GC（炎光光度検出器-ガスクロマトグラフィー）の検出能力と比較して遜色がない。一方，アルコールなど有機化合物ガスに対する感度は低いとはいえ，歯科の診療室で使うにはまだ十分な選択性があるとはいえない。これへの対応としては前述のとおりマウスピース内の酸処理したシリカゲルフィルタでVSCと有機化合物ガスとを分離している。このフィルタの効果を図6に示す。図6はVSC250 ppb，およびこれにエタノール10 ppm，アセトアルデヒド10 ppm，アセトン10 ppmを混交したガスに対する感度を，フィルタの有無で比較した結果である。なお図中のVSCはH_2SとCH_3SHを2：1の比率で混合し，呼気中の一般的な比率を模擬したガスであり，ブレストロンIIではこの混合ガスで校正している。この比較結果から明らかなとおり，酸処理したシリカゲルはVSCを吸着せず，有機化合物ガスは吸着除去できていることがわかる。このシリカゲルフィルタは，マウスピースとともに1回の測定ごとに使い捨てにするので，フィルタの吸着容量は毎回一定と見なすことができる。

8.6　ブレストロンIIを用いた性能評価（測定条件の影響）

口腔内の空気は呼吸によって置換されるので，口臭の主要原因物質であるVSC濃度も絶えず大きく変動する。口臭測定では，結果の再現性をよくするために測定前の口を閉じている時間を毎回同じにするなどの配慮も必要となる。ブレストロンIIを用いた呼気測定の一例を図7に示す。この実験に際しては，前日の夜と翌朝に歯磨きをせず朝食も摂らず口腔内の衛生状態を意図的に悪くして行った。図7に示す測定結果を以下時系列で説明する。ブレストロンIIのVSCセンサは，暖機時間が短いという特徴があり，電源ONから5分以内に測定を開始できる。1回目のVSC濃度の測定結果は872 ppbであった。次に深呼吸をして口腔内の空気を置換して直後に

生体ガス計測と高感度ガスセンシング

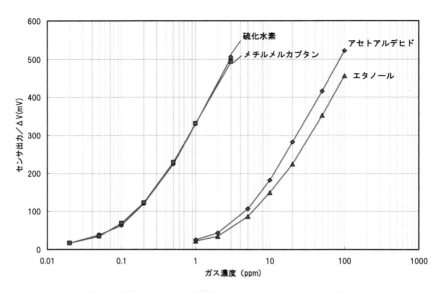

図5　酸化セリウム厚膜型 VSC センサのガス感度特性

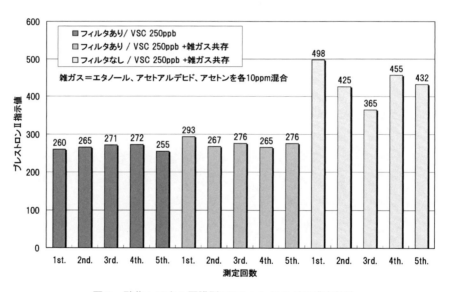

図6　酸化セリウム厚膜型 VSC センサのガス感度特性

測定すると VSC 濃度は 177 ppb にまで低下した。次に通常の呼吸状態で測定した場合は，極端な変動はなくなるものの，それでも1回目 527 ppb，2回目 514 ppb，3回目 268 ppb，4回目が 438 ppb と測定結果はばらつく結果となった。そこで，1分間口を閉じてから測定すると，VSC 濃度は 1129 ppb，1104 ppb，1446 ppb と再現性の良い結果が得られた。この測定例が示すとおり，口腔内の VSC 濃度は短時間でも大きく変動するので，測定に際しては口腔内の状態を如何

第1章　計測技術の開発

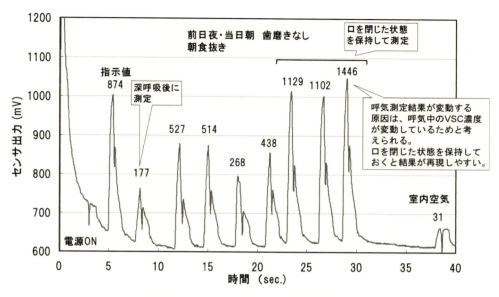

図7　ブレストロンⅡを用いた呼気測定結果の一例

にして整えるのかが再現性のある口臭測定を行う上で重要となる。ブレストロンⅡの取り扱い説明書では，口を閉じている時間を一定にするなどの測定条件に配慮が必要であることを案内している。

8.7　ガスクロによる計測結果との相関

50名以上のボランティアの協力を得て行った呼気試料測定の実証試験において，ブレストロンⅡのガスクロマトグラフィーとの相関は $r=0.86$ と有意な相関が認められ，十分実用レベルの性能であることを確認している（図8）。

8.8　使用上の注意点

口臭は日内変動が大きく，また口を閉じている時間経過によってもニオイの度合いは変化する。したがって再現性を確保するには，測定条件の統一（測定の前に口内気体を吐き出してから，一定時間口を閉じて安静にするなど）への配慮が必要である。また機器の性能を維持するには，定期的なメンテナンスは不可欠であり，年一回のセンサと内部活性炭フィルタの交換をお勧めしている。

8.9　ブレストロンの活用事例

既にご使用いただいている多くのユーザーから，「ブレストロンは口内清掃のモチベーションやPMTCの術前後での効果の確認に有効」との評価をいただいている。ただし，PMTC処置直

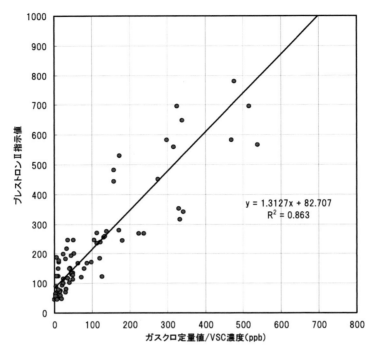

図8　ブレストロンⅡとガスクロとの相関性評価結果

後は，歯周ポケット内や舌苔内に貯留していたガスが解放され，しばらくの間は一時的に口臭が強くなるので，処置後の効果を見るには，十分な洗口のあと数分間安静にして測定を行うように注意する必要がある。また，社会的容認のレベルを超えない生理的口臭の範囲内であるにも関わらず，口臭へのこだわりが強い患者に対しては，計測器による客観的なデータの提示によって患者自身の"気付き"（事実認識）を促すことが効果的であり，簡単な操作で気軽に使用できるブレストロンは，これに有効な診断ツールである。このようなケースで何よりも重要なのは，測定結果の提示とともに患者の心理的背景にも配慮した，適切なカウンセリングを心掛けることである。詳細については以下の研究報告を参照されたい。

参　　　照

- 「Clinical characteristics of halitosis：Differences in two patient groups with primary and secondary complaints of halitosis.」
- 「口臭の臨床とその心理的アプローチ」

第1章　計測技術の開発

文　　献

1) Iwakura M, Yasuno Y, Shimura M, Sakamoto S, Clinical characteristics of halitosis, Differences in two patient groups with primary and secondary complaints of halitosis, *J. Dent. Res*, **73**, 1568-1574 (1994)
2) 岩倉政城, 口臭の臨床とその心理的アプローチ, 東北大学歯学雑誌, **19**, 20-32 (2000)
3) 鈴木健吾, 鷲尾純平, 岩倉政城, ZnO厚膜型センサの口臭測定器への応用, Chemical Sensors, **18 A**, 19-21 (2002)
4) Shimura M, Yasuno Y, Iwakura M, Sakamoto S, Shimada Y, Sakai S, Suzuki K, A new monitor with a zinc-oxide thin film semiconductor sensor for the measurement of volatile sulfur compounds in mouth air, *Journal of Periodontology*, **67**(**4**) (1996)
5) Tanda N, Iwakura M, Ikawa K, Washio J, Kusano A, Koseki T, Suzuki K, *International Congress Series*, **1284** (2005)
6) Itoh T, Taguchi Y, Izu N, Matsubara I, Shin W, Nishibori M, Nakamura S, Suzuki K, Kanda K, Alternating current impedance analysis of CeO2 thick films as odor sensors, *Sensor Letters*, **9**(**2**) (2011)

9 生体ガス計測におけるドコモの取り組み

山田祐樹[*1], 檜山 聡[*2]

9.1 はじめに

株式会社NTTドコモ（以下，ドコモ）では，健康上の問題がない状態で日常生活が送れる期間（以下，健康寿命）の延伸に向けて，病気の発生や進行を未然に防ぐ予防医療サービスの実現に取り組んでいる。そのためには，簡単・手軽に日々の健康や生活習慣を検査可能な装置が必要であり，呼気や皮膚表面から放出される生体ガス成分（以下，皮膚ガス）を計測可能な装置が有望であると考えている。本稿では，呼気計測装置と皮膚ガス計測装置の開発例と，その応用展開例を紹介する。

9.2 呼気計測装置の開発とセルフ健康検査への応用

高齢化社会の到来に伴い，国民医療費は増加の一途を辿っている。2012年度は35兆円であったが，2025年度には54兆円となることが予想されており，国民医療費の増加の抑制は急務となっている[1]。この国民医療費の約35％は生活習慣病関連疾患が占め[2]，日本人の死因の約6割は生活習慣病関連疾患である[3]。つまり，生活習慣病の発症率を低減することができれば，国民医療費の低減や健康寿命の延伸に繋がることが期待される。

近年，呼気や皮膚ガス成分の計測による健康検査や健康管理が下記3つの理由から注目を集めている。第一に，生体ガスによる検査は，採血のような痛みを伴わず，穿刺による感染リスクが発生しない。第二に，生体ガスには各人の代謝結果が含まれ，個人差が反映されている。第三に，生体ガスの計測には資格や免許が不要であり，誰でも自分で測ることができる。そのため，ユーザが簡単・手軽に自身の健康チェックを行う際に計測する生体サンプルとして，生体ガスは適していると考えられる。ドコモでは，数百種類以上ある生体ガス成分の中でも特に，脂肪代謝の指標となる「アセトン」に着目している。

アセトンは運動や空腹などに伴って，体脂肪が分解・燃焼されることによって血中に産生される代謝産物であり，肺胞を通じて我々の呼気や皮膚表面から放出される生体ガス成分の1つである[4]。呼気中のアセトン濃度は，血中のアセトン濃度と非常に高い相関があり[5]，血液を採取しなくても呼気を使って脂肪代謝の動態を知ることができると期待されている。具体的には，糖尿病[6]，食事[7]，運動[8]，睡眠[9]，年齢・性別[10]，ダイエット[11]，血糖値[6]と，呼気アセトン濃度との関連性がこれまで検証されている。なかでも，肥満は万病の元とも言われ，生活習慣病を発症するリスクを上げることからも，呼気中のアセトン濃度を自ら測り，脂肪代謝レベルをモニタしながら日常のダイエット管理などに応用することは非常に有意義である[11]。

しかし，呼気中に含まれるアセトン濃度は非常に低く，健康な成人で0.2〜2.4 ppm（parts per

[*1] Yuki Yamada ㈱NTTドコモ 先進技術研究所
[*2] Satoshi Hiyama ㈱NTTドコモ 先進技術研究所 主幹研究員

第1章　計測技術の開発

million；1 ppm＝0.0001％）程度である[10]。しかも，呼気中に含まれているアセトン以外のガス成分の一部はアセトン計測に誤差を生じさせる。そのため，ガスクロマトグラフィ装置などの従来のガス計測装置ではガス成分を分離して厳密に計測しており，装置の大型化の主な要因となっていた。そこで，ドコモが開発した呼気計測装置では，感度特性が異なる2種類の半導体式ガスセンサを実装し，ガス成分の分離機構を採用しないことで装置の小型化をめざした（図1）[12,13]。第1のガスセンサは酸化タングステンを主なセンサ材料とし，アセトンに対して特に高い感度を示すガスセンサを選定した。一方，第2のガスセンサは酸化スズを主なセンサ材料とし，アセトンや水素，エタノールに対して感度を示すセンサを選定した。アセトンと水素，エタノール，飽和水蒸気の混合ガスに対するガスセンサの感度特性評価をあらかじめ行い，それぞれの結果を基にして検量線を求めて装置に記録しておくことで，ガス成分を分離することなく，呼気中のアセトン濃度を精度よく算出できるアルゴリズムを開発・実装した。開発装置は大きさが65×100×25 mm，重さが125 gであり，卓上型のガスクロマトグラフィ装置と比べて体積で約1/100，重量で約1/50の小型軽量化に成功している。開発装置はアセトンとエタノールの同時計測が可能

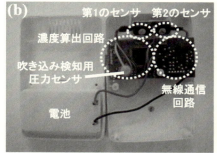
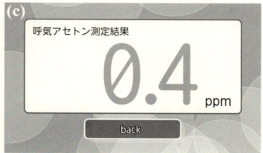

図1　開発した呼気アセトン計測装置(a)システム全体構成(b)装置の内部構成(c)スマートフォン画面での計測結果表示例

であり,両ガス成分の計測結果はBluetooth®による無線伝送,または音声ケーブルでの有線伝送にてスマートフォンに送信が可能である。そして,開発装置からの送信データを受信するスマートフォンには,必要な息の吹き込み秒数のカウントダウン表示や,計測結果の表示などを行うAndroid™アプリケーションを開発・実装した。

次に,開発装置とガスクロマトグラフィ装置とに,実際の息を吹き掛けた場合に算出されるアセトン濃度の比較評価を行った。その結果,開発装置による計測結果は,ガスクロマトグラフィ装置による計測結果と有意な正の相関が認められ($R=0.95$, $p<0.001$),その標準誤差は±0.1 ppmであった[13]。これは,自身の脂肪代謝レベルの傾向や目安を簡易的に把握する用途を想定すると,実用に耐え得る計測精度であると言える。

生活習慣病の1つである糖尿病の在宅モニタリングへの開発装置の応用可能性を検証するため,糖尿病患者の呼気アセトン濃度と血糖値,HbA1c値の関係を検証する実験を行った[14]。非糖尿病患者12名(65〜90歳),食事療法や経口薬治療,インスリン治療を行っている糖尿病患者77名(32〜95歳)を対象に,開発装置を用いた呼気アセトン濃度の計測と血液検査を朝食前に1回実施した。治療別の呼気アセトン濃度を示した結果を図2に示す。糖尿病が進行している人ほど,呼気アセトン濃度が高い傾向にあることがわかった。そして,非糖尿病と食事療法の患者は呼気アセトン濃度と血糖値,HbA1c値の間に緩やかな相関があった(図3)。これらの結果は,非糖尿病と食事療法の患者は呼気アセトン濃度を計測することにより,血糖値やHbA1c値の大小を粗く推定できる可能性があることを示唆している。さらに,服用している薬が呼気アセトン濃度の大小に影響を及ぼしている可能性も示唆された(図4)。これらの結果は,呼気アセトン計測が糖尿病の在宅モニタリングに応用できる可能性があることを示しており,被験者数を増やした更なる検証が期待される。

続いて,街中でのセルフ健康検査への開発装置の応用可能性を検証するため,呼気計測装置を

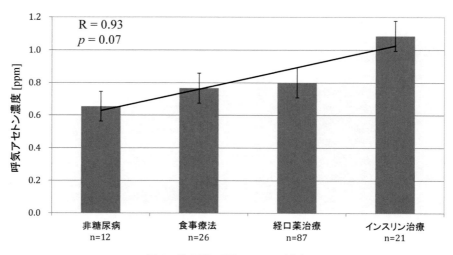

図2 治療別の呼気アセトン濃度

第1章　計測技術の開発

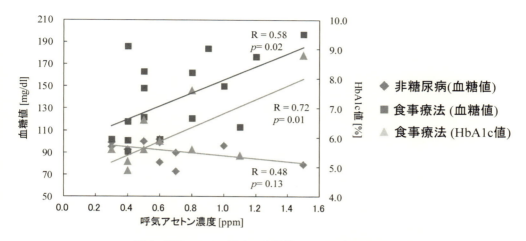

図3　呼気アセトン濃度と血糖値・HbA1c値の相関性

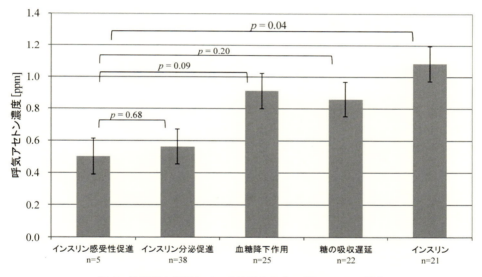

図4　治療薬を服用している糖尿病患者の呼気アセトン濃度

実装したヘルスキオスクの開発を行った[15]。「ヘルスキオスク」とは，画面の案内に従いながら備え付けの各種センサや健康管理機器を自分で操作し，自身の健康状態に異常が無いかを検査できる機器である。公益財団法人福岡県産業・科学技術振興財団社会システム実証センターと，国立大学法人九州大学システムLSI研究センターの指導の下，株式会社スマートサービステクノロジーズが開発・製造しており，身長，体重，血圧，体脂肪率，体温，脈拍，視力，聴力，肺活量，緑内障，白内障，心電波形，メンタルヘルス，認知症など計21項目以上のセルフ健康検査が可能である（図5）。利用者はICカードによって個人認証され，各項目の検査結果はその場で画面表示されると共に，ネットワーク上のサーバに蓄積される。蓄積された検査結果は，PCや

生体ガス計測と高感度ガスセンシング

①緑内障,白内障,メンタルヘルス,認知症検査および操作案内,結果表示用ディスプレイ
②身長計測センサ　　③聴力検査用ヘッドホン
④ICカードリーダ　　⑤視力検査用リモコン
⑥体温センサ　　　　⑦肺活量計
⑧血圧,脈拍,心電計　⑨呼気計測装置
⑩視力検査用覗穴　　⑪体重・体脂肪率計

図5　呼気計測装置を実装したヘルスキオスク

モバイル端末から閲覧可能である。
　このヘルスキオスクに,ドコモが研究開発した呼気計測装置を実装することで新たに脂肪代謝の検査が追加され,糖尿病や摂食障害,過度なダイエットなどに起因する代謝異常の有無も検査可能な世界最先端のセルフ健康検査機器となっている。病院受診要否の判断や,健康増進,病気の早期発見に役立つと期待され,医師不足の地域や離島などでは特に利用ニーズが高い。地域住民を対象とした国内外での利用実験を行いながらヘルスキオスクの有用性を実証し,公共施設や薬局などの街中や企業の健康管理センターなどに設置することで気軽にセルフ健康検査を行えるようにしたいと考えている。

9.3　皮膚ガス計測装置の開発と健康管理への応用

　広く一般に普及している健康管理装置の一つに体重計・体組成計がある。一家に一台あると言っても過言ではなく,肥満の予防やダイエットを行うにあたっては,日々の体重管理は重要である。そこで,体重計測時に皮膚ガス成分も同時に計測できれば,呼気計測装置よりも更に手軽に,かつ多項目の健康チェックが実現できると考え,脂肪代謝の指標となるアセトン,飲酒の指標となるエタノール,脱水の指標となる水蒸気の3種類のガス成分を,体重計を模した装置に乗るだけで同時に計測できる「足裏皮膚ガス計測装置」を世界で初めて開発した（図6)[15]。
　開発装置は大きさが30×30×3.5 cm,重さが1.7 kgであり,一般的な体重計・体組成計と同等の大きさ,重さである。開発装置には4つの皮膚ガス捕集・計測孔があり,各孔にアセトンに

第 1 章　計測技術の開発

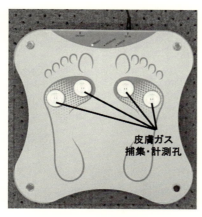
足裏皮膚ガス計測装置

操作誘導、計測結果表示
（スマートフォンまたはタブレット）

図6　足裏皮膚ガス計測システム

高感度なガスセンサ，エタノールに高感度なガスセンサ，温度・湿度センサ，ユーザが装置に乗ったことを判定するための物理スイッチを備えている。皮膚から放出されるガス成分の量は呼気中のガス成分の量よりも非常に少ないため，ガスセンサ自体の高感度化を行うとともに，計測結果の算出アルゴリズムおよび装置へのガスセンサの実装方法を工夫することで，極微量な皮膚ガス成分の計測を可能にしている。開発装置に乗ると，約 20 秒間で足裏の皮膚から放出されたアセトン，エタノール，水蒸気の同時計測が行える。なお，アセトンなどの生体ガス成分の分子の大きさは数 Å 程度であるのに対し，靴下やストッキングの繊維の網目は数百 μm 程度であるため，皮膚ガス成分の分子は繊維の網目を通り抜けられることから，靴下やストッキングをはいた状態でも皮膚ガスの計測は可能である。計測結果は Bluetooth® による無線伝送で，対向するスマートフォンまたはタブレットに送信される。一方，対向するスマートフォンまたはタブレットには，開発装置からの送信データを受信し，計測結果に応じて現在の脂肪代謝レベル，酒気帯びの有無，脱水の有無と，それらに関連する健康アドバイスを GUI で視覚的に表現する Android™ アプリケーションを開発・実装した（図7）。

開発装置の計測精度を確認するため，性能評価実験を実施した。開発装置とガスクロマトグラフィ装置で，複数名の被験者の皮膚から放出されるアセトンとエタノールを計測し，両装置で計測された各ガス成分の量の比較評価を行った。その結果，開発装置による計測結果は，ガスクロマトグラフィ装置による計測結果と正の高い相関が認められた（アセトンの相関係数 $R=0.89$，$p<0.001$，エタノールの相関係数 $R=0.99$，$p<0.01$）（図8）。これらの結果より，ユーザが簡易的に自身の健康状態を把握する利用用途において，実用に耐え得るレベルであることがわかっ

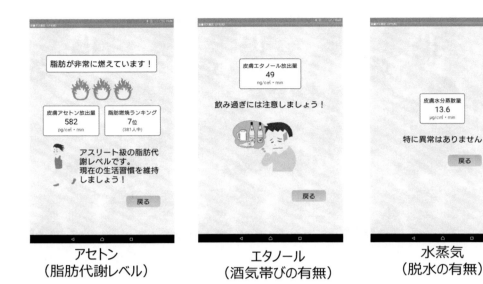

図7　皮膚ガス計測結果の表示例

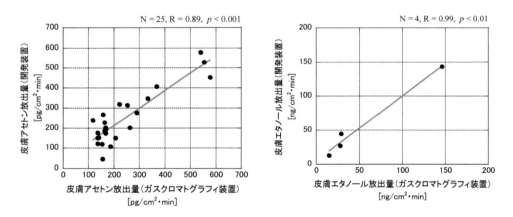

図8　足裏皮膚ガス計測装置の精度

た。

　開発装置は，例えばダイエット支援や健康アドバイスへの応用が可能である。ダイエットを成功させるためには，水分や筋肉ではなく，体脂肪を減少させる必要があるが，体重を測るだけでは減量したものが体脂肪であるのか，それとも水分や筋肉であるのかが特定できない。これに対し，アセトンは体脂肪の分解・燃焼に伴って放出される代謝産物であるため，体重と合わせて計測することで，体脂肪の減少による減量なのか否かを特定することができ，効果的なダイエットを行うことが可能となる。なお，インピーダンス法に基づく体組成計では体内の水分量の増減が体脂肪量の計測に影響を与えて大きな計測誤差となり得るが，アセトン計測の場合はそのような

影響をうけない。さらに，過度なダイエットを行っている場合には，炭水化物の摂取不足によって体脂肪が過剰に分解・燃焼されてアセトンの放出量が異常に多くなるため，ユーザに注意喚起を行うことで健康損失への抑止にもつながる。体重計に乗るという日常的な動作で負担なくアセトン計測による脂肪代謝の評価が行え，エタノールの計測結果から飲酒頻度などの生活習慣を推定して健康アドバイスを行うことも可能である。

開発装置は，糖尿病患者や妊婦などが発症する代謝異常の病気（ケトアシドーシス）の早期発見にも役立つことが期待される。ケトアシドーシスは，ケトン体の蓄積により血液が酸性に傾いた状態を示し，早期に適切な治療が行われないと死に至る可能性もある疾患として知られている。また，脱水時には症状がさらに重篤化する危険性もある。糖尿病患者や妊婦は日常的に体重管理を行っているため，体重と合わせて皮膚ガス成分を計測することで，負担なくケトアシドーシスの早期発見につながると期待される。

なお，身に着けるだけで腕から放出されるアセトンを計測して，脂肪代謝レベルを連続モニタリングできる「ウェアラブル皮膚アセトン計測装置」もドコモは開発済みである[16,17]。このようなウェアラブルタイプの装置は，アスリートや健康意識が高い人，腕時計やスマートウォッチなどを普段から身に着けている人のニーズが高く，脂肪代謝レベルの経時変化・日内変動が容易に「見える化」できる。利用シーンや用途，好みに応じて，呼気を測るタイプや体重計を模したタイプ，身に着けられるタイプなどを使い分けるのが望ましい。

9.4 おわりに

本稿では，呼気計測装置と皮膚ガス計測装置の開発例と，その応用展開例を紹介した。これらの装置を日常的に気軽にユーザが利用することで，健康の維持や増進，病気の予防や早期発見に役立ち，健康寿命の延伸に繋がることが期待される。健康・医療分野における社会的課題の解決に向け，引き続き貢献していく。

文　　献

1) 厚生労働省，社会保障に係る費用の将来推計の改定について，p.5 (2012)
2) 厚生労働省，平成26年版厚生労働白書 健康長寿社会の実現に向けて～健康・予防元年～, pp.57-58 (2014)
3) 厚生労働省，平成27年 (2015) 人口動態統計（確定数）の概況，p.1 (2017)
4) 小橋恭一，呼気生化学－測定とその意義－，㈱メディカルレビュー (1998)
5) O. B. Crofford et al., *Trans. Am. Clin. Climatol. Assoc.*, **88**, pp.128-139 (1977)
6) C. Wang et al., *IEEE Sensors J.*, **10** (1), pp.54-63 (2010)
7) P. Spanel et al., *Physiol. Meas.*, **32**, pp.N23-N31 (2011)

8) J. King et al., *J. Breath Res.*, **3**, 027006 (2009)
9) J. King et al., *Physiol. Meas.*, **33**, pp.413-428 (2012)
10) K. Schwarz et al., *J. Breath Res.*, **3**, 027003 (2009)
11) S. K. Kundu et al., *Clin. Chem.*, **39** (**1**), pp.87-92 (1993)
12) 山田祐樹ほか,NTT DOCOMO テクニカル・ジャーナル,**20** (**1**), pp.49-54 (2012)
13) T. Toyooka et al., *J. Breath Res.*, **7**, 036005 (2013)
14) T. Toyooka et al., "Portable Breath Acetone Analysis Toward Self-monitoring of Diabetic Control," *World Diabetes Congress 2013*, Melbourne, Australia, Dec. (2013)
15) 山田祐樹ほか,NTT DOCOMO テクニカル・ジャーナル,**24** (**4**), pp.6-11 (2017)
16) Y. Yamada et al., *Anal. Chem.*, **87** (**15**), pp.7588-7594 (2015)
17) 山田祐樹ほか,NTT DOCOMO テクニカル・ジャーナル,**23** (**2**), pp.74-79 (2015)

10 呼気中アンモニアの即時検知を目指した水晶振動子ガスセンサシステムの開発

李　丞祐*

10.1 はじめに

近年，疾患に関連する呼気中の揮発性有機物質（以下，VOC）が多数報告されており，呼気や皮膚からのVOC検知による疾患の早期発見や予防への期待が高まっている[1~3]。呼気を用いた病気診断は長い歴史を持つ[4]。最近では，犬による病理学の知見も報告されており，皮膚ガン[5]，膀胱ガン[6]，肺ガンや乳ガン[7]に関する研究がなされている。呼気分析の歴史は古く，70年代にPaulingらのガスクロマトグラフィ（GC）による呼気分析の最初の研究において200種以上の物質の存在が報告された[8]。これらの混合物はnmol/Lからpmol/L（ppbからppt）の濃度範囲で存在し，その中の幾つかの物質は特定の病気と高い相関を示すことが最近の研究において少しずつ解明されている[9, 10]。現在，呼気分析はバクテリアの繁殖やピロリ菌の感染などの限られた検査に応用されており，特定の疾患の診断に用いられている例は少ない。これはVOCが幅広い範囲に存在することや水分子を含む呼気成分を構成するマトリックスの複雑性から正確なVOCの分析が困難であったためである。正確な情報を得るために分析精度を向上させる必要がある。

アンモニア（NH_3）は，化学産業において最も広く使われている窒素源となる化合物であり，重要な疾患マーカーでもある。人体においてアンモニアは，主にタンパク質の分解によって腸管や腎臓から血液中に代謝され，肝臓で尿素に変わって尿に排出される[11]。NH_4^+は難脂溶性だが，NH_3は脂溶性であり，細胞膜を通過して細胞障害毒性を発揮する。アンモニアから尿素への体内の尿素回路を担う肝臓などの器官に異常が生じると血液中のアンモニア濃度が増加し，肺胞でのガス交換を通じて呼気中のアンモニア濃度が増加する。生理的に正常な人間の呼気中には約1 ppm以下のアンモニアが含まれる。したがって，病状の酷い場合（アンモニア濃度が人間の知覚限界である55 ppmを上回る場合）[12]を除いて，身体から放出されるアンモニアを人間の嗅覚を使って検知することはできない。

現在，アンモニア検知に様々な方法が用いられているが，ベンチトップシステムの多くの場合，感度が不十分でまだ実用的なレベルに達していない。ポリアクリル酸（polyacrylic acid, PAA）は，カルボキシル基の繰り返し構造を有する高分子であり，アンモニアの検知に最も広く使われているレセプターである[13]。PAAは水分やアンモニアに高い反応性を示し，それらとの反応によってその化学的・電気化学的性質が大きく変化する。PAAを適当なトランスデューサと組み合わせることで，湿度やアンモニアに選択的に応答する化学センサを作り出すことができる[14]。

上記の知見をもとに，本章ではPAAをアンモニアの検知素子とする水晶振動子（Quartz Crystal Microbalance, 以下QCM）ガスセンサの開発に関する最近の我々の試みを紹介する。大量の水分を含む（高湿度の）呼気中のアンモニアを検知するために，2つの電極に同じ構造の検

---

* Lee Seung-Woo　北九州市立大学　国際環境工学部　エネルギー循環化学科　教授

知膜を製膜し，その一つの電極にPAAを導入した2電極センサシステムが本研究の基本構想である．両電極の湿度とアンモニアに対する相関性から呼気中のアンモニアを即時に検知できる，QCMだけの単一デバイスで構成されたセンサシステムの設計について解説する．

10.2　水晶発振子の原理および検知膜の製膜過程の追跡

水晶振動子は，電気をながすと正確に振動する水晶の圧電現象を利用したデバイスである．水晶振動子の電極上に物質を付着させると水晶振動子の質量付加効果により付着した質量に対応して発振周波数が定量的に減少することを利用し，ナノグラム（ng）レベルの極めて微量な質量負荷でも発振周波数変化から質量変化を捉えることができる．したがって，水晶発振子の振動数測定により，表面に吸着した物質の質量を知ることができ，吸着物質の密度が既知の場合，その厚みを計算することができる．

$$\Delta F = -\frac{2F_0^2}{\sqrt{\mu_q \rho_q}} \times \frac{\Delta m}{A} \tag{1}$$

式(1)はSauerbreyの式と呼ばれ[15]，均一で硬い薄膜が電極に付着した場合，付着物と振動数変化との関係を示している．ΔFは振動数変化 [s^{-1}]，F_0 [s^{-1}] は基準振動数，Δmは質量変化 [kg]，AはQCMの電極面積 [m^2]，μ_qは水晶のせん断応力 [$kg/m \cdot s^2$]，ρ_qは水晶の密度 [kg/m^3] である．本研究で用いた電極の基準振動数は9.00×10^6 Hzであり，水晶のせん断応力弾性係数が2.95×10^{10} $kg/m \cdot s^2$，水晶の密度が2.65 kg/m^3，水晶発振子の金電極面積が0.0196 m^2であることから式(2)が得られる．

$$\Delta m (\text{ng}) = -1.07 \times 10^{-9} \times \Delta F \tag{2}$$

検知膜は交互積層法を用いてpoly（allylamine hydrochloride）（PAH, Mw 58000, Sigma-Aldrich）とシリカナノ粒子（SiO_2, SNOWTEX-20 L：粒径40～50 nm, Nissan Chemical Industries, Ltd.）からなる（PAH/SiO_2）$_n$の多層膜をQCM金電極上に作製した後，PAA（Mw 250000, 35 wt% in H_2O, Sigma-Aldrich）を膜中に導入させた（PAH/SiO_2）$_n$＋PAA膜を作製した．まず，9 MHz QCM（Nihon Dempa Kogyo Co., Ltd.）の金電極表面を空気プラズマで処理し，エタノールおよびイオン交換水で洗浄した後，窒素ガスで乾燥した．25℃で0.1 wt% PAH（20 mM ethanolamine buffer, pH 9.3）溶液に10分浸漬させ，イオン交換水で洗浄した後に窒素ガスで乾燥した．次にシリカナノ粒子の水溶液に15分間浸漬した後，イオン交換水と窒素ガスによる洗浄と乾燥を行った．これを1サイクルとして繰り返し，5層および10層の（PAH/SiO_2）$_{10}$膜を作製した．続いて，作製した5層および10層の（PAH/SiO_2）膜を0.1 wt% PAA溶液に60分間浸漬した後，イオン交換水で洗浄，窒素ガスで乾燥し，（PAH/SiO_2）$_5$＋PAA膜と（PAH/SiO_2）$_{10}$＋PAA膜を作製した．交互積層膜の作製およびPAAの導入過程をQCMの振動数変化から追跡した．

図1に製膜時のPAHとSiO_2ナノ粒子の吸着プロファイルを示す．繰り返し吸着によるPAH

第1章　計測技術の開発

と SiO$_2$ ナノ粒子の1層当たりの平均振動数変化は 48.5±13.7 Hz と 1288.8±75.0 Hz である。両成分の規則的な吸着挙動は均一な多層膜が作製できたことを意味する。また，図1左上の挿入図から分かるように，(PAH/SiO$_2$)$_5$ 膜および (PAH/SiO$_2$)$_{10}$ 膜は PAA 導入によってそれぞれ 1029 Hz と 2100 Hz の異なる振動数変化を示す。10層膜において約2倍の PAA の導入が確認でき，製膜サイクル数に応じて PAA が膜中に理想的に導入できることが確認できる。

(PAH/SiO$_2$)$_5$ 膜の表面および断面の走査型電子顕微鏡（SEM）像を図2に示す。表面の SEM

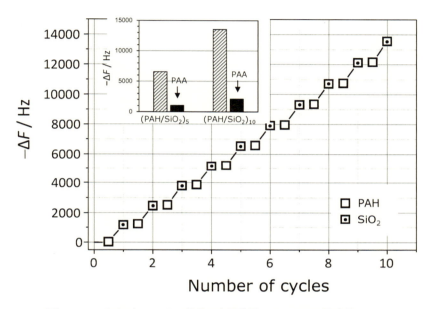

図1　PAH および SiO$_2$ ナノ粒子の交互積層による QCM 周波数シフト
挿入図は，(PAH/SiO$_2$)$_5$ および (PAH/SiO$_2$)$_{10}$ 膜への PAA 導入による周波数変化を示す。

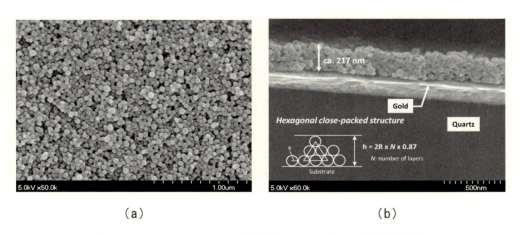

図2　5サイクル PAH/SiO$_2$ 多孔質膜の SEM 画像：(a)表面と(b)断面

像からSiO₂ナノ粒子が密に堆積された薄膜の形成が確認できる。SiO₂ナノ粒子の平均粒径が40〜50 nmであることから，SiO₂ナノ粒子が細密充填しながら5層重なった場合，膜厚は約196 nmとなる。この値は断面像から見積もられた膜厚の実測値（約217 nm）の約90%に相当する。PAHの高分子層を介してSiO₂ナノ粒子が積層されたため，若干粒子間距離が広がったことが考えられるが，SiO₂ナノ粒子間に細密充填に近い空隙（メソポアー）が形成されたことが分かる。

10.3 湿度およびアンモニアに対する応答特性の評価

検知膜の湿度およびアンモニアガスへの応答を評価するために用いた水晶振動子式匂い評価システム（NAPiCOS system, Nihon Dempa Kogyo Co., Ltd.）を図3に示す。製膜を行った4種類のQCM電極を評価システムの測定チャンバー内に取り付け，水またはアンモニア水溶液が入った50 mLサンプル瓶をサンプル流入口につなげた。シリカゲルと活性炭を通した大気中の空気をキャリアガスとして用いた。測定チャンバー内の温度とキャリアガスの流速をそれぞれ35℃と0.4 L/minに固定し，振動数は0.5秒ごとに，温度および湿度は1秒ごとに測定した。任意の量のイオン交換水を上記サンプル瓶に入れ，活性炭を通したキャリアガスを流し込みながら振動数の測定を行い，水への反応が飽和した後にアンモニア溶液（NH₃, 約28% in water）をシリンジで1, 5, 10, 20, 30, 50, 100, 200 ppmの水溶液になるように加えた。サンプルガスの暴露を10分間行い，その後10分間乾燥空気を流した。1つの濃度に対して4回の繰り返し測定を行った。

図4は測定チャンバー内の温度を35℃に維持しながら200 ppmのアンモニア水溶液から発生したアンモニアガス（以下，200 ppm（sol））を暴露させた時の振動数変化を示す。アンモニアを含まない純水（コントロール）を通したキャリアガスによってチャンバー内の湿度が高くなり，振動数が素早く減少することが確認できる。一方，湿度が一定のレベルに達した際に，アンモニ

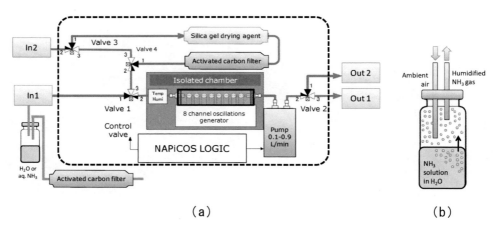

図3 (a)本研究で用いたQCMセンサシステムの構成と(b)一定濃度の湿潤アンモニアガスの調製模式図

第1章 計測技術の開発

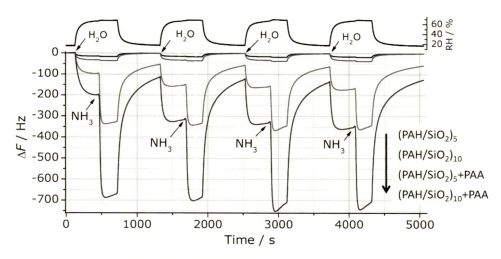

図4　35℃における水蒸気と200 ppm（sol）アンモニアガスへの逐次暴露に対するQCMセンサ応答

ア水溶液に変え，一定の湿度を守りながらアンモニアガスを暴露させた場合は，興味深いことにPAAを導入していない膜ではアンモニアガスの暴露による変化が殆どなく，PAAを導入した膜において比較的に大きいセンサ応答が得られる。このような変化はフーリエ変換赤外分光光度計（Spectrum 100 FT-IR Spectrometer, PerkinElmer Japan Co., Ltd.）を用いたIR測定からも明確に確認できる。金蒸着ガラス基板上に10層の$(PAH/SiO_2)_{10}$膜および$(PAH/SiO_2)_{10}$＋PAA膜を作製し，水蒸気およびアンモニアガスの吸着挙動をIR測定より確認した。IR測定には，ボンベから採取した100 ppmのアンモニア標準ガスを用いた。アンモニアの暴露と洗浄によって1712 cm^{-1}でのCOOHのC＝O伸縮振動，1551 cm^{-1}でのCOO$^-$非対称伸縮振動，1404 cm^{-1}でのCOO$^-$対称伸縮振動の可逆的変化が観察され，PAAのCOOH基とアンモニアとの酸-塩基反応がアンモニア検知の主たる反応機構であることが分かる。

　35℃における$(PAH/SiO_2)_5$＋PAA膜と$(PAH/SiO_2)_{10}$＋PAA膜の1 ppm（sol）から200 ppm（sol）のアンモニアに対する振動数変化を図5に示す。これは全体の振動数変化から湿度の影響を差し引いた結果である。100 ppmのアンモニア標準ガスの場合，100 ppm（sol）のアンモニアと比較して値が小さい。一方，100 ppm（sol）のアンモニアから発生したアンモニアガスの濃度は約30 ppm程度ある[16]。このことから湿潤条件下においてアンモニアの吸着が大きく向上することが分かる。これは乾燥条件ではアンモニアとPAAのみの酸-塩基反応（式(3)）が起こることに対して，水が存在すると式(4)から式(6)の反応が可能となり，レスポンスが大きく向上する。1 ppmから30 ppmの濃度範囲において，10層膜のセンサ応答は5層膜の約2倍であり，両方とも直線的な濃度相関を示す。薄膜中に導入されたPAAの量に比例してアンモニアに対する検知感度が増加したものと考えられる。濃度相関グラフから検出限界濃度（LOD＝3σ/m；σはノイズの値[Hz]，mは検量線の傾き）を算出したところ，$(PAH/SiO_2)_5$＋PAA膜では

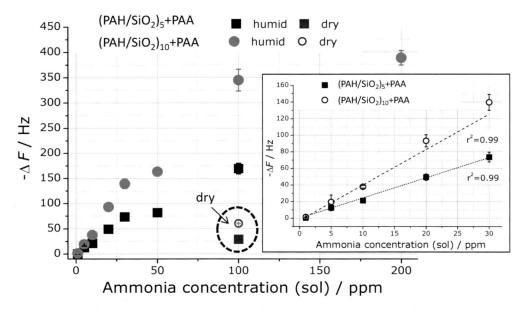

図5 35℃と相対湿度（RH）約65％の条件下における1〜200 ppm（sol）アンモニアガスに対するQCMセンサ応答の濃度依存性
挿入図は，1〜30 ppm（sol）のアンモニアガスに対するセンサ応答の直線性を示す。

0.9 ppm，$(PAH/SiO_2)_{10}$＋PAA膜では0.72 ppmのLODが見積もられる。この値は健常者および患者の呼気中のアンモニアを容易に検知できるレベルである。

$$RCOOH + NH_3(g) \rightleftarrows RCOO^- + NH_4^+ \tag{3}$$

$$RCOOH + H_2O(g) \rightleftarrows RCOO^- + H_3O^+ \tag{4}$$

$$NH_3(g) + H_2O(g) \rightleftarrows NH_4^+ + OH^- \tag{5}$$

$$H_3O^+ + OH^- \rightleftarrows H_2O \tag{6}$$

センサ開発において選択性は，最も重要なパラメーターの一つである。検知膜の選択性を確認するために，アンモニア以外の化合物（メタノール，エタノール，アセトン，ベンゼン，トリエチルアミン）についても評価を行ったが，殆どレスポンスが得られず，本研究で用いた検知膜がアンモニアに対して高い選択性を示すことが確認できている。

10.4 呼気中のアンモニアガス検知

肺から排出される呼気の温度はほぼ体温と同じであり，一般的に90％以上の非常に高い相対湿度（RH）を示す。したがって，呼気中のアンモニアを特定の処理（例えば，除湿や濃縮などの前処理）を行わずに直接検知するのは非常にハードルの高い課題である。まず，呼気中の水分の結露を防ぐために検知システムの温度を体温近くの35℃に設定して保った。次に，湿度の上昇に伴ってどのように振動数が変化するか（湿度の影響）を確認した。図6に$(PAH/SiO_2)_5$膜

と（PAH/SiO$_2$)$_{10}$+PAA 膜の 35℃ における湿度変化に対する振動数変化をプロットした結果を示す。検量線の傾き（Hz/RH%）が大きいほど湿度に対する感度が高くなる。PAA を導入していない膜では温度変化に対するセンサ応答が小さいが，PAA を導入することで温度変化に対するセンサ応答が増大し，湿度の影響を受けやすくなっていることが分かる。これは膜中に導入されたPAA のカルボキシル基によって水の吸収が大幅に向上したことが原因であると考えられる。

呼気のような湿潤サンプルの場合，QCM 振動数と湿度（RH）との関係を，$F^{WE}=f(RH)$（ここで，WE は作用電極）の式で表すことができる。しかし，この関係式に基づいた実験系を組み立てるためには QCM センサと湿度センサを併用する必要があり，センサシステムが複雑となる。また，図6からも分かるように，振動数変化と湿度変化との間には満足できる直線性を得られない。したがって，本研究では QCM センサのみを用いたセンサシステムの構築を目指し，PAA を導入した PAH/SiO$_2$ 多層膜を作用電極とし，PAA を導入していない PAH/SiO$_2$ 多層膜を参照電極とする2電極センサシステムを試みた。図7の挿入図から分かるように，(PAH/SiO$_2$)$_{10}$ 膜および（PAH/SiO$_2$)$_{10}$+PAA 膜の両 QCM 電極が同等の湿度変化を受けた場合，それぞれの電極が示す振動数変化の間には非常に優れた直線性が生まれ，$F^{WE}=f(F^{REF})$（ここで，REF は参照電極）の関係式を用いることができ，湿度センサを使わないガスセンサシステムの構築が可能となる。

上記の2電極センサシステムを用いた呼気中アンモニアガスの検知可能性を調べるために，3L のサンプリングバックに窒素ガスまたは活性炭を通した人の呼気を充填し，0.1 wt% アンモ

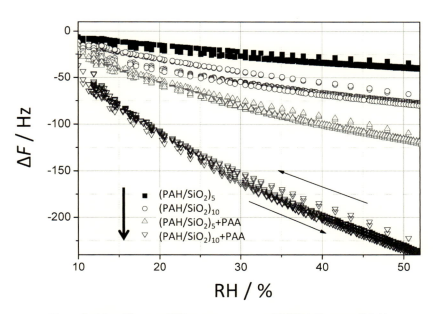

図6　本研究で用いた4種類の QCM センサの周波数変化の RH 依存性

ニア水溶液7 μLを加えた擬似患者の呼気(約3 ppmのアンモニアガスを含む)を用いた。図7は,$\Delta F^{WE}=f(\Delta F^{REF})$の関係式に基づいた$(PAH/SiO_2)_{10}$膜および$(PAH/SiO_2)_{10}+PAA$膜のアンモニアガスを含まない擬似呼気サンプル($NH_3$ free)とアンモニアガスを含む擬似呼気サンプル(NH_3 dosed)に対するセンサ挙動の違いを示す。アンモニアを含む呼気サンプルの場合,

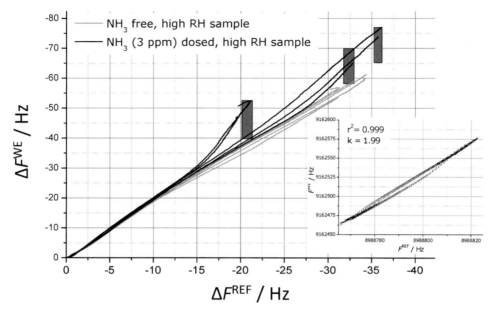

図7 関数 $\Delta F^{WE}=f(\Delta F^{REF})$ に基づいたアンモニアガスへのセンサ応答
挿入図は,関数 $F^{WE}=f(F^{REF})$ の湿度変化に対する周波数変化の直線性を示す。

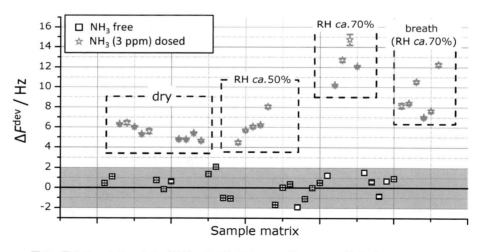

図8 異なるマトリックス(乾燥,RH約50%,RH約70%,呼気)中の3 ppmアンモニアガスに対する2電極QCMセンサシステムのセンサ応答:RE=$(SiO_2/PAH)_{10}$, WE=$(SiO_2/PAH)_{10}+PAA$

第 1 章　計測技術の開発

アンモニアを含まない呼気サンプルで見られた電極間の直線性に乱れが生じ，数分以内の短時間でアンモニアの存在が確認できる。このことは人の呼気中に含まれた微量のアンモニアが素早く検知可能であることを示唆する。呼気を構成するマトリックスの違い（例えば，湿度や呼気中共存物質の違いなど）によってレスポンスに若干の差は生じるが，アンモニアを含まないサンプルを用いた場合と比較して，その違いは明らかであり（図8），そのわずかな差が検知可能であることが分かる。

10.5　おわりに

　交互積層法に基づいて設計したシリカナノ粒子の多孔性薄膜にポリアクリル酸を導入することで，呼気中のアンモニアを即時に検知できる水晶振動子センサシステムを実現し，高湿度条件下で約 0.5 ppm のアンモニアの微量検出が可能となった。また，湿度条件の異なる擬似患者の呼気を用いた模擬臨床試験から，呼気中の約 3 ppm のアンモニアガスが検知可能であることが分かった。本研究で初めて試みた 2 電極のセンサシステムをプラットフォームとする水晶振動子センサが環境，医療，食品など分野に今後幅広く活用されることを期待する。

文　　献

1) M. Hakim *et al.*, *Chemical Reviews*, **112**, 5949 (2012)
2) F. Röck *et al.*, *Chemical Reviews*, **108**, 705 (2009)
3) G. Peng *et al.*, *Nat. Nanotech.*, **4**, 669 (2009)
4) A. Manolis, *Clin. Chem.*, **29**, 5 (1983)
5) D. Pickela *et al.*, *Applied Animal Behaviour Science*, **89**, 107 (2004)
6) C. M. Willis *et al.*, *British Medical Journal*, **329**, 712 (2004)
7) M. McCulloch *et al.*, *Integrative Cancer Therapies*, **5**, 1 (2006)
8) L. Pauling *et al.*, *Proc. Natl. Acad. Sci. U. S. A.*, **68**, 2374 (1971)
9) G. Peng *et al.*, *Nano Letters*, **8**, 3631 (2008)
10) H. Haick *et al.*, *ACS NANO*, **3**, 1258 (2009)
11) B. Timmer *et al.*, *Sens. Actuators B : Chemical*, **107**, 666 (2005)
12) M. Bendahan *et al.*, *Sens. Actuators B : Chemical*, **84**, 6 (2002)
13) B. Ding *et al.*, *Sens. Actuators B : Chemical*, **106**, 477 (2005)
14) S.-W. Lee *et al.*, *Anal. Chem.*, **82**, 2228 (2010)
15) G. Z. Sauerbrey, *Zeitschrift für Physik*, **155**, 206 (1959)
16) T. Wang *et al.*, *Chem. Lett.*, **41**, 1297 (2012)

第2章　メーカーによる研究開発の動向

1　肺がん診断装置の開発

花井陽介[*1]，沖　明男[*2]，
下野　健[*3]，岡　弘章[*4]

1.1　はじめに

　日本国内において1981年からの今日までの約35年間がんは死因の第1位であり続けている。人口動態統計に基づく分析によると，2015年にがんで死亡した日本人は約37万人（男性22万人，女性15万人）で，総死亡の約30%を占めており，日本人の3人に1人はがんで亡くなっていることになる[1]。このような状況の中で，2012年に厚生労働省は，5年以内にがん検診受診率50%以上達成という目標を設定し，早期発見，早期治療によって現況を改善しようとする施策を推進中である。がんによる死亡を部位別にみると，肺がんが最も多く，大腸がん，胃がんと続く。がんの死因トップである肺がんは兆候が見られたときには既に進行がんとなっている場合が多いため，定期的に検診を受けて早期発見することがより重要である。現在，有用性が認められている肺がんの検査方法は，胸部X線検査，コンピューター断層撮影（Computed Tomography：CT）検査，陽電子放出断層撮影（Positron Emission Tomography：PET）検査，磁気共鳴画像（Magnetic resonance imaging）検査，喀痰検査，生検であり，これらの検査方法の主な利点と課題を表1に示す。いわゆる定期健診では胸部X線検査や喀痰検査が主に行われている。そしてより精密な検査が必要な場合にCT検査，PET検査が行われ，さらに病変を精密に観察してがんかどうかを確かめるために生検などが行われる。

　肺がん検診の受診率は，「国民生活基礎調査」によると2013年時点で42.3%に留まっている。

[*1]　Yosuke Hanai　パナソニック㈱　オートモーティブ&インダストリアルシステムズ社
　　　　　　　技術本部　センシングソリューション開発センター
　　　　　　　生体センシング開発部　開発3課

[*2]　Akio Oki　パナソニック㈱　オートモーティブ&インダストリアルシステムズ社
　　　　　　　技術本部　センシングソリューション開発センター　生体センシング開発部
　　　　　　　開発2課　課長

[*3]　Ken Shimono　パナソニック㈱　イノベーション推進部門　先端研究本部　研究企画部
　　　　　　　主幹

[*4]　Hiroaki Oka　パナソニック㈱　オートモーティブ&インダストリアルシステムズ社
　　　　　　　技術本部　センシングソリューション開発センター
　　　　　　　生体センシング開発部　部長

第2章 メーカーによる研究開発の動向

表1 現在,有用性が認められている肺がん検査方法

診断方法	利点	課題
胸部X線検査	高い信頼性	被爆,偽陰性,高コスト
CT検査	X線撮影より高い信頼性	被爆,偽陰性,高コスト
PET検査	X線撮影より高い信頼性	洗練された技術者と装置が必要,高コスト
MRI検査	X線撮影より高い信頼性	高コスト,一部の被験者は適用不可
喀痰検査	簡便かつ非侵襲な検査	バイオマーカーの分解・消失,疑陽性
生検	確実な検査	侵襲,苦痛

がん検診を受けない理由として「たまたま受けていなかったから」,「必要性を感じなかったから」,「面倒だから」,「がんと分かるのが怖いから」などが挙げられている。したがって更なる受診率の向上には,がん検診の重要性の理解をもっと広めることで心理的要因を減らすと同時に,職場の健康診断や専門医の在籍しない診療所などでも簡単に実施可能で気軽に受診できるような新しい検査方法が必要と考えている。

その一つの候補として関心を集めているのがバイオマーカーによるがん診断技術である。本稿では,まず肺がんバイオマーカーおよびその測定技術に関する現状について概説する。次に著者らが開発した,呼気中に含まれる揮発性の肺がんバイオマーカーを検出する診断システムを紹介する。

1.2 肺がんバイオマーカーとその測定技術
1.2.1 肺がんバイオマーカー

米国 National Institutes of Health (NIH) によると,バイオマーカーとは,「正常な生体内作用,発病過程,あるいは治療の介入に対する薬理的効果を反映し,客観的に評価するための特性を持ったもの」,と定義されている[2]。具体的なバイオマーカーは DNA,RNA,タンパク質,ペプチド,代謝産物であり,血液,尿,組織などに含まれる。この10年の間に,がんバイオマーカーの探索は,社会的な要請とハイスループットなオミックス(ゲノミクス,トランスクリプトミクス,プロテオミクス,メタボロミクス)技術の進歩により,大学・企業・政府機関において集中的に研究が行われている。理想的ながんバイオマーカーは,がん患者のみが陽性を示し,がんのステージと相関があり,予後情報も得られ,治療効果も予測可能で,簡便かつ再現性も高いものである。

スクリーニング検査として臨床応用されているタンパク質の肺がんバイオマーカーは Carcinoembryonic antigen (CEA), Syalyl lewisx,sialyl SSEA-1 (SLX), Cytokeratin 19 fragment (CYFRA), Squamous cell carcinoma antigen (SCC), pro-Gastrin-releasing peptide (ProGRP) および Neuron specific enolase (NSE) などである[3]。このうち CEA,CYFRA および ProGRP を組み合わせることで診断の際に用いられてはいるが,他の部位のがんでも高値を示すため,あくまでも補助的なものである。

現状ではタンパク質の肺がんバイオマーカーは低侵襲な検査方法として期待されるものの，その測定には熟練した検査技師や高価な測定装置が必要な上に，採血しなければならないため被験者へ少なからず肉体的な負担を与える。そこで，高感度かつ高特異的であり，被験者に対してほとんど苦痛を与えない非侵襲かつ簡便な診断技術が望まれている。

1.2.2 揮発性肺がんバイオマーカー

上述のような状況にあってタンパク質または遺伝子の肺がんバイオマーカーに代わり期待されているのが，揮発性有機化合物（VOC）のバイオマーカーである。複数のVOCから構成される「におい」と疾患との間に関連性があることは，遡ること紀元前の時代から経験的には知られていた。その後の研究により例えば糖尿病患者からはりんご臭，壊血病患者からは腐敗臭，メチオニン代謝不全患者からはキャベツ臭がそれぞれ発せられることが分かってきた[4]。また，肺がんについてもイヌを使った実験によって肺がん特有のにおいの存在が示唆されている[5]。この肺がんに特有な「におい」の成分も明らかになってきた。

揮発性肺がんバイオマーカー（以下，揮発性肺がんマーカー）の候補とされる化合物を表2に示す[6]。複数の研究グループによって再現性が確認されている揮発性肺がんマーカー候補は30化合物ある。特に，2-Butanoneと1-Propanolは最も有用な揮発性肺がんマーカーとして報告されている。しかしながらこの報告では単一のVOCだけでは十分な診断能力を持たないとしている。したがって揮発性のバイオマーカーを用いた肺がん診断においては，複数のVOCの組み合わせによって得られる情報，つまり「におい」により肺がんを捉える技術が必要であると考えられる。

1.2.3 揮発性肺がんマーカーの測定技術

現在のところ揮発性肺がんマーカーを測定する診断装置は製品化されていない。研究開発の段

表2 主な揮発性肺がんバイオマーカー候補（文献[6]より改変）

CAS番号	化合物名	CAS番号	化合物名
78-93-3	2-Butanone	109-66-0	n-Pentane
71-23-8	1-Propanol	100-52-7	Benzaldehyde
78-79-5	Isoprene	123-72-8	Butanal
100-41-4	Ethylbenzene	1120-21-4	Undecane
100-42-5	Styrene	103-65-1	Propyl benzene
66-25-1	Hexanal	95-63-6	1,2,4-Trimethyl benzene
67-64-1	Acetone	96-37-7	Methyl cyclopentane
107-87-9	2-Pentanone	513-86-0	3-Hydroxy-2-butanone
67-63-0	2-Propanol	110-62-3	Pentanal
124-18-5	Decane	124-13-0	Octanal
71-43-2	Benzene	124-19-6	Nonanal
111-71-7	Heptanal	75-18-3	Dimethyl sulfide
106-97-8	Butane	2216-34-4	4-Methyl octane
123-38-6	Propanal	74-98-6	Propane
107-83-5	2-Methyl pentane	142-82-5	Heptane

第 2 章　メーカーによる研究開発の動向

階にあるのは，分析装置であるガスクロマトグラム質量分析法（Gas Chromatography-Mass spectrometry：GC-MS）やイオンモビリティ分光法（Ion Mobility Spectrometry：IMS）に基づき揮発性バイオマーカーの測定に特化したタイプのものと，小型検出器であるガスセンサを高度かつインテリジェントに集積化したタイプに大別される。GC-MSやIMSは高い選択性と検出感度を有することから，低コスト化，小型化が図られて簡便な操作が実現すれば，将来的には医療機関での利用が十分にあり得る。

　一方のガスセンサを使った診断装置の研究開発も着実に進んできている。ガスセンサの検出方式は電気抵抗型をはじめキャパシタ型，トランジスタ型など様々であるが，これらはいずれも半導体技術を駆使して製造できることから小型化，大量生産に適している。したがって，ガスセンサを使った診断装置の製品化において最も大きな技術的課題となるのが，揮発性肺がんマーカーを特異的に検出できる選択性と検出感度の達成である。

　これを解決する技術として「電子鼻（Electric nose：e-nose）」が有力視されている。e-noseは，ガス分子に対する応答性が異なる複数のガスセンサをアレイ化したデバイスである。例えば呼気に含まれる揮発性バイオマーカーを測定して肺がんを診断する場合には，1000種類を超える呼気中のVOCの中から，揮発性肺がんマーカーを特異的に検出しなければならない。e-noseでは，呼気に含まれるVOCが個々のガスセンサと反応することにより，VOCの組み合せに対応した一つの応答パターンとして得られる。得られた応答パターンをディープラーニングなどの機械学習の手法により解析することで疾患の有無を判定する。

　e-noseを用いた研究例として，揮発性肺がんマーカー候補の一つであるホルムアルデヒドの測定を紹介する[7,8]。異なる材料（Pt，Si，Pd，Ti）がドープされた4種類のSnO_2ガスセンサを持つe-noseが作成された。このe-noseは，湿度90％，アセトン，アンモニア，エタノールという代表的な呼気成分が存在する中，3ppbという非常に希薄なホルムアルデヒドの有無を識別することに成功している。さらに，ホルムアルデヒド濃度0-180ppbの範囲で定量性も示されている。これらの感度は，肺がん患者の呼気に含まれるホルムアルデヒドに対して十分な感度を有している。

　e-noseは，用いるガスセンサの数や種類・材料を変更することで疾患に対する特異性や感度を向上させる可能性を秘めている。さらに近年のデータ解析技術の向上（例ディープラーニングやAIなど）によって，パターン識別の精度が飛躍的に向上している。将来的には，高感度だけでなく，がんの部位まで識別可能な高特異的ながん診断装置の開発に繋がる可能性が示唆されている。

1.3　呼気肺がん診断システムの開発

　著者らは揮発性肺がんマーカーを検出できる選択性と検出感度を達成するために生物が持つ優れた嗅覚メカニズムに学んで，生物模倣型のガスセンサを基本とする肺がん診断システムを開発した。具体的には，採取が容易であり被験者の負担が少ない呼気サンプルに含まれる希薄な

VOCを測定ターゲットとし，このVOCを液相中へ濃縮する機能と，生物の嗅覚受容体を利用したセンシング機能と，これらの機能を一つのシステムとして統合させている。

1.3.1 呼気濃縮技術の開発

著者らは，呼気に含まれる揮発性肺がんマーカーの候補を見出し，そのうちCyclohexanoneを同定した[9]。肺がん患者および対照者の呼気に含まれるCyclohexanone濃度をガスクロマトグラフ飛行時間型質量分析計により定量したところ，肺がん患者の呼気中濃度は4.18 ± 0.59 ppt，対照者では0.98 ± 0.1 pptであった。このような極微量のVOCを検出できるガスセンサは現存しない。そこでガスセンサの前段に呼気中のVOCを濃縮する機構を加えることにより見かけ上の感度を向上させることとした。従来，呼気を濃縮するには冷却凝縮法，多孔質体への吸着法などが用いられてきた。しかし，これらは濃縮に10分以上の長時間を要し，操作も煩雑であるなどの問題点があった。今回，液体に高電圧を印加することにより帯電微粒子化される「静電噴霧」という現象を利用した新たな濃縮方法を開発した。

図1は，静電噴霧を利用した濃縮デバイスとその概略図である。試料気体注入口から，試料気体を注入する。ペルチェ素子によって冷却された霧化電極表面では，水蒸気を含んだ試料気体は冷却凝縮されることによって結露する。次に，霧化電極と対向電極の間に数kVの電圧を印加する。このとき，霧化電極が対向電極に対して負になるようにする。霧化電極の尖端では，対向電極との間の静電気力によって冷却凝縮液は「テーラーコーン」と呼ばれる円錐状の水柱を形成する。そのテーラーコーンの先端から直径数nm〜数十nmの負帯電微粒子が噴霧される。この負帯電微粒子は，対向電極に向かって放出，拡散する。さらに，対向電極の先には，負帯電微粒子を収集するための回収電極が設けられている。この回収電極には，対向電極に対して正の電圧が印加され，かつ霧化電極と同様にペルチェ素子により冷却しているため，負帯電微粒子は静電気力によって効率的に収集される。以上の一連の過程において試料気体に含まれるVOCが濃縮される。

試作した静電噴霧型濃縮デバイスを用いて揮発性肺がんマーカー候補であるCyclohexanoneを含んだモデルガスの濃縮効果を検証した。この濃縮デバイスを100秒間動作させると，回収電極上に約1 μLの冷却凝縮液が得られた。その冷却凝縮液およびモデルガスに含まれるCyclohexanoneの濃度をガスクロマトグラフィによって測定し濃縮率を算出した。その結果，Cyclohexanoneで1450万倍もの高倍率に濃縮できた（図2）。

上記で示した原理に基づいてハンディサイズの呼気濃縮回収装置（7.8 cm×8.0 cm×23 cm）を作製した（図3(a)）。本装置の操作手順は次のとおりである。まず，装置上部に備えた主電源をOnにする。次に図3(b)に示す使い捨てのマウスピースを装置前面に挿入後，マウスピースから息を吹き込む。このとき，装置前面のインジケータがFullと表示されるまで一気に吹き込む。呼気注入口から流入した呼気がフローメータによりその流速および流量が測定され，LED表示部に表示される。その後，上述した濃縮原理に従って，呼気に含まれる揮発性バイオマーカーを濃縮部にて濃縮・回収する。回収された揮発性バイオマーカーを含む濃縮液は，本装置側面に開口するセンサチップ挿入口に挿入されたセンサチップにより回収される構造となっている（図3(c)）。

第 2 章　メーカーによる研究開発の動向

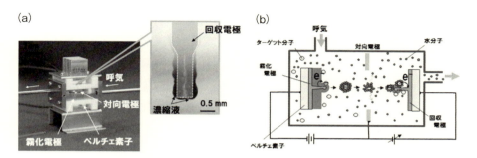

図 1　静電噴霧を利用した濃縮デバイス(a)とその概略図(b)

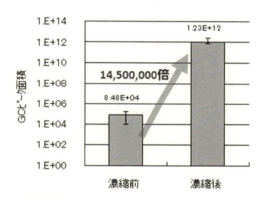

図 2　静電噴霧型濃縮デバイスによる Cyclohexanone の濃縮

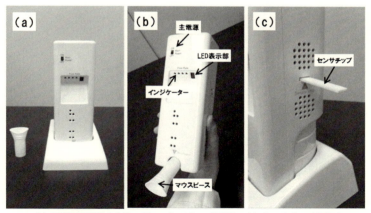

(a) 呼気回収装置の全体、(b) マウスピース装着時、(c) センサチップ装着時

図 3　ハンディサイズの呼気濃縮回収装置

生体ガス計測と高感度ガスセンシング

1.3.2 呼気診断センサチップの開発

また著者らはマウスの嗅覚によって肺がんに特異的な匂いの嗅ぎ分けにも成功した。これは，マウスが持つ嗅覚受容体の中には，揮発性肺がんマーカーに結合する嗅覚受容体が存在することを示している。これを利用して著者らはマウスの嗅覚受容体を組み込んだ生物模倣型のセンサチップの開発を行った。Cyclohexanone はマウス嗅覚受容体によって認識されることが，過去の報告から明らかになっている[10]。この嗅覚受容体を HEK293T 細胞上に強制的に発現させることによりセンサ細胞を作製した。そしてこのセンサ細胞上の嗅覚受容体が Cyclohexanone と結合することにより活性化され，セカンドメッセンジャーであるセンサ細胞内の cAMP 濃度の上昇として検出する系を構築した。その結果，0.1 mM 以上の濃度の Cyclohexanone を検出できることを確認した。次にこのセンサ細胞をセンサチップ基板に乗せ，細胞外液を 2% の Luciferin を含む，CO2-Independent Medium（GIBCO）に置換した。ナノサイズの細孔を持つポーラスアルミナフィルタによって蓋をすることで発光層を形成した。呼気濃縮回収装置で得られる揮発性肺がんマーカーを含んだ濃縮液は，センサチップの上の微細流路を通じて回収した。図4に開発したセンサチップの構成を示す。回収電極表面の液滴に微細流路の先端が触れると，毛細管現象によって揮発性肺がんマーカーを含んだ液滴が回収される。次に，この液滴はポーラスアルミナ膜を介して発光層に拡散し，発光層が揮発性肺がんマーカーを感知して化学発光を起こす。化

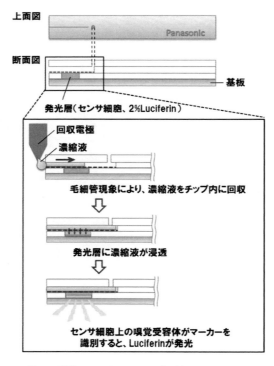

図4　開発したセンサチップと検出原理の概要

第2章 メーカーによる研究開発の動向

学発光の強度は揮発性肺がんマーカーの濃度に比例するため，化学発光をセンサで捉えることにより，揮発性肺がんマーカーの濃度を測定できる構成となっている。また，複数の揮発性肺がんマーカーに対応する嗅覚受容体をセンサチップ上にそれぞれ組み込むことができれば，原理的にはアレイ化も可能である。

1.3.3 呼気診断センサチップ測定装置の開発

呼気診断センサチップの発光層が発する微弱な化学発光を正確に計測するため，フォトンカウンティング回路と光電子増倍管（PMT）を利用した発光計測装置を作製した（図5）。フォトンカウンティングモジュールからの信号は簡易フォトンカウンタにて積算し，USB端子を介してPC用ソフトウェアで読み出す。センサチップの装着部にはシャッターを設けている。測定時にはこのシャッターが開くと同時にセンサチップの発光部の直下にPMTのセンサ部が位置するような機構となっている。

今回開発した呼気診断センサチップおよび測定装置と，前節で示した呼気濃縮回収装置と組み合わせることによって，肺がん患者の呼気に含まれる揮発性肺がんマーカーの検出が可能であることが示された（図5）。

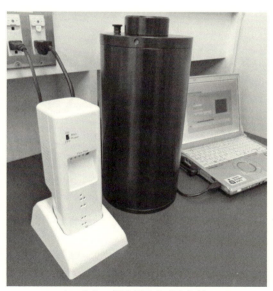

センサチップ測定装置（写真左中央）

図5 呼気診断センサシステム

1.4 おわりに

呼気を利用した肺がん診断装置の開発研究は，バイオマーカーの特異的検出と呼気中 VOC の包括的検出という大きく 2 つの流れが展開されている。前者は，揮発性肺がんマーカーを定量的かつ特異的に検出することで肺がんを診断する研究である。これを実現するためには臨床的に有意な揮発性バイオマーカーの同定とこれを高感度かつ特異的に検出するセンサシステムの開発が必須である。そして将来的には，バイオマーカーとがんの代謝経路の関係が明らかにされることで，肺がんだけでなく，その肺がんの種類（扁平上皮がん，大細胞がんなど）も特定できる可能性を秘めている。一方，後者は，e-nose などのマルチセンサによって VOC を包括的に検出し，そのパターンを解析することで肺がんを診断する研究である。これの実現には高感度かつ解像度の高いマルチセンサシステムの開発と得られた VOC パターンの解析技術の開発が必須である。近年のパターン認識技術（ディープラーニングなど）の発展により，大学などの研究機関だけでなく企業からの試作デバイスの報告例も増加している。著者らの研究開発は前者に分類され，嗅覚受容体の利点である高特異性，高感度を利用した肺がん診断装置の実現を目指している。

今までのところ，診断装置開発には様々な課題により臨床応用された肺がん診断装置は実現されていない。しかしながら，呼気を利用した診断として，ピロリ菌の診断や移植拒絶反応の診断補助検査として利用されつつある。肺がんについても，近い将来その診断だけでなく治療効果のモニタリングなどにも実用化されると信じている。

文　　献

1) 厚生労働省　平成 27 年（2015）人口動態統計の年間推計
2) Biomarkers Definitions Working Group., *Clin. Pharmacol. Ther.*, **69**, 89 (2001)
3) Z. Althintas *et al.*, *Sensors and Actuators B : Chemical*, **188**, 988 (2013)
4) D. Penn and W. K. Potts, *Trends Ecol. Evol.*, **13**, 391 (1998)
5) M. McCulloch *et al.*, *Integr. Cancer Ther.*, **5**, 30 (2006)
6) Y. Saalberg *et al.*, *Clinica Chimica Acta*, **459**, 5 (2016)
7) AT Güntner *et al.*, *ACS Sens.*, **1**, 528 (2016)
8) RP Arasaradnam *et al.*, *Aliment. Pharmacol. Ther.*, **39**, 780 (2014)
9) Y. Hanai *et al.*, *Biosci. Biotechnol. Biochem.*, **76**（4），679 (2012)
10) H. Saito *et al*, *Cell*, **119**（5），679 (2004)

2 アンモニア成分の測定技術と携帯型呼気センサーの開発

壷井　修*

2.1 はじめに

　少子高齢化社会の到来に伴い，医療費の増大と労働人口の減少が社会問題となりつつある。例えば日本では国民の医療費は2013年に40兆円を突破し，国民総生産の8％に達している。疾病別で大きな割合を占める高血圧やメタボリックシンドロームに代表される生活習慣病は，放置すると重篤な疾病につながるケースが多く，費用と労働力の両面で大きな損失となる。近年，現役世代の健康寿命を増進させるために，病気の早期発見と生活習慣の改善をサポートする予防医療を主眼にした個別ヘルスケアへの期待が高まっている。このような状況の中，自宅や診療所などで手軽にかつ継続的に体の状態の指標を先端のデバイス技術やICTを活用してモニタリングする手段が有効と考えられる。

　このような背景から，呼気中の生体由来のガス成分を調べることにより様々な疾病の早期発見を目指した呼気分析技術に注目し，呼気センサーシステムを開発した。これにより，体温計のような手軽さで採血などの苦痛を伴うことなく，生活習慣による息の成分の変動を継続的に調べ，ヒトの状態を可視化して利用することが可能になった。

2.2 呼気分析に高まる期待

　ヒトの呼気中には，血中成分の一部が肺で気化した二酸化炭素とあわせて水素やアセトン，硫化水素，エタノール，アンモニア，アセトアルデヒドなどの生体由来の希薄なガス成分が多種類含まれている。これを健康状態の指標として検査することにより，様々な疾病の早期発見を目指した呼気分析の研究[1]が行われている。呼気分析は採血などの苦痛を伴うことなく，非侵襲で手軽に検査できることが魅力である。

　体内のアンモニアは，主に腸内のタンパク質の分解や筋肉の動作に伴って発生し，門脈や動脈で肝臓に運ばれ，尿素サイクルで尿素へ代謝され，腎臓で尿中に排出され，平衡を保っている。呼気には必ず含まれている物質であり，肝臓や腎機能の状態，胃がんの危険因子であるヘリコバクター・ピロリ菌感染との相関が示唆[2]されている。また疲労や加齢による増加が報告されているため，生体情報を表すバイオマーカーとして有用となる可能性が高い。本稿では，呼気中のアンモニアを他のガスと区別して検知できる呼気センサーシステムについて説明する。

　呼気分析として例えば，表面修飾を施した金ナノ粒子を検知材料に用いたセンサーアレイの応答パターンから，肺がん患者の区別が可能という結果が報告[3]されている。しかし，このようなパターン認識による方法には，未知のパターンに接した際に検知できないリスクがある。これに対して，特定のガスをバイオマーカーとして注目し，血液成分のようにその値や変動を人の状態

---

*　Osamu Tsuboi　㈱富士通研究所　デバイス＆マテリアル研究所
　　　　　　　　　　　デバイスイノベーションプロジェクト　主管研究員

生体ガス計測と高感度ガスセンシング

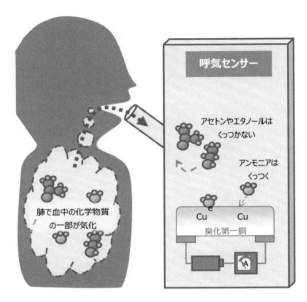

図1　開発した技術の構成・使用イメージ

の指標とする方法があると考えられる．そのため，呼気に含まれる様々な成分のうち，濃度が100 ppb のオーダーであるアンモニアだけを検知するセンサーデバイスの開発を行った（図1）．

2.3　新しいアンモニア検知材料 CuBr

　ガスセンサーにはガスの存在によって特性が変わる性質が必要であるが，このような用途には特殊な半導体材料が検知材料として用いられている．アンモニアに対して応答を示す半導体材料は，数多く知られている．現在ガス漏れ警報器などで広く使われている金属酸化物半導体（Metal Oxide Semiconductor）ガスセンサーを例にとると，アンモニア等のガスによる還元性や酸化性に由来して表面の酸素濃度が変動することを利用する．また，ヒーターにより検知材料を300℃程度に加熱することで，半導体としてのキャリア濃度を増加させるとともに，感ガスの表面を活性化して用いる．これにより，表面の酸素濃度に変動対する応答が鋭敏になるが，異なる種類のガスにも応答して酸素濃度が変動しやすいため複数のガスが混ざった系の中では定量性が良くない．つまり，呼気センサーとして使用するためには，標的のアンモニアに対して鋭敏に応答し，かつアンモニア以外のガスには全く応答しないようなセンサーデバイスが理想的である．

　銅とハロゲン元素である臭素との化合物である臭化第一銅（CuBr）は，アンモニアとそれ以外のガスに対する応答の差が，桁違いに大きい半導体材料として期待できるため，アンモニアの検知材料として選定した．これは，CuBr 中の一価の銅イオンがアンモニア分子と配位結合し，錯体を形成しやすい性質があるためであると考えられる．更に，固体電解質としての性質を併せ持つ CuBr 膜中では，銅イオンが可動することによりアンモニアを吸着させやすい．このことにより銅イオンがトラップされ，結果として検知材料中のキャリア濃度が大きく減少するものと考

第2章 メーカーによる研究開発の動向

えることができる[4]。上記の機構から，CuBr を薄膜化することで高感度化が期待できる。

しかし，これまで CuBr デバイスの作製法として報告されてきた，銅の膜を臭化第二銅（$CuBr_2$）の水溶液を用いて臭化する方法[4]，スパッタ法[5]のいずれも，ppm オーダーの感度しか得られておらず，目標とする ppb オーダーでの検出は困難であった。これらの方法では，薄膜化による高感度化と，検知材料としての安定性が相反するためである。

そのため，$CuBr_2$ のメタノール溶液を用いて，Cu 薄膜を臭化する方法を開発することにより，安定性，感度ともに良好な CuBr 薄膜の作製方法を開発した。この作製法では，スパッタ成膜のように Cu と Br の組成にばらつきを生じないため，結晶構造が安定である。また，メタノールは水よりも CuBr に対する親和性が低いため，結晶が大きくなり過ぎず，結果として膜剥離が起きにくい，安定な膜が得られる。

作製手順は，以下のとおりである。

(1) 一対の金電極膜の上に，5 mm 四方の矩形の，膜厚 60 nm の銅膜を，真空蒸着によって形成する。
(2) 上記構造体を，濃度 0.2 mol/L の $CuBr_2$ メタノール溶液に 60 秒間浸漬し，純メタノールで

(a) CuBr 膜の SEM 写真

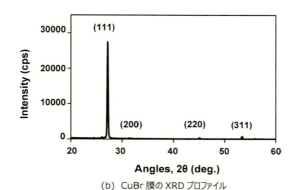

(b) CuBr 膜の XRD プロファイル

図2 形成した臭化第一銅膜

洗浄，乾燥させる。この条件で作製される CuBr 膜の厚さは，約 300 nm である。

上に述べた作製法による CuBr 検知膜は，図 2(a) の走査型電子顕微鏡像が示すように，やや不揃いな CuBr ナノ粒子で構成されている。また，これらの CuBr ナノ粒子の結晶面は，図 2(b) の XRD プロファイルが示す通り，高度に (111) 配向している。ここで CuBr 膜の結晶構造評価は，Cu K α 線による X 線回折（XRD）を用いて，微細構造の観察は，走査型電子顕微鏡を用いて行った。

2.4 高感度・高選択なセンサーデバイス

先に述べた作製法による CuBr センサーデバイスの外観，断面構造，走査型電子顕微鏡（SEM）による CuBr 膜の断面像を図 3 に示す。また，この CuBr センサーデバイスを，容量 500 mL の

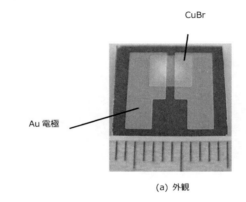

(a) 外観

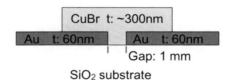

(b) 断面構造

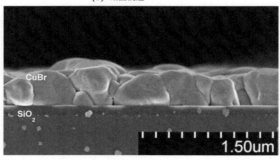

(c) CuBr 膜の断面 SEM 写真

図 3　臭化第一銅によるガスセンサーデバイス

第2章 メーカーによる研究開発の動向

PFA樹脂（パーフルオロアルコキシアルカン）製評価チャンバー内に設置し，CuBr薄膜下部の金電極間の電気抵抗値を測定する構成とした。評価対象ガスは，パーミエータを用いて作製し，評価対象ガスを含むキャリアガスと，含まないキャリアガスとを切り替えることで，生じる抵抗変化を測定することで，ガスに対する応答を評価した。キャリアガスは清浄空気，流速は4L/min. とした。なお，評価時のデバイスの温度は，全て室温（23℃）である。CuBr薄膜デバイスが示す大気中における典型的な応答プロファイルを図4(a)に示す。本図は，アンモニア濃度が100～1,000 ppb（0.1～1 ppm）の場合の応答プロファイルである。

アンモニアの濃度と応答の強さとの関係は，アンモニア濃度が10 ppbから10 ppmに至るまで，良好な線形であるという結果が得られた。このCuBr薄膜デバイスの感度は，呼気中アンモ

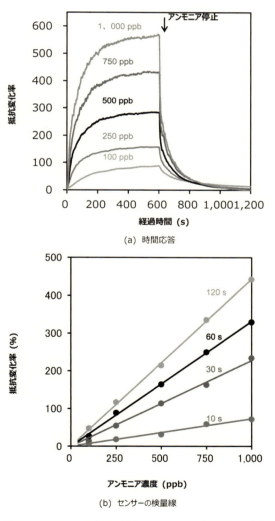

(a) 時間応答

(b) センサーの検量線

図4 アンモニアガスに対するセンサーデバイスの応答

ニア濃度の測定に対して十分なものである．更に，図4(a)に示した応答プロファイルでは，抵抗変化の飽和値とアンモニア濃度との関係が線形であることから，この吸着系がラングミュアモデル[6]に従っていることが示唆されている．この場合，アンモニアに対する暴露開始直後において，デバイスの抵抗増加率はアンモニア濃度に比例することになり，飽和平衡状態となるのを待つことなく，検量線を引いて濃度測定が可能である．実際に，初期応答領域において，アンモニア濃度とデバイスの抵抗増加率との関係をプロットすると，図4(b)に示すとおり，アンモニアの導入開始からの経過時間が10秒であっても，良い直線関係が得られた．このことより，初期応答を用いる高速測定が，原理的に可能となった．

また，アンモニア以外の呼気中での濃度が高いアセトアルデヒド，エタノール，アセトン，硫化水素に対する応答を測定したところ，その強さはアンモニアに対してそれぞれ0.01％，0.06％，0.04％，1.8％であった．通常の半導体ガスセンサーでは10％前後の応答を示す場合が多いのに対して，CuBrセンサーデバイスのアンモニアに対する応答は，相対感度が硫化水素と比較して2桁強く，それ以外の有機ガスに対しては3〜4桁強い．上述のガスの呼気中濃度は，同じオーダーなので，この結果は，CuBrセンサーデバイスに対して呼気を接触させた場合に，呼気に含まれる様々な代謝関連ガスのうち，実質的にアンモニアのみの濃度が測定可能であることを意味するものである．特に，化学反応性が強い硫化水素に妨害されることなく，呼気中アンモニアの測定が可能であることは大きな特長になると考えられる．

半導体材料である臭化第一銅にアンモニアガス分子を選択的に吸着させる独自の検知メカニズムにより，ほかの生体由来のガスに対して3桁以上高い選択比でアンモニアガスを検出することに成功した．こうして，開発したガスセンサーデバイスを呼気センサーシステムへ搭載した．

2.5 手軽で迅速な呼気センサーシステム

アンモニアに代表される多くの呼気中の生体ガス物質は水に溶解しやすい性質を有する物が大多数のため，呼気を袋などに捕集して温度を下げると結露が生じ，結果的に気体中の濃度低下が起こり正確な測定が困難となる場合が多い．そこで，マウスピースから乾燥室を介して測定室に呼気を直接吹き込み，その呼気中のアンモニア濃度を直接測定する装置構成とした．マウスピースには側面に穴を開け流量変動を抑える機構を設けた．乾燥室にはアンモニアが吸着しにくい消石灰乾燥剤を設置した．これらの構成によってCuBrセンサーデバイスを設置してある測定室における相対湿度を約40％に調整することが可能となり，測定中の結露を防止し湿度変動による影響を低減することが可能になった．

本センサーデバイスを使用した呼気センサーシステムは，家庭や職場などにおいて日常生活の中で手軽に使用してもらうことを想定している．そのため，被験者の負担が小さい呼気分析を目指して，先に述べたセンサーデバイスの初期応答を利用することで，呼気ガスのサンプリング時間を可能な限り短くする高速測定手法を開発した．また，呼気センサーユニットは電池で駆動できる小型のものとし，スマートフォンとBLE（Bluetooth Low Energy）で無線接続して使用す

る形態とした。スマートフォンはインターネットに接続されるため，将来的に医療クラウドの入り口となり，個人の測定値の履歴管理や異常検知に役立つことを期待している。

また，専門知識がなくても操作できるように，センサーユニット本体には複雑な操作部や表示部を持たせず，電源スイッチのみとした。センサーユニットのセンサー室には，前述のCuBrセンサーデバイスと，金属酸化物ガスセンサー群のほか，各種の判定や補正に使うことを意図して温度，湿度，気圧の各センサーを設置した。ユニットにはマイコンを内蔵しており，電源を入れるとガスセンサー個々の電気抵抗値，温度，湿度，気圧のデータをリアルタイムに1秒間隔でスマートフォンに送信する。スマートフォン側のアプリケーションソフトウェアは，被験者への動作指示，測定データの受信，演算，表示，保存を行う。

アプリケーションを起動し，開始ボタンをタップすると，呼気を吹き込むよう指示が表示され，10秒間のカウントダウンタイマーが表示されている間，被験者は呼気を吹き込む。この間，アプリケーションソフトは各センサーの値をモニターしている。呼気中アンモニア濃度には個人差が大きいため，呼気が正しく吹き込まれているか否かの判断は，呼気に含まれる様々な有機物に広く感度を持つ金属酸化物ガスセンサーの抵抗値を基に行った。抵抗値の変化率が設定値を超えて呼気吹き込みが適切であったと判断された場合，吹き込みの前後におけるアンモニアセンサーの抵抗値変化を基に，あらかじめ求めておいたガス濃度-抵抗値変化曲線に当てはめてアンモニア濃度を算出し表示する。

図5に，試作したセンサーユニットと，アプリケーションを実行しているスマートフォンを示

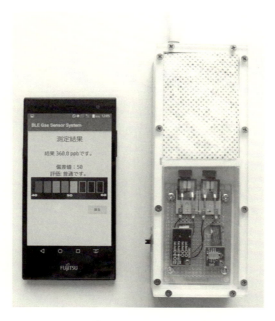

図5　呼気センサーシステム試作機

す。センサーユニットの外形寸法は，長さ175 mm，幅60 mm，厚さ50 mmである。ガス濃度をppb単位で表示するほか，後述のサンプリング調査に基づく偏差値も表示しており，集団の中で自分の値がどの程度に位置するのかの判断ができる。過去の測定履歴は本体内に全て記憶しており，アプリケーションからは直近10回分の測定データを呼び出せる。将来的には，ここからクラウドへの接続を行うことで，PHR（Personal Health Record）などの普及時代にアンモニア濃度の履歴の保存と，繰り返しモニターすることによる変動量の確認や平均的な値との比較が可能になる。

2.6 呼気中アンモニア濃度のサンプリング測定

開発した呼気センサーシステムを使用して，日中の呼気中アンモニア濃度変動を調べたところ，図6に示すような結果が得られた。毎回3回ずつ呼気アンモニアの測定を行い，平均値とエラーバーを示すように，各時における繰り返し再現性は確保している。個人差は見られるが日中の昼食前後の時間帯の変動量は比較的少ない傾向がみられた。

次いで昼食前後の時間帯において128人について呼気中アンモニア濃度測定を行った。なお，本実験を行うにあたって，人を対象とする医学系研究に関する倫理指針に十分な配慮をもって，適切に実施した。サンプリングは予め実験内容に同意のあった社内の有志で，匿名状態で測定を実施し，年齢性別や既往歴との対応付けは行っていない。参考までに当社の今年度の平均年齢は43歳である。このようにして測定した呼気中アンモニアの測定結果を図7に示す。アンモニア濃度（対数目盛）に対するヒストグラムを示している。その結果，中央値440 ppbの対数正規分布を示し，幾何標準偏差GSDは2.30であった。

呼気中のアンモニア濃度を，分析装置の一つであるSIFT-MS（Selected ion-flow tube mass-spectrometry）を用いて調べた例として，Spanelらは20〜60歳のサンプリングで中央値が

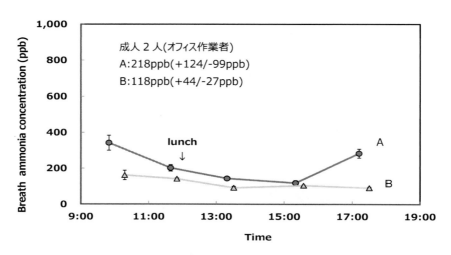

図6　呼気アンモニアの日中変化

第 2 章　メーカーによる研究開発の動向

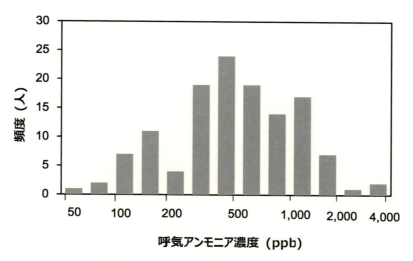

図 7　呼気アンモニア濃度のサンプリング結果

833 ppb, GSD は 1.62 で, 年齢層により分布がシフトすると報告[7]している。年齢分布差による違いがあると仮定すれば, Spanel らの報告と矛盾しない結果が得られた。

　以上の結果より, 本センサーシステムを用いることで呼気中のアンモニア濃度をほぼ適切な測定ができていると考えられる。このシステムを用いることにより単回測定による個人差の認識と, 繰り返し測定などが可能となった。

2.7　ガス選択性と呼気分析の新たな応用

　開発した呼気センサーシステムの他の生体ガスに対する選択性を調べるため, 清浄空気で希釈したアンモニア, アセトン, エタノール, 硫化水素, アセトアルデヒドに対する反応を調べた。気体ポンプを用い希釈ガスを 1 L/min の流量で導入してから, 呼気測定と同様に 10 秒間の抵抗変化率を測定した。結果を図 8 に示すように, 金属酸化物半導体ガスセンサー群はいずれのガスにも応答したが, CuBr センサーデバイスはアンモニア以外には殆ど応答しなかった。さらに, 3 名の呼気に対するセンサーの応答を加えて主成分分析 PCA (Principal Component Analysis) を行った。

　PCA とは多要因 (多次元) からなる数値データあるいは集合の中で, 分散が最大になる架空の軸を設定して, 少ない次元数でデータを表現する古典的統計手法である。まず, 3 種類の金属酸化物半導体ガスセンサーの応答のみで PCA を行ったところ, 第一主成分の寄与率が 94.5 % であった。これでは殆ど 1 次元の情報が得られておらず, 原理的にアンモニアを含む還元性の強さの総和を表しているものと理解できる。また, 第 2 軸以降は母集団次第で意味するところが変わる不安定な指数となるため, 特徴点として利用することは困難と考えられる。すなわち少数の金属酸化物半導体ガスセンサーだけではガス成分の分離が困難であることを確認した。

生体ガス計測と高感度ガスセンシング

　これに CuBr センサーデバイスの応答を加えて同様に PCA を行ったところ，第1主軸が 46.7％，第2が 42.3％，第3が 8.1％の寄与率となり，分離確度が向上した。この結果を図9に示す。CuBr の固有ベクトルは第2主軸と同一方向であり，アンモニア濃度の大きさを示してい

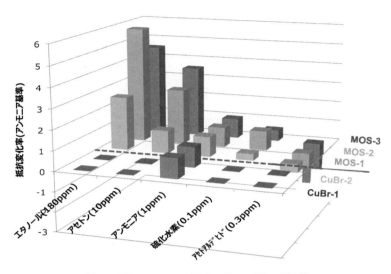

図8　呼気アンモニア濃度のサンプリング結果

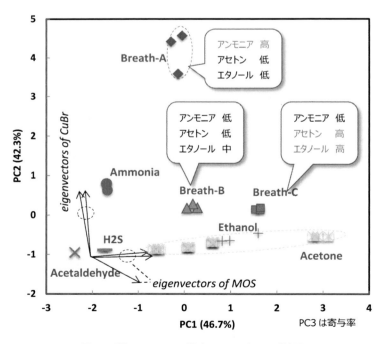

図9　呼気アンモニア濃度のサンプリング結果

ることが分かる。一方で金属酸化物ガスセンサー群の固有ベクトルはアンモニア以外の還元性を示している。この結果から，呼気 A は B 及び C に比べアンモニア濃度が高いこと，呼気 C は A 及び B より還元性のガス（呼気では主にアセトンとエタノール）濃度が高いこと，呼気 B は平均的であること，が確認できた。CuBr センサーデバイスを追加することにより金属酸化物ガスセンサー群だけでは得られない明瞭な空間でガス成分のマッピングが可能になった。このシステムにより呼気を分析することで，アンモニアを含む生体ガスの含有量の個人差を簡易的に認識できる可能性が示された。

PCA で得られた 2 つの主軸はその定義から独立性を意味しており，言い換えると直交性を有すると言える。つまり，今回の CuBr のようにガスの選択性に優れるガスセンサーを複数設置できると，多次元の分析や特徴点を複数抽出することが容易になると予想される。前述のように呼気分析にはパターン認識による方法と特定の成分に着目した測定を行う方法の 2 つのアプローチがあるが，これらを組み合わせることで，呼気分析の新たな応用につなげることができる可能性が期待される。

2.8 おわりに

本稿では，呼気中のアンモニア濃度を正確に定量できる携帯型呼気センサーを紹介した。血液検査と比較すると精度では数段見劣りするものの，呼気分析の魅力は採血などの苦痛を伴うことなく，非侵襲で手軽に検査できることにある。開発した呼気センサーでは，携帯性と併せて素早く測定できるため，生活習慣による変動をリアルタイムに継続して調べることが可能となる。今後は医療クラウドへの接続により，家庭でも手軽な呼気測定の実現と新しいヘルスケアサービスの創出を目指す。

また，呼気中のアンモニアは今まであまり注目されていなかったが，人の状態を可視化できる指標の一つとして利用が期待できる。さらに呼気だけでなく，体臭に相当する皮膚ガスによっても可視化指標として利用が提案[8]されている。今後，小型化をさらに進め，従来の大型分析装置では難しかったスマートデバイスやウェアラブルデバイスへの呼気分析の搭載に向け，開発を進める。

文　　献

1) T. L. Mathew *et al.*, Technologies for Clinical Diagnosis Using Expired Human breath Analysis, *Diagnostics*, **5**, p. 27-60（2015）
2) M. Bendahan *et al.*, Development of an Ammonia Gas Sensor. *Sens. and Act. B*, **95**, p. 170-176（2003）

3) G. Peng *et al.*, Diagnosing Lung Cancer in Exhaled Breath using Gold Nanoparticles, *Nature nanotechnology*, **4**, p. 669-673 (2009)
4) Y. Zheng *et al.*, NH$_3$ Sensing Mechanism Investigation of CuBr : Different Complex Interactions of the Cu$^+$Ion with NH$_3$ and O$_2$ Molecules, *J. Phys. Chem. C*, **115**, p. 2014-2019 (2011)
5) M. Bendahan *et al.*, Sputtered Thin Films of CuBr for Ammonia Microsensors : Morphology, Composition and Ageing, *Sens. and Act. B*, **84**, p. 6-11 (2002)
6) M. Bendahan *et al.*, Morphology, Electrical Conductivity, and Reactivity of Mixed Conductor CuBr Films : Development of a New Ammonia Gas Sensor, *J. Phys. Chem. B*, **105**, p. 8327-8333 (2001)
7) P. Spanel *et al.*, Acetone, ammonia and hydrogen cyanide in exhaled breath of several volunteers aged 4-83 years, *J. Breath Res.* **1** (2007)
8) K. Nose *et al.*, Identification of Ammonia in Gas Emanated from Human Skin and Its Correlation with That in Blood, *Analytical Sciences*, **21**, p.1471-1474 (2005)

3 脂肪燃焼評価装置

西澤美幸[*1], 佐野あゆみ[*2], 佐藤 等[*3]

3.1 はじめに

　肥満とは，単に体重が重いことではなく「体脂肪が過剰に蓄積した状態」と定義される。体脂肪は，飢餓に耐えうるエネルギーを最も効率よく蓄えることができる生体組織であり，脂肪細胞を体内に蓄積するということは，厳しい環境の中で進化を遂げてきた人類が獲得した優れた能力のひとつであると推察されるが，過剰にエネルギーが蓄積された「肥満」状態が続くと，結果的に身体の諸機能に異常を発現させてしまう[1]。そのような肥満起因の疾病のリスクを低減しQOLを高めるためには，体重ではなく体脂肪をいかに効率よく減らし適性レベルに近づけるか，がカギとなる。しかし，現代人にとって，過剰に蓄積した体脂肪を減らすことはそう容易なことではなく，如何に「体脂肪を健康的にコントロールするか」に苦労しているのが実情であろう。

　こうした背景において，エネルギー源として体脂肪が使われている状態である「脂肪燃焼」を評価することは疾病予防やQOL改善に重要な意味を持つことであり，多方面の研究分野においても注目を集めるところであると思われる。ここでは，生体ガスを利用した，人体の消費エネルギーを評価する方法から，特に体脂肪の消費，すなわち脂肪燃焼の評価方法について弊社の研究事例も含めて紹介したい。

3.2 直接熱量測定による消費エネルギー評価

　人体の消費エネルギー評価については古くから研究されており，1892年にルブナーが実験し1900年にアトウォーターやベネディクトらによって改良された直接測定法は，実験室をまるごと熱量評価装置とする方法であった。この方法では，図1のように実験室に被験者を入室させ，その人が発散した熱を室内に配した水の温度変化から計算，更に呼気や皮膚表面からの不感蒸泄を換気回路から捉えた生体ガス中の水蒸気量により計算する方法である。この測定は人体のエネルギー消費を評価する基本的な方法とされているが，現在ではその改良された方法として，空気の出入りを測定し微量ガスの変化を解析する「ヒューマンメタボリックチャンバー」が用いられている[2]。この装置は精度の高い消費エネルギー評価基準法として代謝研究に用いられるが，設備が大がかりで限られた施設でしか実施できない上，短時間のエネルギー変化評価には適さないため，運動ごとの消費エネルギーの違いなど細かいタームでの調査を行う場合には，他の間接的な方法と組み合わせて用いられることが多い。

---

*1　Miyuki Nishizawa　㈱タニタ　企画開発部　主任研究員
*2　Ayumi Sano　㈱タニタ　企画開発部
*3　Hitoshi Sato　㈱タニタ　体重科学研究所

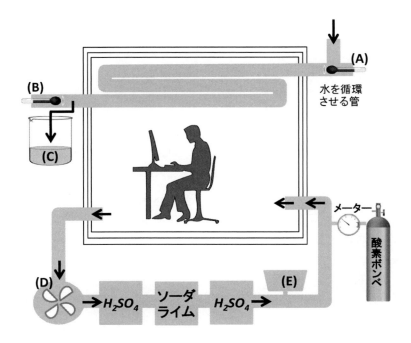

(A) (B)... 出入りする水の温度を測定する温度計
(C) ...... 出た水の重量をはかるタンク
(D) ...... 空気を循環させるモーター
(E) ...... 圧力調節器

図1 アトウォーター，ベネディクトの呼吸熱量計（直接法）

3.3 これまで研究されてきた「脂肪燃焼評価法」

　人体の消費エネルギーの元となっているものは「糖質」「脂質」「たんぱく質」の3大栄養素であるが，肥満起因の疾病を予防・改善するためには，そのうちでも特に，過剰に蓄積された脂質（脂肪）をダイレクトに減らす「脂肪燃焼」が重要な意味を持つ．ここで，これまで実施されてきた主な脂肪燃焼の評価方法について表1にまとめた．古くから脂肪燃焼の評価として実施されているのは，呼吸商（Respiratory Quotient：RQ）分析による方法である．RQは，下記の式のように，呼吸における酸素（O_2）摂取量と二酸化炭素（CO_2）排出量の比によって求められる．

　RQ＝（O_2摂取量）/（CO_2排出量）

　RQの値は，エネルギー源として何が消費されたかによって異なる．例えば体内で糖質がエネルギー源となった場合，下記の式のように，燃焼に必要なO_2に対して排出されるCO_2の分子量は等しくなるため，RQ＝1となる．

○ブドウ糖
　$C_6H_{12}O_6 + 6\,O_2 \rightarrow 6\,CO_2 + 6\,H_2O$：RQ＝6/6＝1
○デンプン，グリコーゲン

第2章 メーカーによる研究開発の動向

表1 主な脂肪燃焼の評価法

1) 呼吸商 (RQ) による評価
閉鎖式呼吸計
開放式呼吸計
・ダクラスバッグ方式
・Breath by Breath 方式
2) ケトン体濃度分析による評価
血中ケトン体濃度
尿中ケトン体濃度
呼気中アセトン・皮膚放出アセトン濃度
・液体クロマトグラフィ
・ガスクロマトグラフィ
・電気化学式バイオ (酵素) センサによる分析
・レーザー吸収分光法
・半導体式微量ガス分析
3) 安定同位体 13 C による評価

$$(C_6H_{12}O_6)n + 6n\ O_2 \rightarrow 6n\ CO_2 + 6n\ H_2O : \underline{RQ = 6n/6n = 1}$$

それに対し、脂肪の場合の例としてトリパルミチン酸で計算すると

○トリパルミチン酸

$$C_{51}H_{98}O_6 + (72 + 1/2\ O_2) \rightarrow 51\ CO_2 + 49\ H_2O : \underline{RQ = 51/72.5 = 0.703}$$

となる。脂肪は糖質に比べ燃焼に多くの O_2 が必要で、RQ は低い値となることがわかる。実際の脂肪は様々なトリグリセリドの混合物のため、通常 RQ＝0.707 程度の値をとることが知られている。たんぱく質の燃焼を考慮する場合、尿中の窒素排泄量から計算されるが、尿中窒素排泄量を N とした場合、下記の式でたんぱく質を除外した調整 RQ を用いて糖質と脂肪の燃焼割合を求める[3]。

　非たんぱく RQ ＝ $(CO_2 - 4.754N)/(O_2 - 5.923N)$

※ N ＝尿中窒素排泄量

この非たんぱく RQ の値から計算された糖質と脂肪の燃焼割合をまとめたものが「Zuntz-Schumburg-Lusk の表」(表2) である。

　このように RQ を用いることで消費エネルギーの脂肪と糖質の燃焼割合を求めることが可能になり、人体の代謝に関する研究は様々な分野で広がりを見せるようになる。更に、持ち運び可能な開放式呼吸計測計の開発により、これまでの脂肪燃焼研究の主流となってきた。しかし、この測定を実施する際には、図2のように密着性の高いマスクを長時間装着させるか或いは設置型キャノピーを使う等、被験者への拘束性が強く、自然な生活活動の脂肪燃焼との乖離が問題とされてきた。更に呼吸ごとに結果のばらつきが大きく安定し辛いため、条件設定とデータ処理に工夫が必要である。

　また、RQ で計算されるのは、あくまでも「脂肪燃焼の割合 (%)」であるため、脂肪燃焼量評価には、消費エネルギー量との積算が必要となる。長時間の有酸素運動における変化のような、

表2 糖質と脂肪の燃焼割合と酸素1ℓあたり熱量
(Zuntz-Schumburg-Lusk の表)

N.P.RQ (非たんぱく呼吸商)	燃焼に費やされる酸素の割合		同熱量に対する燃焼割合		1ℓの酸素に対する 熱量 (kcal)
	糖質 (%)	脂肪 (%)	糖質 (%)	脂肪 (%)	
0.707	0.00	100.00	0.00	100.00	4.686
0.710	1.02	98.98	1.10	98.90	4.690
0.720	4.44	95.56	4.76	95.24	4.702
0.730	7.85	92.15	8.40	91.60	4.714
0.740	11.30	88.70	12.00	88.00	4.727
0.750	14.70	85.30	15.60	84.40	4.739
0.760	18.10	81.90	19.20	80.80	4.751
0.770	21.50	78.50	22.80	77.20	4.764
0.780	24.90	75.10	26.30	73.70	4.776
0.790	28.30	71.70	29.90	70.10	4.788
0.800	31.70	68.30	33.40	66.60	4.801
0.810	35.20	64.80	36.90	63.10	4.813
0.820	38.60	61.40	40.30	59.70	4.825
0.830	42.00	58.00	43.80	56.20	4.838
0.840	45.40	54.60	47.20	52.80	4.850
0.850	48.80	51.20	50.70	49.30	4.862
0.860	52.20	47.80	54.10	45.90	4.875
0.870	55.60	44.40	57.50	42.50	4.887
0.880	59.00	41.00	60.80	39.20	4.899
0.890	62.50	37.50	64.20	35.80	4.911
0.900	65.90	34.10	67.50	32.50	4.924
0.910	69.30	30.70	70.80	29.20	4.936
0.920	72.70	27.30	74.10	25.90	4.948
0.930	76.10	23.90	77.40	22.60	4.961
0.940	79.50	20.50	80.70	19.30	4.973
0.950	82.90	17.10	84.00	16.00	4.985
0.960	86.30	13.70	87.20	12.80	4.998
0.970	89.80	10.20	90.40	9.60	5.010
0.980	93.20	6.80	93.60	6.40	5.022
0.990	96.60	3.40	96.80	3.20	5.035
1.000	100.00	0.00	100.00	0.00	5.047

大きな消費エネルギー変化を伴う脂肪燃焼研究には有用であるが，運動を伴わない低消費エネルギー状態での脂肪燃焼について調査を行う際には，測定の信頼性に十分留意する必要がある．

3.4 呼気アセトン濃度分析による脂肪燃焼評価法

RQ よりも直接的に微量な脂肪燃焼変化を捉えられる方法が「ケトン体濃度」を測定する方法（表1）であり，近年様々な方法が検討され注目を集めている．ケトン体は体内の脂肪がエネルギーとして使われる際に生成される成分で（図3），脂肪の燃焼をダイレクトに反映している．ここでは，ケトン体の中でも，特に人体への侵襲性が低く，無理なく脂肪燃焼を評価できる方法

第2章　メーカーによる研究開発の動向

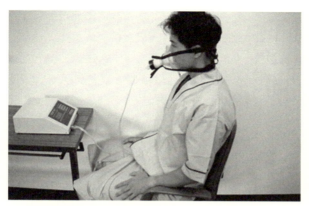

TEEM 100 (Aerosport Inc.)

図2　開放式呼吸計（Breath-by-Breath法）の測定の様子

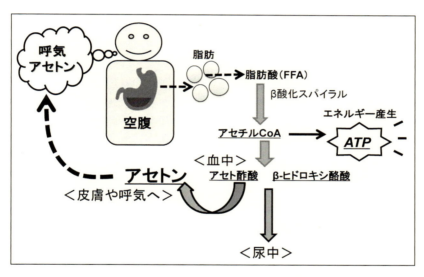

図3　体内の脂肪燃焼とケトン体発生の簡易図

として期待されているアセトン濃度測定[4,5]について弊社の研究データとともに紹介したい。

　アセトンは，体内で脂肪がエネルギー源として燃焼した時に生成されるケトン体のうち，アセト酢酸から炭酸ガスが二次的に分離されて生じるもので，揮発性が高いため呼気や皮膚表面から体外に排出される。体外に排出されるアセトンの濃度は血中のケトン体濃度との相関が非常に高いことも知られており[5]，アセトン濃度の変化をとらえれば体内の脂肪燃焼を評価できるとされている。

　RQと呼気アセトンの関係性について図4に示す。RQは，呼吸ごとの変動が大きいため13分間の継続測定を実施し，初期3分間のデータを削除，残り10分間中の標準偏差を超える値を除

外した後，平均化した値をその時のRQとした。この試験では，脂肪燃焼への代謝変化を起こすために被験者に4日間の糖質制限を実施させ，測定前は少なくとも5分以上の座位安静状態を維持した後，各測定を実施した。グラフに示すようにRQの低下（脂肪燃焼向上）とともに呼気アセトン濃度は大きく上昇しており，RQ変化とアセトン濃度変化は，糖質供給量等の条件を規定すれば，個人内変動において逆相関にあることが確認できた。更に，呼気アセトン濃度は，RQに比べて変化幅が非常に大きいため脂肪燃焼の向上度がより顕著に明確化できる上，RQに比べて数値のばらつきも小さいため，短時間での変化も詳細に反映できることが示唆された。

次に呼気に排出されるアセトンの日内変動を図5に示す。図のように食事摂取後2～3時間後までは摂取した糖質の燃焼が主体となるため，アセトン濃度は低下するが，空腹状態になり糖質の供給が低下すると脂肪が燃焼され，上昇に転ずる。この状態が継続すると次に糖質を摂取するまで脂肪燃焼は亢進を続けるが，エネルギー消費を促す活動を付加すると更にアセトン濃度は上昇することから，効率良い脂肪燃焼を促すには運動実施のタイミングも重要であることがわかる。次に，減量を目的とした食事調整と運動実施のそれぞれの脂肪燃焼への影響を調べた結果について図6, 7に示した。「食事制限群」のグラフは1食あたり500 kcal以内にエネルギーを抑え，ビタミン・ミネラルの摂取量，PFCバランスは保持した低エネルギー食を5日間，毎食摂取させた試験の結果である。調整食の摂取期間中はすべての被験者でアセトン濃度が大きく上昇しており，試験終了後急激に元の状態に戻っていることから，脂肪燃焼において食事の影響が非常に大きいことがわかる。また，図7は就寝の前までに1時間のエクササイズを実施した被験者6名の結果である。食事制限に比べるとアセトン濃度の上昇は小さいが，5日間で緩やかな上昇を示しており，特に起床時の上昇が顕著になっていることから，就寝前の運動が睡眠中の脂肪燃焼を

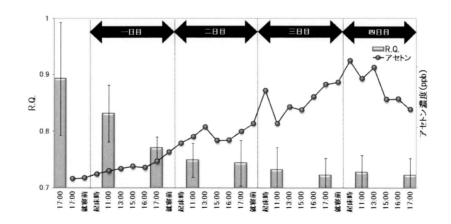

※45歳　68kg　女性　糖質制限食（糖質量15g未満／1食）を4日間継続
※測定器：RQ＝TEEM 100 (Aerosport Inc.)、アセトン濃度＝SGEA-P1 (エフアイエス)

図4　糖質制限下での呼気アセトン濃度とRQの関係

第２章　メーカーによる研究開発の動向

亢進させた可能性があり，運動のみでも脂肪燃焼にある程度の効果があることが示唆された。こうした呼気アセトン濃度の上昇が，実際の減量や体脂肪減少にどの程度寄与するのか調査した結果を図８に示した。１週間〜２ヶ月間に渡る減量効果と，呼気アセトン濃度（減量期間の日数で

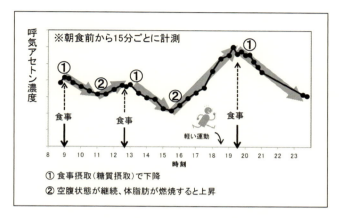

図５　呼気アセトンの日内変動

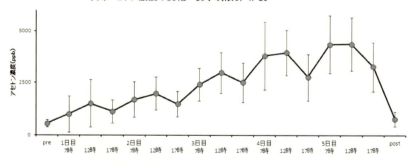

図６　食事調整による呼気アセトン濃度の変化

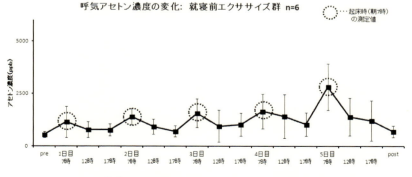

図７　就寝前の運動実施による呼気アセトン濃度の変化

生体ガス計測と高感度ガスセンシング

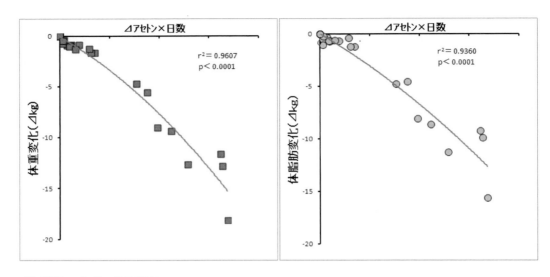

※1週間〜2か月の継続調査
※体脂肪量はBIA(TANITA MC-980)による測定値

図8　呼気アセトン濃度と体重・体脂肪量変化の関係

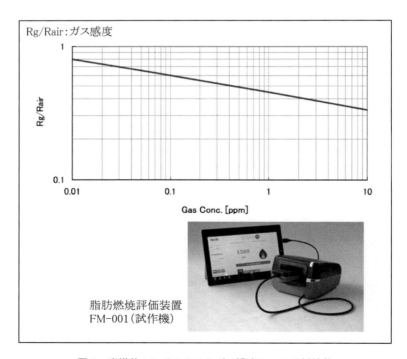

図9　半導体センサにおけるガス濃度とセンサ抵抗値

第 2 章　メーカーによる研究開発の動向

基準化）は，体重においても体脂肪においても非常に強い相関関係を示し（$r^2 < 0.9$, $p < 0.0001$），呼気アセトン濃度の上昇により体重・体脂肪が有意に減少する傾向が見られた。これらの結果から，呼気アセトン濃度の値は脂肪燃焼の変化を明確に評価するものであり，体脂肪の減少による減量が進んでいる状況にあるかどうかを反映する有効な指標になり得るものであると考えられた。

3.5　脂肪燃焼評価における今後の展望

　脂肪燃焼を評価する指標として呼気アセトン濃度を測定することの有用性は先行研究からも明らかである[5〜7]が，日常的な健康管理への利用を目指すのであれば，いかに簡便に負担無く評価できるかが重要となる。現在弊社では，簡便で侵襲性の低い測定の試みとして，半導体センサを利用した脂肪燃焼評価装置を検討している。最後にその試作機について紹介したい。半導体センサは，図9のようにガス濃度が上がるほど，センサの電気抵抗が低下する特徴を持っており，低

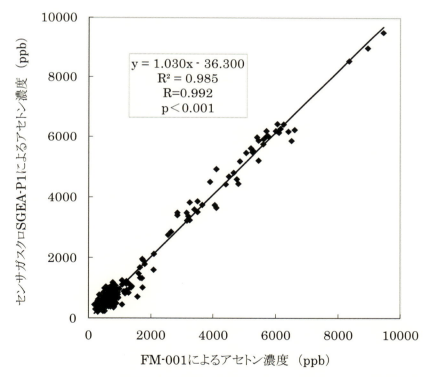

※使用する試作機のセンサでアセトン濃度換算の検量線を作成し、その環境を保持した実験室内で、2名を対象に3日間・計52点の呼気を採取し測定した結果。
（その際、被験者の脂肪燃焼変化を促すため食事内容と運動負荷を変化させた）

図10　環境を保持した実験室内における脂肪燃焼評価試作機と
　　　センサガスクロによるアセトン濃度の相関

濃度ガスでも高感度に検知可能なセンサである。しかし，有機ガスの検知能には優れているが，ターゲットとするガスへの選択性が大きな問題となっており，複数センサの組み合わせ評価やターゲットガス感度が高いセンサ選別の工夫が検討されている。現在弊社では，この装置で検討を行っているが，試作機の段階ではあるものの，測定環境と被験者条件を規定した中では，感度良く呼気アセトンの変化を評価可能であることが実際の呼気試験結果によって示されている（図10）。今後，さらに実用性の高い装置とするために，より汎用性を高め環境適応に優れた装置へと改良して行く予定である。

3.6 おわりに

これまで述べてきたように脂肪燃焼の評価は，肥満起因の疾病予防の指標というだけでなく，現代人の健康管理においていかに食べ・活動するか，より良く生きるためのQOLを高めるひとつの手掛かりとなり得る可能性がある。今後もこの指標の可能性について研究を進めるとともに，より簡便で信頼性の高い評価方法の検討を進めて行きたい。

文献

1) 日本肥満学会，肥満症診療ガイドライン2016，p4〜37，ライフサイエンス出版（2016）
2) 田中茂穂，体力科学，**55**，p527〜532（2006）
3) 吉川春寿，栄養生理・生化学，p6〜19，光生館（1987）
4) Sammar K. Kunda et. al., *CLIN. CHEM.*, **39**（**1**），p87-92（1993）
5) Joseph C. Anderson, *Obesity*, **23**（**12**），p2327-2334（2015）
6) 小橋恭一ら，呼気生化学，p8〜20, 31〜37，メディカルレビュー社（1998）
7) Maki Kinoyam et. al., *Journal of Health Science*, **54**（**4**），p471-477（2008）

4 見えない疲労の見える化 〜パッシブインジケータ法を用いた皮膚ガス測定〜

池田四郎[*]

4.1 働き方と疲労

近年,労働者の働き方に対する関心が高まっており,長時間労働等の是正により社会全体として生産性の向上を図る議論が行われている。労働者が,仕事上の責任を果たしながら,同時に仕事以外の生活においてやりたいことや,やらなければならないことに取り組める状態,すなわちワーク・ライフ・バランスが取れた状態で働けるようにするため,労働者自身にも,管理者にも,職務による疲労のコントロールが求められている。同時に,心的な疲労に対する関心も高まっており,2015年にはメンタルヘルス対策の一環としてストレスチェック制度が始まった(改正労働安全衛生法)。ストレスチェックにより労働者に自分のストレスへの気づきを促し,労働者自身によるメンタルヘルス不調の未然防止に役立てることがこの制度の目的とされている[1]。労働者が50人以上の事業所では,年1回の職業性ストレス簡易調査票を用いたストレスチェックの実施が事業者に義務づけられているが,この簡易調査票に対しては,結果次第で事業者から不利益を受けることを恐れて,労働者が虚偽回答をする可能性が指摘される[2]など課題も残っている。

4.2 パッシブインジケータの開発
4.2.1 パッシブインジケータ

4.1のような背景から,自分自身で簡単に疲労度を測定でき,その場ですぐに結果が得られる測定器が求められていると考えられる。そこで当社では,「いつでも,だれでも,その場で簡単に疲労度測定」をコンセプトとしたパッシブインジケータの開発を着想した。自分自身の肉体的および精神的な疲労を日常的に把握でき,ワーク・ライフ・バランスの取れた働き方に向けた自己管理を可能とする商品価値を提案している。

パッシブインジケータはガス状物質の測定に用いられる測定器であり,分子拡散の原理を利用して捕集したガス状物質を,色の変化で検知する点に特徴がある。ガス捕集部を空気中に向けて使用すると気中濃度が測定でき,建材や機器など固体に捕集部を接触させて捕集すると固体表面から放散されるガスを測定することができる(詳細は4.3節)。

近年,ヒトの皮膚から放散されるガス状物質(皮膚ガス)に関する研究が進み,疾病や健康状態と皮膚ガスとの関係性が徐々に明らかになってきている。中でも筆者らは,ストレスや疲労により皮膚から放散されるアンモニアが増加するとの報告[3,4]に着目した。そこで,皮膚から放散されるアンモニアを疲労物質と捉えてパッシブインジケータで検知し,疲労の目安を知らせる新しい方法として開発に着手した(図1)。

---

[*] Shiro Ikeda ㈱ガステック 技術部 開発1グループ 主任

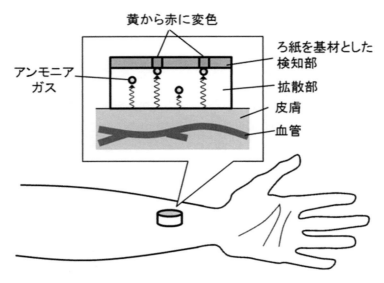

図1 インジケータによる皮膚アンモニアの検知原理

4.2.2 皮膚ガスとは

皮膚ガスは，体表面から放散される揮発性の有機化合物，無機化合物の総称である[5]。これまで皮膚ガスの成分としては，アンモニア，水素，一酸化炭素や，メタン，エタン，エチレン，アセトン，ジアセチルなど多様な化学物質が報告されている[6〜9]。定性的な知見も含めれば，303種類の物質が皮膚ガスとして同定されており[10]，200〜300種類あると言われる呼気ガスと同等の成分数と言える。Mochalskiらによると，アンモニアは特に放散量が多い成分の一つであり，単位時間あたりに皮膚から放散される量を意味する放散速度が 10^3 nmol min^{-1} のオーダーである[11]。

4.2.3 皮膚アンモニア

梅澤らによると，生体内のアンモニアは①腸管内での細菌による脱アミノ化，②腸管内の細菌，腸管粘膜のウレアーゼによる尿素分解，③肝臓，腎臓での脱アミノ化により生成される[12]。生成したアンモニアは体内において，NH_3 または NH_4^+ の化学種として存在する。アンモニアは中枢神経系に対し強い毒性を有する[13]ことから生体にとって有害な物質であり，体内に蓄積すると肝性脳症（意識障害等）をひき起こす。肝臓での尿素サイクル（アンモニア→尿素）や，肝臓・筋肉・脳においてはグルタミン合成酵素（グルタミン酸＋アンモニア→グルタミン＋水）によって無害化されるほか，一部は腎臓で生成される尿中にアンモニアとして存在し排泄される[14]ことが知られている。しかし，近年の諸研究により，アンモニアが皮膚からも体外に排出されていることがわかってきた。なお，皮膚から放散されるアンモニアについては学術的に統一された名称はまだないが，本章では便宜的に皮膚アンモニアと表現する。

皮膚ガスの放散経路は図2のように①血液由来，②皮膚腺（汗腺・脂腺）由来，③表面反応由

第2章　メーカーによる研究開発の動向

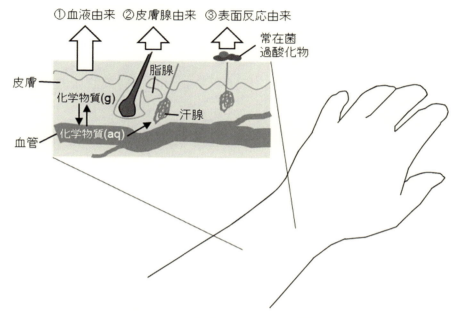

図2　ヒト皮膚ガスの放散経路（模式図）
*化学物質：代謝生成物，外因性物質

来が考えられている[5]が，①は血中の成分が揮発して直接皮膚から放散する経路である。生体内で生成し，血流によって運ばれる揮発性成分はこの経路で放散される。②は皮膚腺（汗腺や脂腺）を通じて放散する経路であり，放散量は発汗や皮脂の分泌に伴って増加する。③は汗や皮脂の成分が常在菌や過酸化物の作用によって揮発性化合物に変化し，皮膚表面から放散される経路である。皮膚アンモニアには①と②（汗腺）が関与すると考えられている[11,15]。放散量は血管の分布や血液循環との関係が深いため，同一人物であっても身体の部位によって放散量の違いがある[16]。

近年，皮膚ガス測定手法の発達により皮膚アンモニアの同時測定が可能となり，健康状態や身体の状態により放散挙動が変化することが分かってきた。健康な人では，安静時には単位時間あたり単位面積から20〜480 ng（前腕部）のアンモニアが放散される[17]が，ウォーキングや球技などの運動によりその放散量が増加することがわかってきている。また，健康な人に一定時間の計算問題を継続させたり，喫煙習慣のある人に禁煙させるなどの精神的ストレスを与えた場合，皮膚アンモニア放散量が増加する傾向にあると報告されている[3,4]。運動や精神的ストレスにより皮膚アンモニアの放散量が変化するメカニズムに関しては，現在も研究が進んでいる段階である。しかしながら，運動による肉体的な疲労やストレスによる精神的な疲労により放散量が変化する皮膚アンモニアは，個人の疲労の状態を反映する指標となり得る。同じ行動や作業を行っても，各労働者が感じる疲労度には個人差があるため，皮膚アンモニア測定は肉体的および精神的

な疲労に対する自己管理に利用できると考えられる。特に身体に疲労が蓄積しているが本人がそれを認識していないような場合には、客観的な方法として有用である。

4.2.4 皮膚アンモニアの測定法

皮膚ガスは対象成分が微量であり、かつ皮膚表面に存在していることから、定量的なサンプリングが特に困難であったが、各研究者が工夫して測定してきた。皮膚アンモニアに関しては測定例が少ないが、以下のような報告がある。

Naitohらは、測定対象部位である前腕にPTFE製の容器をのせることで皮膚表面を覆う密閉空間をつくり、その容器内にキャリアガスを流通させて下流に接続した冷却ガストラップに皮膚アンモニアを捕集する方法、および手指をサンプリングバッグで覆って指から放散される皮膚アンモニアをバッグ内に捕集して分析する方法を開発した[7]。またSchmidtらにより、分光光度法を利用したガス分析装置を用いて皮膚アンモニアが測定された例もある[18]。

その後、古川・関根らは被験者にとってストレスフリーな受動的捕集器具として皮膚アンモニア用のパッシブ・フラックス・サンプラーを開発した[16]。パッシブ・フラックス・サンプラーはガスの分子拡散の原理を利用した小型デバイスであり、容器状の本体部、捕集フィルターおよび止め具で構成されている（図3）。本体部の開口部を皮膚表面にのせて固定して使用する。この時に生じるヘッドスペース内を皮膚アンモニアが分子拡散して捕集材に化学的に捕捉される。捕捉された成分は、溶媒抽出したのちイオンクロマトグラフ法により定量分析される（図4）。パッシブ・フラックス・サンプラーでは、(1)式により一定面積の皮膚から単位時間あたりに放散されるガスの量を意味する放散フラックス（ng cm^{-2} h^{-1}）が測定されるため、サンプリング条件の変動の影響を受けにくい。

$$E = \frac{W}{S \cdot t} \tag{1}$$

ここで、E は放散フラックス、W は捕集量（ng）、S は捕集部の面積（cm^2）、t は捕集時間（h）

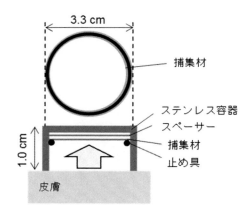

図3　皮膚アンモニア用パッシブ・フラックス・サンプラーの断面図

第2章　メーカーによる研究開発の動向

図4　イオンクロマトグラフ分析装置

である。捕集には電源を要しないことから場所を選ばず、被験者自身での捕集操作が可能であることから、多検体の同時測定が可能となった。

このパッシブ・フラックス・サンプラーをさらに発展させたのがパッシブインジケータであり、筆者らが開発に取り組んでいる。パッシブインジケータ[19]は、パッシブ・フラックス・サンプラーの捕集部（固体相）に呈色試薬を固定した構造を有し、分子拡散の原理を利用して空気中の対象成分を受動的に捕集するデバイスである[20]。対象物質を含むガスに長時間曝露させることで、変色部の色が変化する（比色認識）。既知濃度の標準ガスに一定時間曝露させて得た、変色とガスの時間荷重平均濃度の関係を表す色見本と比べることで、測りたい空間の長時間平均濃度を得ることができる。市販のパッシブインジケータの大きさはコインサイズと小さく、軽量、低価格であることから、主に美術館や博物館の展示品収蔵庫や展示ケース内で空気質の管理に用いられている[21,22]。しかしながら、変色を利用したガス検知技術は操作が簡便でその場で結果を判定できるメリットがある一方で、変色度合いの判断がヒトの目で官能的に行われるため、定量性や再現性を高めるためには変色を定量的に評価するなど工夫が必要である。

4.3　パッシブインジケータの仕組み
4.3.1　構造

図5には、現在開発を進めているインジケータの構成を模式的に示した。皮膚に取り付けた際に、インジケータと皮膚との間に閉鎖系のヘッドスペース（空間）ができるよう、開口部を有する有底容器と通気孔がある蓋部材から本体が構成される。なお、本体部分はヒトの皮膚に直接接触することから、皮膚への刺激性や感作性が少ない材料が適している。本体の内部には、蓋部材の通気孔から侵入した皮膚ガスが分子拡散する拡散部、発汗や不感蒸泄（発汗以外の皮膚からの水分喪失）により皮膚表面から放散される水分を除去するための除去剤、検知剤を保持するためのストッパー、そして皮膚から放散されるアンモニアに対して呈色反応を示すよう加工した検知

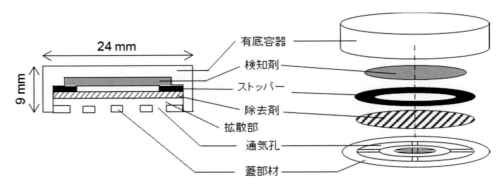

図5 インジケータの断面図（左）および分解斜視図（左）（模式図）

剤が組み立てられる。現在の開発品の場合，使用前のインジケータ検知剤の色は黄色であり，アンモニアガスの捕集量が増加するにしたがって，うすい橙色，桃色，濃い紫色と段階的に色が変化する。なお，捕集量に対する変色感度は，試薬の調剤条件によって調整可能である。うすい橙色の段階では，使用前の黄色からの色差が $\varDelta E^{*}ab = 10 \sim 12$，桃色の段階では $\varDelta E^{*}ab = 17 \sim 19$，濃い紫色では $\varDelta E^{*}ab = 25 \sim 27$ となる（色差の詳細については4.3.2参照）。水分除去剤としては，不織布にシリカゲルなど吸湿性のある粉体を担持させて作られるシートが用いられている[23]。

4.3.2 比色認識の原理

信号機のレンズ色の管理や，絵の具の製造，自動車のボディの調色など，色を厳密に定量して管理する必要のある分野がある。このような分野では色を定量的に測定する測色技術が発展してきた。物体の色が「見える」のは，白色光が照射されたとき，そのスペクトルの一部だけが透過あるいは反射する[24]ためである。可視領域の全ての波長がスペクトルに含まれる多色光が物体に照射されると，物体は特定の波長の光を吸収し，それ以外の波長の光を透過あるいは反射させる。われわれは反射した波長の光を目で受光しその物体の色として認識している。色情報は網膜で処理されるが，ヒトには錐体と呼ばれる視細胞が青錐体，緑錐体，赤錐体のように3種類ある。それぞれの錐体が青，緑，赤色のそれぞれの波長の光に高い感度を有し，物体から透過あるいは反射された光にどの波長の光がどの程度含まれるかによって見える色が決まる。なお，ウサギやカメはヒトと同様に3種類の錐体を持つが，ネコは2種類しか持たず，アリやアライグマは色覚を持たない[25]。

分光測色法は，ヒトの目における色覚の原理に基づきながら発展し，近年では測色結果と目視感覚のずれが小さい分光測色計が開発されている（図6）。分光測色計では，固体の吸収スペクトルを測定する一般的な方法である，拡散反射法が適用されている。試料に光を照射して，正射光および拡散反射光を受光して検出する（図7）。検出された拡散反射光の情報は電気信号に置き換えられ，数値化される。このデータにもとづき色が表現されるが，色の表し方を体系化したものを表色系と呼ぶ。表色系は歴史的に変遷を続けており，1905年にアメリカの画家であるマ

第 2 章　メーカーによる研究開発の動向

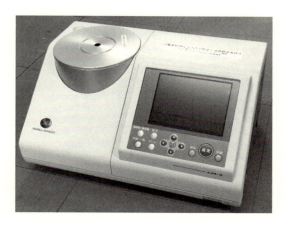

図6　パッシブインジケータの測色に用いられる
分光測色計（コニカミノルタ製, CM-5）

図7　粉体試料における光拡散（模式図）

ンセルが体系化したマンセル表色系が最も古いものとして知られている。その後，1913年に設立された国際照明委員会（CIE）で表色の標準化が始められ，RGB表色系に続き，1931年にXYZ表色系（CIE XYZ）が，1948年にハンターLab表色系が，1976年に$L^*a^*b^*$表色系（CIE LAB）が考案された。各表色系の違いやそれぞれの特徴に関する説明は別の機会に譲るが，表色系の進歩によって，より目視感覚に近い色の表現が可能となっている。

　二つの物体の色がどれくらい違うかを表す色の差のことを色差と呼ぶ。各物体について，CIE LAB表色系で定義されるL^*（明度），a^*（赤〜緑の度合い），b^*（黄〜青の度合い）を測定すると，それぞれの測定値から(2)式により色差ΔE^*abが得られる。

$$\Delta E^*ab = \sqrt{(\Delta L^*)^2 + (\Delta a^*)^2 + (\Delta b^*)^2} \tag{2}$$

　例えば，塗装業界での適用事例では，色差ΔE^*abとヒトの目の感じ方として表1のような関係がある。パッシブインジケータに関しては，付属の色見本を使って目視で変色を確認することができるが，測色計やスマートフォンのカメラ機能を利用した色評価も可能である。

4.3.3　使い方

　ここでは，インジケータの取り付け方や専用のインジケータバンドを用いた皮膚アンモニアの

生体ガス計測と高感度ガスセンシング

表1 塗料業界における色差ΔE^*abと目視感覚の関係

ΔE^*ab	ヒトの目での感じ方
～0.1	目視では色違いの識別不可
0.2～0.4	一般人が色違いを識別できる限界
0.8～1.5	製品の色管理に使用される範囲
1.5～3.0	離せば違いに気付かない，同色の範囲
3.0～	色違いと言える範囲
12.0～	別系統色となる範囲

測定方法，またストレスや疲労をモニタリングする目的に応じた使い方を紹介する。

(1) インジケータの取り付け

インジケータを袋から取り出し，インジケータバンドの取付部に取り付ける。必要に応じてインジケータバンドに付属の色見本シールを貼り付ける（図8）。

(2) 皮膚ガス測定方法

(1)でインジケータを取り付けたインジケータバンドを手首に取り付ける。この時，手のひら側または手の甲側にインジケータが保持されるように装着する（図9）。次に，装着したまま通常の生活や仕事を行う。検知部の色を色見本と比較して，ストレス・疲労の度合いを判定する。インジケータの変色を目視で確認し，ストレス度合いの目安を判定する（図10）。

(3) 目的に合わせた使い方

健康な人が安静にしている場合，本品を8時間装着してもほとんどの場合うすい黄色のまま変色が見られない。日常的なパソコン作業や事務作業，これらと同程度の行動の場合，うすい黄色のまま変色が見らないことがほとんどである。一方，急な顧客対応や不慣れな場でのプレゼンテーションを伴うようなケースでは，多くの場合8時間後にはうすいオレンジ色～桃色への変色が観察される。ただし，ストレス・疲労物質の放散量には個人差があるため，以下の方法により，自分自身の平均的な放散量を把握した上で，相対的な評価を行うことが推奨される。

① まずは使ってみる

まずは，一定の時間（8時間程度）を決めて本品で測定を行う。測定終了後の検知部がうすい黄色の場合はストレスや疲労がたまっていないと考える。うすいオレンジ色，桃色，濃い紫色の順に色が濃くなるほど，ストレス・疲労の度合いが大きいことを意味する。

② 自分の平均的な放散量を把握する

1日1回，同程度の測定時間で3～5日間測定を実施する。それぞれの測定結果を記録し，自身の平均的なアンモニアの放散レベルを把握する（表2）。

第 2 章 メーカーによる研究開発の動向

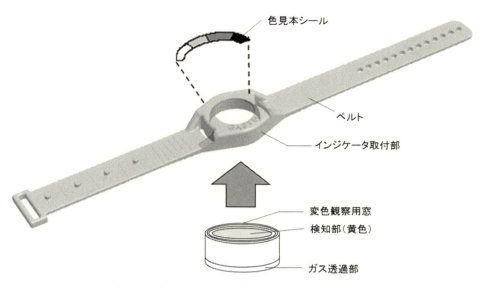

図 8 皮膚アンモニア測定用インジケータの取付方法

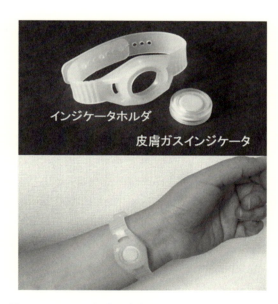

図 9 アンモニア測定用皮膚ガスインジケータの外観，
被験者手首への装着の様子

③ 疲労がたまったタイミングを知る：「その日の行動をコントロール」
　測定開始後，定期的に変色を確認し，②で把握した自分の平均レベルを超過したタイミングに着目する。このタイミング以降は，疲労が蓄積された状態での活動となる可能性が高いため注意が必要と考えられる。また，いつもより特に早い段階で変色が見られるような場合には，その時

237

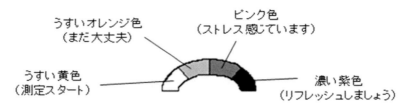

図10　インジケータの変色順とストレス度合いの目安の一例

表2　平均的な放散レベルの決め方の例

1日目	2日目	3日目	平均レベル
うすいオレンジ色	うすいオレンジ色	うすいオレンジ色	うすいオレンジ色
うすいオレンジ色	濃い紫色	うすい黄色	うすいオレンジ色
うすい黄色	うすい黄色	うすいオレンジ色	うすい黄色

点でリフレッシュタイムをとることで，その後の効率改善につなげられると考えている．例えば，以下のような場面で判断材料の一つにされることを想定している．

・集中力や正確性を要する作業を継続するか否か（あるいはさせるか否か）の判断
　（例：自動車運転，生産ラインでの目視検査，小さな部品の組立作業，伝票の計算，など）
・効果的な休憩をとる（あるいはとらせる）タイミングの判断

④　その日の疲れを知る：「翌日の行動をコントロール」
　毎日の生活リズムや就業時間が一定の場合に好適である．毎日のスタートから終了まで8時間程度の測定を行い，終了時の変色レベルに注目する．②で得られた平均レベルを下回る場合は余裕を残せたことを意味し，平均レベルを上回った場合はやや無理があったことを意味する．その日の疲れの程度を知ることによって，その日の休養や翌日の行動をコントロールすることが可能になると考えている．例えば，以下のような場面に役立つと想定している．

・いつもどおりのリズムであるがゆえに見えにくくなっている疲労を可視化し，客観的に判断
・翌日の生活内容やお仕事の内容を調整する判断材料
・その日の残業をどうするかの判断

4.4　アプリケーション例
4.4.1　製造業における現場作業者とデスクワーカー（日内変動）

　神奈川県内の製造業の企業で従業員（20～30歳代）にパッシブ・フラックス・サンプラーを装着して，労働時間中の皮膚アンモニア測定を実施した（図11）．始業と同時にサンプラーを取り付け1時間ごとに取り替えることで，放散フラックスの日内変動を調査した．なお，捕集試料の分析にはイオンクロマトグラフ法を適用した．図12には，各従業員の皮膚（前腕部）から放散されるアンモニアを経時的に測定した結果を，業務内容に応じて現場作業者とデスクワーカー

第 2 章　メーカーによる研究開発の動向

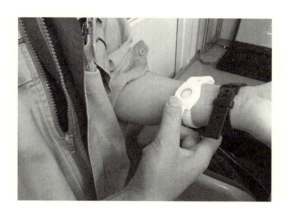

図 11　皮膚ガスサンプラーを装着して業務に臨む
　　　製造業従業員

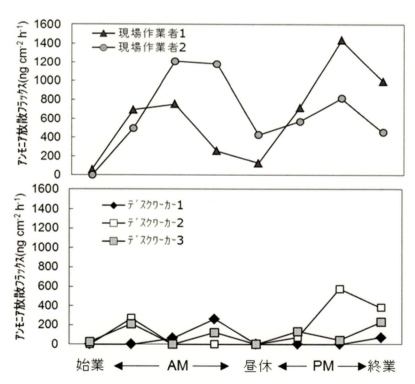

図 12　製造業従業員を対象とした業務時間中の皮膚アンモニア放散
　　　フラックスの推移

に分けて，各々示した。デスクワーカーでは $300\ \mathrm{ng\ cm^{-2}\ h^{-1}}$ を上回らない範囲で推移する被験者が多かった。デスクワーカー2は，午後の時間帯に会議でプレゼンテーションを実施したが，この時間帯に顕著な放散フラックスの増加が見られた。一方，現場作業者では，始業時に低かっ

239

たアンモニア放散フラックスが業務開始直後に増加し，現場作業者2では1200 ng cm^{-2} h^{-1}を超えた。昼休みに低下した後，午後の業務で再び高値を示したことがわかる。皮膚から放散されるアンモニアの量は，1日の業務の間に短時間で大きく変動していることがわかった。

4.4.2 介護施設における介護職従業員（週内変動）

群馬県内の介護施設である住宅型老人ホームに勤務する従業員（30～50歳代）にインジケータおよびパッシブ・フラックス・サンプラーを装着し，労働時間中の皮膚アンモニア測定を実施した。サンプラーはいずれも業務開始時から終了時まで装着し，通常業務を行った。従業員の職務は，介護業務（介護福祉士），看護業務（看護師）および事務作業に分類された。図13には各被験者のアンモニア放散フラックスを示した。なお，勤務時間中の平均放散フラックスが

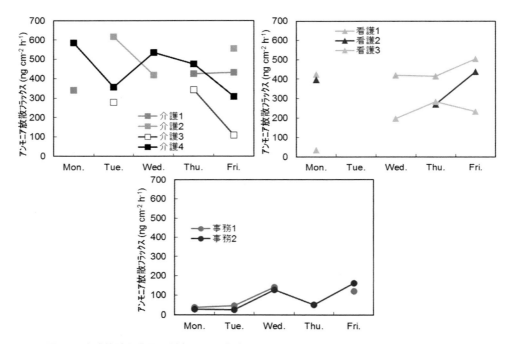

図13 介護施設従業員を対象とした業務時間中の皮膚アンモニア放散フラックスの推移

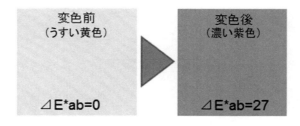

図14 インジケータの変色例
本図のカラー版を，シーエムシー出版webサイトにて掲載しております。
⇒ http://www.cmcbooks.co.jp/user_data/colordata/T1049_colordata.pdf

第2章 メーカーによる研究開発の動向

600 ng cm^{-2} h^{-1} を超え最も高値となった被験者の場合，勤務終了時のインジケータの変色はうすい黄色（原色）から濃い紫色変わっており，色差 $\Delta E^{*}ab$ は27となった（図14）。

全体的な放散レベルの傾向は介護＞看護＞事務となったが，介護業務従事者では週末に向かってアンモニア放散フラックスが低下していく傾向が見られた一方で，看護職および事務職では週末に向かって増加していく傾向があった。同一の事業所の中でも職種や立場によってストレスや疲労の蓄積状況が異なることを反映した結果となった可能性が高い。被験者の個人差が最も大きかったのは介護職であり，同じ日の中でもデイサービスや担当する要介護者の人数が多いため，日ごと，従業員ごとに毎日多様なレベルでの疲労が見られる職種と考えられる。

4.4.3 公立中学校における教員（週内変動）

埼玉県内の公立中学校に勤務する教員（20～50歳代）にインジケータおよびパッシブ・フラックス・サンプラーを装着し，労働時間中の皮膚アンモニア測定を行った。業務開始時から終業までを捕集時間とし，春休み期間中の4日間と，学期中の4日間にそれぞれ実験を行った。図15には春休み期間中と学期期間中の全ての測定値をプロットして比較した。平均値を×で，中央値を○で図中に示した。被験者群は両期間中で共通で，捕集した時間帯も同様であったが，測定値は大きく異なり，学期期間中にアンモニア放散が多くなる傾向にあり平均値同士の比較では3.8倍となった。学期期間中には生徒が登校し，授業や休憩時間中の生徒指導に加え部活指導も加わることから，教員にとって心身への負担が大きくなっていることがわかる。繁忙期に放散量の被験者間差が大きくなる傾向は，介護施設において労働負荷が大きかった職種で見られた傾向と類似した。多忙な部署や多忙な時期ほど，労働者自身もそうであるが，管理監督者が従業員個々の体調やパフォーマンスに気を配る必要があり，皮膚アンモニアを対象とした疲労のインジケータ（本開発品）が自身のセルフチェックや職場仲間の健康管理に役立つ可能性が高い。

上記の実験結果から得られた，皮膚アンモニア放散フラックスと皮膚ガスインジケータの使用前後の色差の関係を図16に示す。両者は $p<0.01$ で相関しているため，色差を累積アンモニア

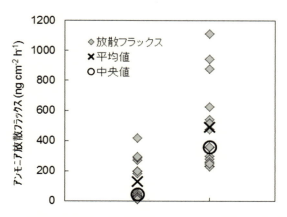

図15 春休み期間および学期期間における公立中学校教員の業務時間中の皮膚アンモニア放散フラックス

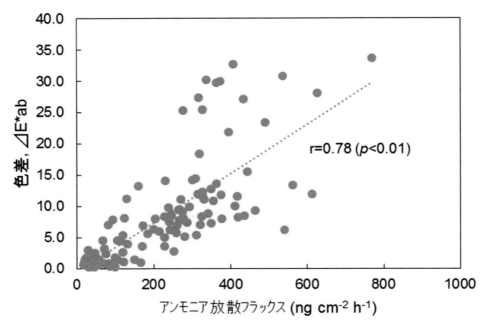

図16　パッシブインジケータの色差とアンモニア放散フラックスの関係

放散量の指標としてとらえることが可能である。

4.5　今後の展望

近年の皮膚ガス研究により，アンモニア以外にも身体的，生理的状態や病気と関連が示唆される化学成分が明らかになってきた。例えば，アセトンは脂質の分解により生成されるため，糖尿病や肥満，代謝異常などとの関連が示唆されている。また，大腸内の嫌気性細菌から産生される水素やメタンは吸収不良性症候群のバイオマーカーとして期待されている。一酸化窒素は呼気を対象にした研究も進んでいるが，特に言葉を通じたコミュニケーション能力が未成熟の小児の呼吸器系疾患の指標として有用で，特に乳幼児でもサンプリングが容易な皮膚ガス測定に対しては期待が高い。習慣的な喫煙者の皮膚からは，非喫煙者に比べて一酸化炭素が多く放散されることもわかってきており，禁煙外来等でのモニタリングについては潜在的ニーズが考えられる。

気体検知管メーカーである当社では，あらゆる「気体」の測定を目標に，現在販売している検知管は600種類を超える。これらを可能とする呈色反応に関する技術と知見の蓄積は膨大であるため，測定法が求められる皮膚ガス種へのチャレンジを積極的に推進し，皮膚ガス簡易測定技術をリードしていきたいと考えている。

第2章 メーカーによる研究開発の動向

文　献

1) 武田康久, 産業ストレス研究, **24**(**1**), 39 (2016)
2) 西村由貴ほか, 慶應保健研究, **33**(**1**), 35-39 (2015)
3) 古川翔太ほか, 平成27年室内環境学会学術大会講演要旨集, 198-199 (2015)
4) 古川翔太ほか, 平成28年室内環境学会学術大会講演要旨集, 204-205 (2016)
5) 関根嘉香ほか, 空気清浄, **54**(**5**), 340-346 (2017)
6) K. Naitoh et al., *Instr. Sci. Tec.*, **30**, 267-280 (2002)
7) 野瀬和利ほか, 分析化学, **54**(**2**), 161-165 (2005)
8) K. Nose et al., *Anal. Sci.*, **21**(**6**), 625-628 (2005)
9) K. Kimura et al., *J. Chromatogr. B*, **1028**, 181-185 (2016)
10) U. R. Bernier et al., *Anal. Chem.*, **72**, 747-756 (2000)
11) P. Machalski et al., *Tre. Anal. Chem.*, **68**, 88-106 (2015)
12) 梅澤和夫ほか, 空気清浄, **54**(**5**), 347-351 (2017)
13) A. J. Cooper et al., *Physiol Rev.*, **67**(**2**), 440-519 (1987)
14) 小澤瀞司ほか, 標準生理学, p.755, 医学書院 (2014)
15) K. Kimura et al., *J. Jap. Assoc. Odor Environ.*, **47**(**6**), 421-429 (2016)
16) S. Furukawa, Y. Sekine et al., *J. Chromatogr. B*, **1053**, 60-64 (2017)
17) 古川英伸ほか, におい・かおり環境学会講演要旨集, **25**, 59-60 (2012)
18) Schmidt et al., *J. Breath Res.*, **7**(**1**), 017109 (2013)
19) 渡邊文雄ほか, インジケータ, 特開2005-345280号公報, 2005-12-15
20) 池田四郎ほか, 平成26年度神奈川県ものづくり技術交流会予稿集, 3101 (2014)
21) 呂俊民ほか, 保存科学, **49**, 139-149 (2010)
22) 佐野千絵ほか, 博物館資料保存論-文化財と空気汚染, みみずく舎 (2010)
23) 池田四郎ほか, 比色型皮膚ガス測定装置, 特願2017-36397, 2017-02-28
24) クリスチャン, 分析化学原書7版 Ⅱ.機器分析編, p.5, 丸善出版 (2017)
25) 中原勝儼, 色の科学, p.10～11, 培風館 (1999)

5 生体ガス分析用質量分析装置

石井　均*

5.1 はじめに

　質量分析装置（Mass Spectrometer, MS）というと，物質の構造解析や未知ガス成分の特定に使用する装置，サンプルをシリンジで装置に導入させて分析するスポット分析手法，成分をガスクロマトグラフで分離した上で質量分析装置に掛けるGC-MSと呼ばれる装置を連想されることが多い。しかし，ここで紹介する質量分析装置は，生体に関わるリアルタイムガス分析に特化した質量分析装置である。弊社では，人のみならず，ラット，マウス，微生物，培養細胞といった様々な生体に応用できる「生体ガス分析用質量分析装置」を研究開発していることから，本装置にかかわる計測原理・手法について解説し，また実際の応用例などについて述べる。

5.2 生体ガス分析用質量分析装置

5.2.1 装置の概要と原理

　物質の質量数を計測する質量分析装置とは，文字通りある質量数を持った物質を計測する装置であるが，磁場型（magnetic sector），四重極型（quadrupole），飛行時間型（time-of-flight）等の方式があり，弊社の装置には「磁場型」を用いている。また，磁場型にもさらに磁場走引方式，電圧走引方式，二重収斂方式などがあるが，弊社では，特定の最大8成分を同時連続分析するために，それぞれ専用のディテクターを配置し，走引を行わない複式コレクター構造の質量分析装置を開発している。

(1) 試料ガス導入

　分析ガスは，加熱機構を備えたキャピラリー入口から直接吸引される。その一部がニードルバルブを介して，ターボ分子ポンプにより高真空度に保たれた，分析部イオン源に導かれる。

(2) イオン化・電磁分離

　導入されたガス分子は，イオン源内でフィラメントより放出され，加速された熱電子との衝突により陽イオンとなる（熱電子照射型）。その後，電場で加速され，磁場内へイオンビームとして射出される。磁場内では，各イオンがローレンツ力により個々の質量数，電荷，電磁場の強度で決定される円軌道を描く（180°磁場型）。従って，これらの条件を一定にすれば，質量数に対応したイオン軌道を捉えることができる。ここで測定したい分子（N_2, O_2, Ar, CO_2 等）の軌道上に各々ディテクターを置くことにより分離されたイオンが集められることになる（複式コレクター軌道）。

(3) 信号処理-自動校正

　ディテクターにイオンが到達すると，ディテクターに接続されたヘッドアンプに電流が流れ，これを電圧に変換し，イオン量に比例した電気信号を得る。この電圧信号を増幅し，自社開発の

---

* Hitoshi Ishii　㈲アルコシステム　取締役

第2章 メーカーによる研究開発の動向

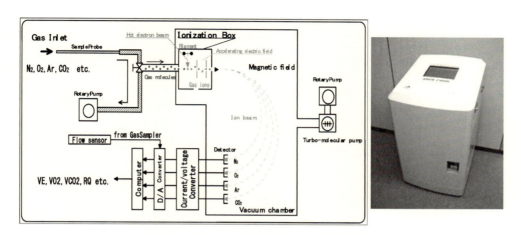

図1 生体ガス分析用質量分析計の概略と概観

A/Dコンバーターを介してコンピューターに取り込む。コンピューターへは1msec毎にデータを取り込み，各ガスの濃度が得られるように相対感度を演算し，フラグメント補償※及び合計値が100%とする演算処理を施したうえで，サンプリングしたガス成分の濃度値を算出する。

(4) ガス導入調節機構

ガスはサンプルキャピラリーより吸引される。分析部に導入されるサンプルガス量は，キャピラリーの長さや内径及び導入環境圧により決まる。このため，低圧・高圧環境下等の特殊環境下においても使用できるように，導入するサンプル量が環境圧の変動に応じて調整される導入量調整機構を備えている。

5.2.2 生体ガス濃度分析における質量分析計の利点

表1に示すように，生体ガス分析に共用可能な分析方式には様々な種類がある。しかし紹介している質量分析装置のように，一台で複数のガスを高速度で分析できる装置は他にはみあたらない。多くの場合，対象分析ガスの種類に応じて分析装置が固定され，そのため，複数ガスを計測する際にはガス成分毎に個々の分析装置が必要となる。また，たとえ個々の装置を用意したとしても，異なる分析器を複数用いる場合に生じる各装置の精度や応答性能などの違いにより，同時連続的計測をすることが非常に困難と考えられる。生体ガス分析の現場では，複数のガスの高速度・高精度の同時計測というニーズが多いことを踏まえると，ここで示した生体ガス分析用の質量分析装置の利点は大きいといえる。

※フラグメント補償：衝突する電子のエネルギーにより，分子はイオン化するだけでなく分裂するものもある。例えば，大部分のCO_2はCO_2^+となるが，一部はCO^+，とO^+に分かれる。これをフラグメントという。空気中の主成分N_2, O_2, Ar, CO_2を同時に測定するとき，質量数16のO^+に問題はないが，CO^+は質量数28であり同一質量数を持つN_2の軌道と重なることになる。従って，正確なN_2測定のためには，混入したCO_2のフラグメントCO^+分を引算する必要がある。

生体ガス計測と高感度ガスセンシング

表1 生体ガスとその分析方式および用途

対象ガス	ガス分析方式	用途
O_2	ジルコニア式	呼気分析，様々な工業計測
	磁気式	呼気分析，様々な工業計測（可燃性ガス環境下での使用可能）
	ポーラロ式	呼気分析，溶存酸素濃度計測
	ガリバニ電池式	呼気ガス分析，閉鎖環境下作業時のモニタ
CO_2, CO, メタン，NOx, SO_2, 麻酔ガス	非分散型赤外線吸収式（NDIR：Non Dispersive InfraRed）	呼気分析，様々な工業計測
N_2	熱伝導度検出式（TCD：Thermal Conductivity Detector）	様々な工業計測
CO, メタン，イソブタン，水素，フロン，アンモニア，アルコール，硫化水素，オゾン，窒素酸化物，塩化水素	半導体式	呼気分析（O_2，CO_2 以外の特殊な微量発生ガス成分分析），様々な工業計測
窒素酸化物	化学発光式	呼気中へ放出される NO 分析，工業計測
$N_2 + O_2$, 等様々な2種混合気体	超音波式	呼気分析，工業計測

5.3 ガス気量（換気量）の計測

生体が消費・産生するガス成分の量を求めるためには，ガス濃度計測に加えて，ガス気量（換気量）の計測が必要である。例えば，人の呼吸では，素早い運動時の呼吸に対しても1呼吸毎（breath by breath）の変動に追従できるセンサーが必要となる。弊社では，ニューモタコグラフ（pneumotachograph）を用い，差圧トランスジューサーを介して流量を計測する（図2）。流体が円筒を通過する時の2点間の圧力差は円筒を通過する流体の流速に比例するという原理に基づき，通過する流量を計測する仕組みである。なお呼吸流が円筒を通過する際に生じる乱流を整えるための整流管も装着させている。

この他にも，熱線式，タービン式，超音波式などがある。これらも高速応答が必要な計測に適したセンサーといえる。一方，高速追従の必要性が低く，一定通気下での計測が行われる場合には，マスフローメーターが広く使用されている。チャンバー法やフード法を用いた呼気ガスの測定，微生物の培養時におけるガス出納計測，植物の呼吸・光合成の計測などの場合である。

5.4 生体ガス分析におけるガス濃度の意味と留意点

表1に示した分析方式の中で，超音波法以外は，各ガス成分の分圧に比例した出力を得る装置であり，ガス濃度［単位：%］そのものを直接計測しているわけではない（超音波方式では，モル比に比例した出力を計測している）。ガス分析器が実際に計測しているのは，分圧であって，これを測定時の環境条件下（気圧，湿度）における「各ガスの体積比率［単位：vol%］」に変換しているのである。環境気圧と共に，湿度も重要な要素である。生体ガスの計測では，湿度条件

第2章　メーカーによる研究開発の動向

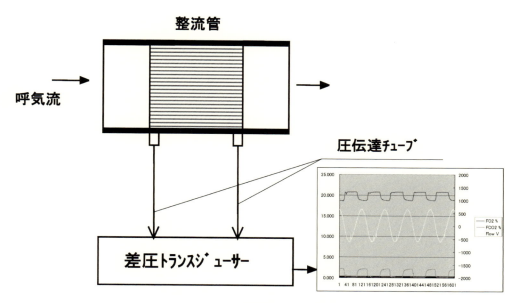

図2　ガス気量の計測法の概略

が一定で無ければ，得られたガス濃度［vol%］に誤差が生じる。たとえば，酸素濃度20.9［%］の空気を，湿度ゼロの乾燥した状態で吸気したとしても，気道をとおり肺に到達するまでには加湿されて水蒸気（H_2O）が吸気ガスに加わることになる。したがって，肺に到達した時点で，酸素濃度は20.9%で変わりないが，飽和水蒸気圧の分だけ，酸素ガス分圧が低下する。なお，人での飽和水蒸気圧は，体温37℃で水蒸気が飽和しているとみなし，飽和水蒸気圧（PH_2O）は，47［torr］として計算している。

生体ガス分析用質量分析装置では，同一原理で複数のガス成分を分析できる利点を生かし，計測されたガス分圧信号の総和を分母に置き，各ガス分圧信号を分子に置くことで，濃度値を算出しているため，環境気圧が変動しても影響を受けない利点がある。また，水蒸気（H_2O）を分析に加えないため，この手法で直接dry%を得ることができる。

$$Fx = Vx / (Va + Vb + \cdots Vx) \cdot 100 \ [dry\%] \tag{1}$$

（Fx：ガスxの濃度，Va, Vb, Vx：各ガスa, b, xの分圧信号電圧）

5.5　生体ガス気量（換気量）の表示法

呼気ガス分析で扱う気体量（換気量）は，ATPS，BTPS，STPDといった3つの表示方法がある。

・ATPSとは，Ambient Temperature, Pressure, Saturatedの略で，測定環境条件における気体容積を表す。

- BTPS とは，Body Temperature, Pressure, Saturated の略で，体温37℃の温度，大気圧，飽和した水蒸気圧の状態にある気体容積を表す。
- STPD とは，Standard Temperature, Pressure, Dry の略で，標準温度0℃，1気圧，乾燥ガス状態，すなわち気体の標準状態での容積を表す。

計測されたガス気量（換気量）は ATPS 状態のガス気量であることから，ボイル・シャルルの法則に従って BTPS や STPD の状態に変換する必要がある。これは，ガス分析指標として出力される，酸素消費量（$\dot{V}O_2$）や二酸化炭素排出量（$\dot{V}CO_2$）などの計算には STPD のガス気量が計算に用いられ，一方毎分換気量（$\dot{V}E$ や一回換気量（TV）の算出には，BTPS のガス気量が用いられるために必要なプロセスである。つまり，$\dot{V}O_2$ や $\dot{V}CO_2$ などの算出には，「ATPS → STPD へ換算したガス気量」，$\dot{V}E$ や TV については「ATPS → BTPS へ換算したガス気量」が必要である。生体ガス分析特有の BTPS のガス気量の換算は，肺でのあるがままのガス気量をみたいという観点からの表示といえる。

5.6 酸素消費量や二酸化炭素排出量などのガス出納量の算出法

ガス濃度のサンプリング部位とガス気量のセンサーの配置及び対象となる検体により，計測ガス回路にはバリエーションがある（図3）。ガスの出納を算出するためには，計測対象検体に対し，送気量と排気量の差分を得ることであるが，ガス回路によっては，送気，排気両方にセンサーを配置する必要が生じる。これを避けるために，呼気ガス分析では，次のような方法を用いる。

生体ガス分析装置に組み込まれているガス出納量の算出法について，酸素消費量（$\dot{V}O_2$，単位 [ml/min, STPD]）を例にとって説明する。基本的な考え方として，消費酸素量（$\dot{V}O_2$）は，吸気により体内に摂取した量（$\dot{V}I \cdot FIO_2$）から未使用のまま体外に呼出される量（$\dot{V}E \cdot FEO_2$）の差分として求めることができる。これを表したのが式(2)である。

$$\dot{V}O_2 = \dot{V}I \cdot FIO_2 - \dot{V}E \cdot FEO_2 \tag{2}$$

（$\dot{V}I$：吸気量，FIO_2：吸気酸素濃度，$\dot{V}E$：呼気量，FEO_2：呼気酸素濃度）

式(2)において，FIO_2，$\dot{V}E$，FEO_2 は全てガス分析計と気量センサーにより実測できる。しかし呼出側にのみ配置した気量センサー1台では，$\dot{V}I$ を実測することができないので，$\dot{V}I$ を窒素（N_2）の出納から次のように算出する。窒素は体内で利用されることがないという性質をもつので，式(3)のように，摂取した窒素量（$\dot{V}I \cdot FIN_2$）と体外に排出される窒素量（$\dot{V}E \cdot FEN_2$）が等しくなる。この式(3)を変形すると式(4)となり，$\dot{V}I$ が計算できる。この実測できない $\dot{V}I$ を算出することを「N_2 補正」という。

$$\dot{V}I \cdot FIN_2 = \dot{V}E \cdot FEN_2 \tag{3}$$
$$\dot{V}I = \dot{V}E \cdot FEN_2 / FIN_2 \tag{4}$$

式(4)で得た $\dot{V}I$ を式(2)に代入すると，式(5)が得られ，これにより $\dot{V}O_2$ が計算できることになる。

第2章 メーカーによる研究開発の動向

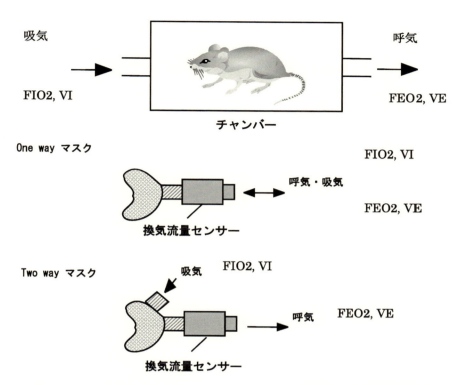

図3 チャンバー法，One-way マスク法，Two-way マスク法における計測の概略

$$\dot{V}O_2 = \dot{V}I \cdot FIO_2 - \dot{V}E \cdot FEO_2$$
$$= \dot{V}E \cdot FEN_2/FIN_2 \cdot FIO_2 - \dot{V}E \cdot FEO_2$$
$$= (FEN_2/FIN_2 \cdot FIO_2 - FEO_2) \cdot \dot{V}E \quad (5)$$

二酸化炭素排出量（$\dot{V}CO_2$）の計算は以下のようになる。$\dot{V}CO_2$ の計算式(6)では，$\dot{V}O_2$ の計算式(2)とは逆に，$\dot{V}E \cdot FECO_2$ から $\dot{V}I \cdot FICO_2$ を引くことになる。なお，$FICO_2$ は空気中の CO_2 濃度で約 0.04 ［％］と微量であり，また FEN_2/FIN_2 は1付近の値をとることから，N_2 補正をしてもしなくても値はほぼ等しく，式(7)の $FEN_2/FIN_2 \cdot FICO_2$ は約 0.04 ［％］となる。このため N_2 補正を省略し，$\dot{V}CO_2$ の算出には，式(8)を用いて簡単に計算することが多い。

$$\dot{V}CO_2 = \dot{V}E \cdot FECO_2 - \dot{V}I \cdot FICO_2 \quad (6)$$
$$= \dot{V}E \cdot FECO_2 - \dot{V}E \cdot FEN_2/FIN_2 \cdot FICO_2$$
$$= (FECO_2 - FEN_2/FIN_2 \cdot FICO_2) \cdot \dot{V}E \quad (7)$$
$$\dot{V}CO_2 = (FECO_2 - FICO_2) \cdot \dot{V}E \quad (8)$$

5.7 ガス分析と気量計測とのラグタイム補正

分析サンプルは，図4のように，流量計付近に配置したキャピラリーを介して分析部へ導入されるが，サンプルが分析部へ到達するまでの時間遅れ（ラグタイム）が生じる。一方，流量センサーに遅れ時間はない。このため，ラグタイムを補正したデータを用いて分析する必要がある。ラグタイム補正のためには，流量センサーに，キャピラリーを取り付け，ゆっくり呼出した後に勢いよく吸気した時のO_2，CO_2，流量（Flow）を描記させる。そして図4におけるガス濃度と流量との時間差を計測し，これをラグタイムとする。このように補正後の呼気ガス濃度と吸気ガス濃度との差に呼気流速を乗算した値を時間積分する（式(9)）。

$$VO_2 = \int (FN_2/FIN_2 \cdot FIO_2 - FEO2) \cdot Flow \, dt \tag{9}$$

5.8 ガスサンプリングの手法
5.8.1 マルチサンプリング

生体ガス分析用質量分析装置の利点は，複数のガスを同一原理において高速に連続分析できる点である。このマルチサンプリングは，サンプリング部に複数のポートを持つマニュホールドを組むことにより行っている。また複数の検体を同時にモニターすることも可能である。図5の検体部分は，対象となる検体により，マスク+ミキシングチャンバー，フード，チャンバー，培養槽などの選択が可能である。弊社のシステムでは，最大で32検体を10分間隔で計測する（検体の種類やマニュホールド部分のデッドスペースにより適宜変動することになる）。

5.8.2 膜透過サンプリング

微生物・細胞培養などにおけるガス測定では，シリコン薄膜などを介して培地のガスを透過させて分析する手法がある（溶存酸素計など，特定のガス専用のセンサーがこれに相当する）。生体ガス分析用質量分析装置では，サンプリング部を膜透過プローブ（図6）に替えることにより，これらの分析を可能にしている[1,2]。

図4 ガス濃度とFlow信号におけるラグタイムの計測

第2章 メーカーによる研究開発の動向

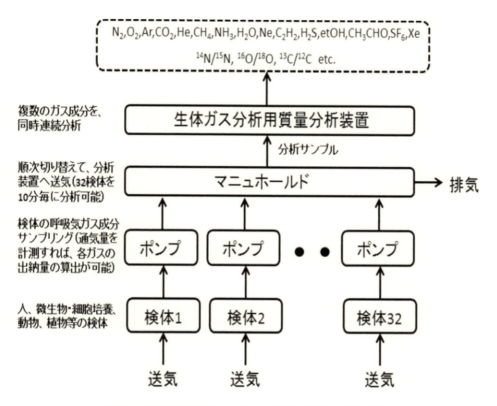

図5 生体ガス分析用マルチサンプリングシステムの概略

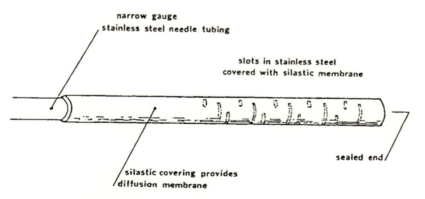

FIG. 1. Schematic diagram of SRI Silastic catheter. U.S. Pat. No. 3,658,053.

図6 膜透過性のSRIシリコンカテーテルの模式図（U.S. Pat. No. 3,658,053）

5.9 生体ガス分析の応用例

5.9.1 人の呼気ガス分析

急激な変化を伴う激運動時，長時間運動時，1日の基礎代謝量の測定などにおいて，酸素摂取量や二酸化炭素排出量などの計測に頻繁に使用されている。また呼気中に含まれる微量ガス成分の分析から，様々な疾患のマーカーの計測などの研究展開もなされている。

(1) アセチレン再呼吸法による心拍出量（肺血流量）の測定

特定のガス成分を吸引させること（再呼吸法と呼ぶ）により，様々な生理機能を計測する手法がある。たとえば心拍出量（実際には肺血流量，Qc）を非侵襲的に測定できるアセチレン再呼吸法（C_2H_2 rebreathing method）がある。ゴムバッグに N_2, O_2, Ar, C_2H_2 混合ガスを定量充填し（図7），数呼吸間再呼吸を行い，この間の各ガス成分の動態から，非観血的に心拍出量を求めることができる[3]。この方法の原理は，「一定温度で一定量の液体に溶解するガス量はその気体の分圧に比例する（ヘンリーの法則）」を適用したものであり，ヘモグロビンとの結合を起こさず，血漿成分に溶解するアセチレンの性質を利用したものである。

(2) 特殊ガス分析を用いた生理機能検査

臨床現場における生理機能検査として，既に実施されているものから研究開発段階まで，多種多様なガスについて，計測・分析を行っている。たとえば，肺容量を求めるための He，肺拡散能（DLco）を求めるための CO，体脂肪測定のための SF_6，Xe による脳血流測定，N_2O，ハロセン，イソフルレン，セボフルレン等の麻酔ガスを初め，H_2，NO，Sox，H_2O_2，NH_3 などが挙げられる。NO、Sox，H_2O_2 などは，分析は容易であってもガスそのものが不安定であり酸化変異しやすいことから，計測方法に工夫をしている。また，低圧・低酸素，高圧下などの特殊環境下における分析や，吸入気に特殊なガス成分を添加した測定なども行っている[6,7]。

5.9.2 微生物・細胞培養排ガス分析

液体培養における排ガスモニターでは，O_2，CO_2 の濃度モニターにより微生物の活性状態の把握を行い，培養条件に反映させることで，微生物が生産する物質の収量を最大限引き出すことに使われている。具体的には，アルコール，CH_3COOH，H_2S，イソプレン等，微生物が作り出す物

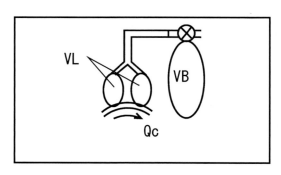

図7　C_2H_2 再呼吸法の測定システム

第2章　メーカーによる研究開発の動向

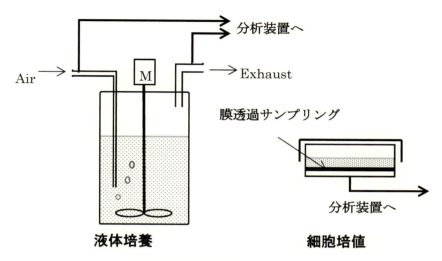

図8　微生物・細胞培養におけるガス分析

質の産生量を確認することができる。

また，嫌気培養，非常に小さいスケールの液体培養や，平板培地における細胞培養などにおいては，平板培地底部に透過膜を設け，培地内の溶存ガスを確実にサンプリングする方法について弊社においても開発中である。

5.9.3　動物の呼気ガス分析

創薬・薬効・薬理等の分野で欠かすことのできないマウス，ラットなどの小動物はじめ，薬効の外挿性確認のために，犬，豚などの大きな動物における呼気ガス分析も頻繁に行っている。これらの動物では，主にエネルギー代謝，糖・脂質燃焼効果などの計測が多い。いずれの場合も，動物のサイズや行動に見合うガス分析用チャンバー或いはフードを検体毎にセットし，チャンバー内の空気を一定流量で吸引できるシステムとし，その吸引されたガスの一部を分析に掛けるようにしている（図9）。これにより，対照群と実験群といった条件が異なる検体の測定が独立して同時に実施でき，効率的な計測を可能にしている。現在，最大32検体の測定が可能である。また，自動摂餌装置，活動量計測装置，体温，心拍，血圧などの測定もガス分析と並行して同時測定できるシステムとなっている[5]。

また，畜産領域においては，綿羊，牛などの大型の畜産動物を用いた飼料消化試験の測定などを実施している。これらの反芻動物では，O_2，CO_2の分析に加え，第一胃（ルーメン）に存在する種々の微生物により飼料が発酵分解した際に発生するメタン（CH_4）の同時分析が重要な項目である。

5.9.4　$^{13}CO_2/^{12}CO_2$安定同位体ガス分析

炭素原子には，質量12の通常の^{12}Cに加えて安定同位体（stable isotope）の^{13}C（質量13）も含まれている。放射線を出さない無害の安定同位体は，他にも^{15}Nや^{18}Oなどがよく知られてい

生体ガス計測と高感度ガスセンシング

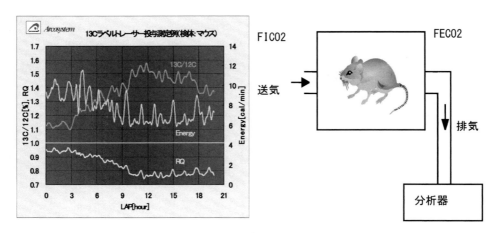

図9　マウスにおける ^{13}C トレーサー投与実験

る。また ^{13}C をラベルした種々の試薬も製造されている。^{13}C は自然界に存在するため，人の呼気中にも僅かながら ^{13}CO$_2$ が呼出されている。通常の呼気ガス中の ^{13}CO$_2$/^{12}CO$_2$ 比は，空気中の ^{13}CO$_2$/^{12}CO$_2$ 比にほぼ等しいが，^{13}C 含有率の高い食物（たとえばトウモロコシ）を多くとると，体内で酸化されて呼気中に出現する ^{13}CO$_2$/^{12}CO$_2$ 比が上昇することになる。このことを活用して，たとえば ^{13}C をラベルしたブドウ糖や脂肪酸などの栄養素（試薬）を投与し，呼気中の ^{13}CO$_2$/^{12}CO$_2$ や検体の換気量を同時連続分析することにより，投与したブドウ糖や脂肪酸の燃焼量や酸化動態を計測することができる。

　従来の計測では，^{13}C 標識化合物の投与前後における呼気サンプルガスを収集して計測するといったスポット分析が行われてきた。弊社のシステムでは，このようなスポット分析に加えて，刻々と変化する ^{13}CO$_2$/^{12}CO$_2$ 比の連続動態を計測することができる。また O$_2$ などの他のガス成分も同時計測することが可能である。このようなことから，この安定同位体比を用いたガス分析法は多方面において適用され，その展開には大いに期待がもてる[4]。

文　　　献

1)　J. W. Brantigan et al., *J. Appl. Physiol.*, **28**, 374-377（1970）
2)　J. W. Brantigan et al., *Crit. Care Med.*, **14**, 239-244（1976）
3)　F. Bonde-Petersen et al., *Aviat. Space Environ. Med.*, **51**, 1214-1221（1980）
4)　石井均, ^{13}C 医学, **9**, 46-47（1999）
5)　K. Ishihara et al., *Biosci. Biotechnol. Biochem.*, **66**, 426-429（2002）
6)　K. Katayama et al., *High Altitude Med. Biol.*, **4**, 291-304（2003）
7)　T. Ogawa, et al., *Eur. J. Appl. Physiol.*, **94**, 254-261（2005）

生体ガス計測と高感度ガスセンシング

2017年8月4日　第1刷発行

監　　修　　三林浩二　　　　　　　　　　　　　　（T1049）
発行者　　辻　賢司
発行所　　株式会社シーエムシー出版
　　　　　東京都千代田区神田錦町1-17-1
　　　　　電話 03(3293)7066
　　　　　大阪市中央区内平野町1-3-12
　　　　　電話 06(4794)8234
　　　　　http://www.cmcbooks.co.jp/
編集担当　　深澤郁恵／廣澤　文

〔印刷　倉敷印刷株式会社〕　　　　　　Ⓒ K. Mitsubayashi, 2017

落丁・乱丁本はお取替えいたします。

本書の内容の一部あるいは全部を無断で複写（コピー）することは，法律で認められた場合を除き，著作者および出版社の権利の侵害になります。

ISBN978-4-7813-1250-7　C3045　¥76000E